起重机械安全管理与作业人员安全培训考核系列教材

起重机司机

卢保中　主　编
回彩娟　副主编

中国劳动社会保障出版社

内容简介

本书按照国家市场监督管理总局颁布的《特种设备作业人员考核规则》（TSG Z6001—2019）中规定的起重机司机考试内容编著。

全书分为九章，包括起重机械概述、起重机械类别品种及其使用、起重吊具与索具、钢丝绳及其应用、安全标志和安全常识、起重机吊运操作信号与通信、起重机司机与安全操作、事故隐患与起重机械事故及预防、起重机械安全管理的法律法规及其安全技术规范。

本书适用于需要取得特种设备作业人员证的桥式起重机司机、门式起重机司机、塔式起重机司机、流动式起重机司机、门座式起重机司机、升降机司机、缆索式起重机司机的培训，可作为社会培训机构、起重机械使用单位的培训考试辅导教材，还可用于起重机司机的知识更新，也可作为相关专业人员的学习参考。

本书内容也适用于起重机械使用单位对于起重机械司索作业人员、起重机械地面操作人员和遥控操作人员、桅杆式起重机和机械式停车设备司机等不需要取得特种设备作业人员证的人员进行从业能力的培训和管理。

图书在版编目（CIP）数据

起重机司机 / 卢保中主编 . -- 北京：中国劳动社会保障出版社，2021

起重机械安全管理与作业人员安全培训考核系列教材

ISBN 978-7-5167-4812-1

Ⅰ. ①起…　Ⅱ. ①卢…　Ⅲ. ①起重机械 – 操作 – 安全培训 – 教材　Ⅳ. ①TH210.7

中国版本图书馆 CIP 数据核字（2021）第 028464 号

中国劳动社会保障出版社出版发行

（北京市惠新东街 1 号　邮政编码：100029）

*

三河市华骏印务包装有限公司印刷装订　新华书店经销

787 毫米 ×1092 毫米　16 开本　15.5 印张　365 千字

2021 年 3 月第 1 版　　2021 年 3 月第 1 次印刷

定价：45.00 元

读者服务部电话：（010）64929211/84209101/64921644

营销中心电话：（010）64962347

出版社网址：http://www.class.com.cn

目　录
CONTENTS

第一章　起重机械概述

本章共七节，内容包括起重机的通用术语，起重机械的分类、组成和工作特点，起重机械的主要零部件，起重机械的轨道与车轮，起重机械的电气系统，起重机械的液压系统，起重机械的安全防护装置。

第一节　起重机的通用术语

起重机是用吊钩或其他取物装置吊挂重物，在空间进行升降与运移等循环性作业的机械。

《起重机　术语　第 1 部分：通用术语》（GB/T 6974.1—2008）规定了起重机领域中最常用的术语，定义了起重机主要类型、参数、一般概念及其部件的术语。

本节介绍起重机参数、一般概念术语、部件术语、起重机限制器和指示器术语、起重机起升载荷术语，其他术语（如起重机主要类型）在其他相关章节介绍。

一、起重机参数

起重机参数包括起重机的载荷参数、起重机的线性参数、起重机的工作运动速度参数、与起重机路径有关的参数和起重机的一般性参数。

1. 起重机的载荷参数

起重机的载荷参数见表 1–1。

表 1–1　　起重机的载荷参数

术语	代号	定义	图示
设计质量	m_0	不包括压重、平衡重、燃料、油品、润滑剂和水的起重机质量 注：对于臂架型起重机，设计质量包括主臂（臂架）和平衡重（尾部压重），但不包括压重、燃料、油品、润滑剂和水的质量	
总质量	m_{tot}	包括压重和平衡重以及按规定量加足的燃料、油品、润滑剂和水在内的起重机质量	
起重力矩	M	$M=L\times Q$ 幅度 L 和与之相适应的载荷 Q 的乘积	

续表

术语	代号	定义	图示
起重倾覆力矩	M_A	$M_A=A\times Q$ 载荷中心线至倾翻线的距离 A 和与之相对应的载荷 Q 的乘积	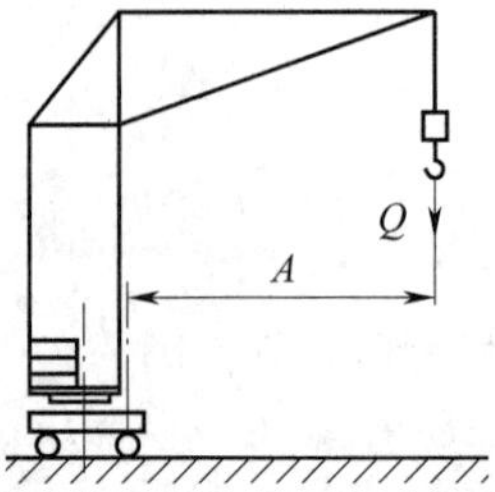 Q A
轮压	P	起重机一个车轮作用在轨道或地面上的最大垂直载荷	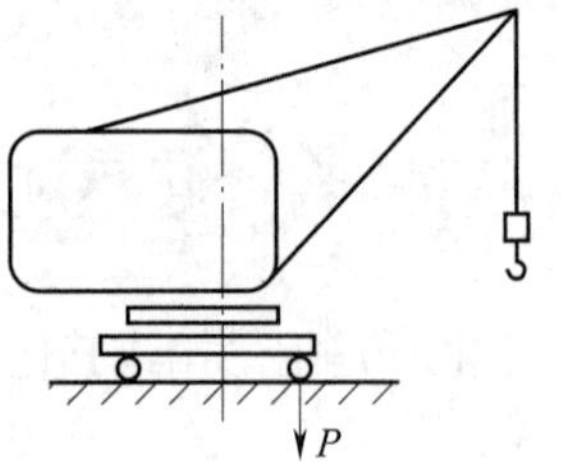 P

2. 起重机的线性参数

起重机的线性参数见表 1–2。

表 1–2　起重机的线性参数

术语	代号	定义	图示
吊钩极限位置	C	起重机轨道中心线至取物装置垂直中心线的最小水平距离	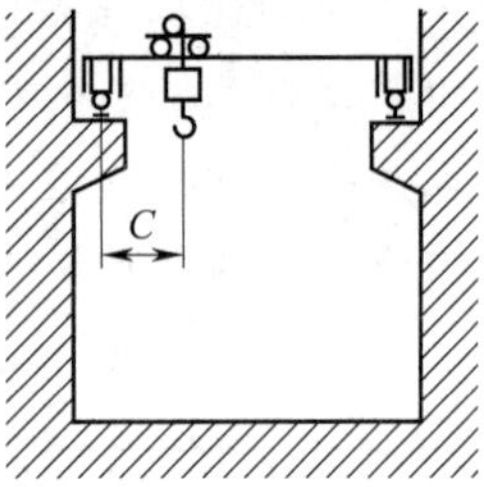 C
幅度	L	起重机置于水平场地时，从其回转平台的回转中心线至取物装置（空载时）垂直中心线的水平距离 注：空载时幅度符号为 L_0，带载时幅度符号为 L_1	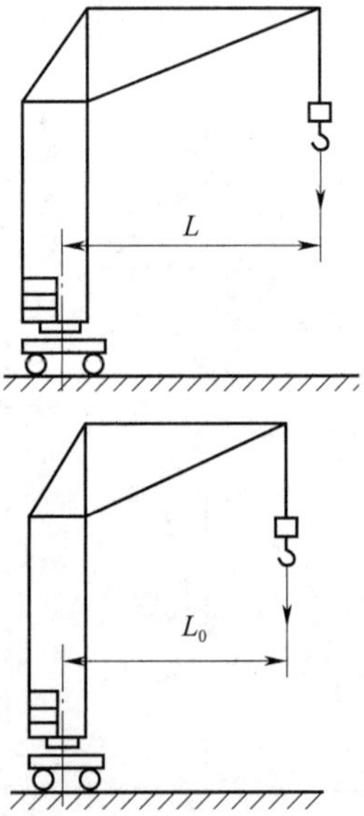 L L_0

续表

术语	代号	定义	图示
幅度	L		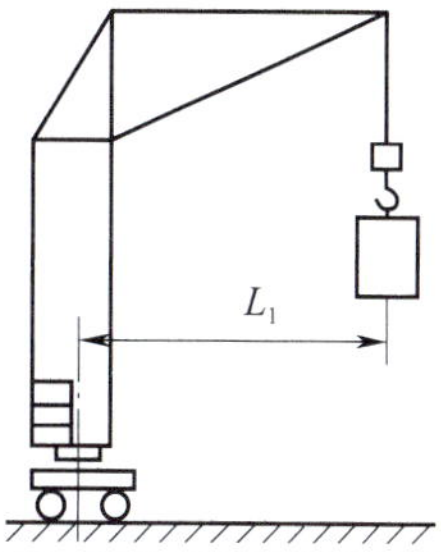
起升高度	H	起重机支承面与取物装置最高工作位置之间的垂直距离：对于吊钩和货叉，量至其支承面；对于其他取物装置，量至其最低点（闭合状态） 注：对于桥式起重机，起升高度应从地平面量起，测定时起重机应空载置于水平场地上	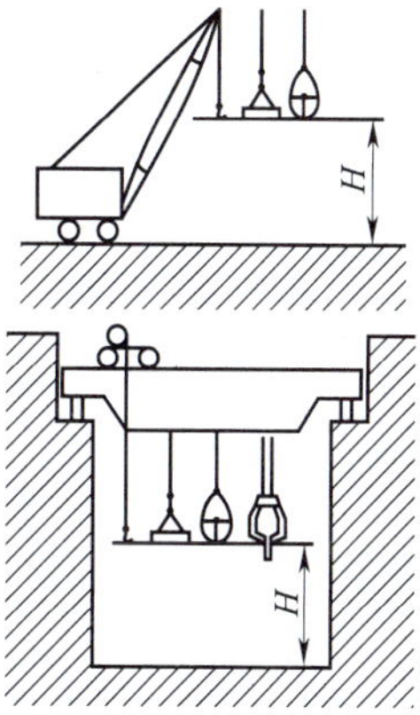
下降深度	h	起重机支承面与取物装置最低工作位置之间的垂直距离：对于吊钩和货叉，量至其支承面；对于其他取物装置，量至其最低点（闭合状态） 注：对于桥式起重机，下降深度应从地平面量起，测定时起重机应空载置于水平场地上	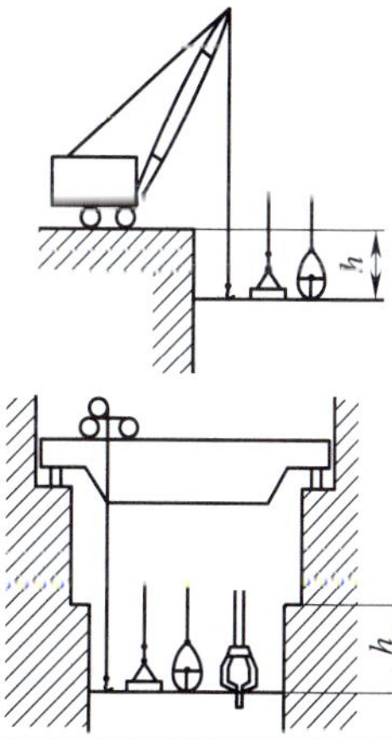

3. 起重机的工作运动速度参数

起重机的工作运动速度参数见表1–3。

表1–3　起重机的工作运动速度参数

术语	代号	定义	图示
起升速度、下降速度	v_n	在稳定运动状态下，工作载荷的垂直位移速度	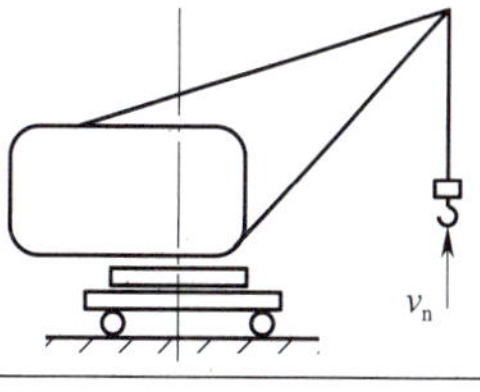

续表

术语	代号	定义	图示
回转速度	ω	在稳定运动状态下，起重机回转部分的回转角速度 注：在 10 m 高处风速不超过 3 m/s 的条件下，起重机置于水平场地上，带工作载荷、幅度最大时进行测定	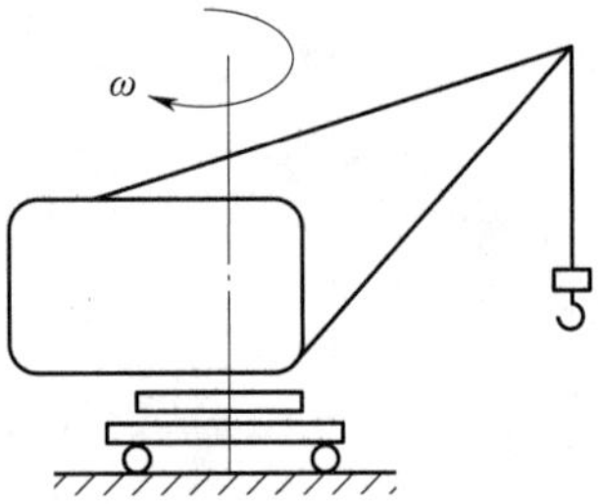
运行速度	v_k	在稳定运动状态下，起重机的水平位移速度 注：在 10 m 高处风速不超过 3 m/s 的条件下，起重机带工作载荷沿水平路径行走时进行测定	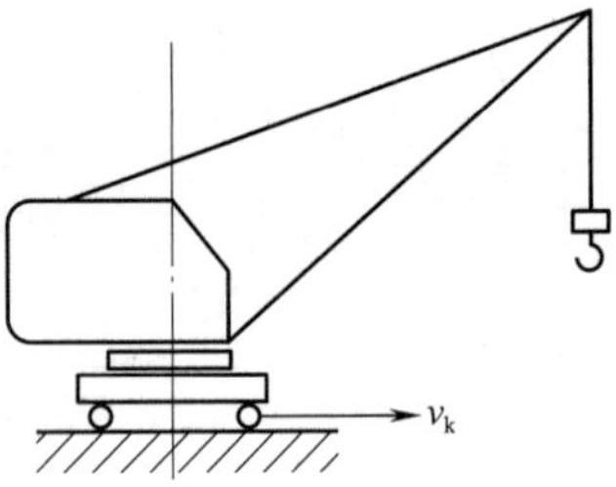
小车运行速度	v_t	在稳定运动状态下，小车在横移时的速度 注：在 10 m 高处风速不超过 3 m/s 的条件下，小车带工作载荷沿水平轨道横移时进行测定	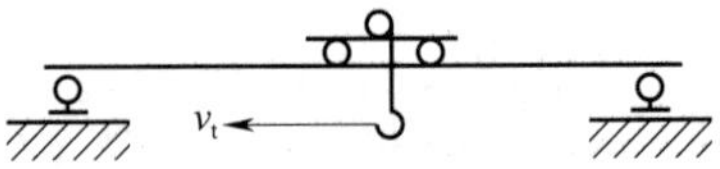
变幅速度	v_r	在稳定运动状态下，工作载荷水平位移的平均速度 注：在 10 m 高处风速不超过 3 m/s 的条件下，起重机置于水平道路上，其幅度从最大值变成最小值的过程中进行测定	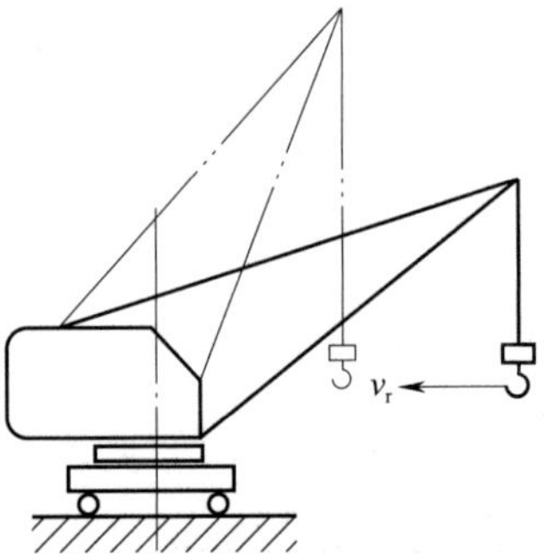
变幅时间	t	幅度从最大值变成最小值所需的时间 注：在 10 m 高处风速不超过 3 m/s 的条件下，起重机置于水平道路上，且其所带载荷等于最大幅度时起重量的情况下进行测定	
作业周期		完成一个规定的作业循环所需的时间	

4. 与起重机路径有关的参数

与起重机路径有关的参数见表 1-4。

表 1-4　　与起重机路径有关的参数

术语	代号	定义	图示
跨度	S	起重机（桥架型起重机）运行轨道中心线之间的水平距离	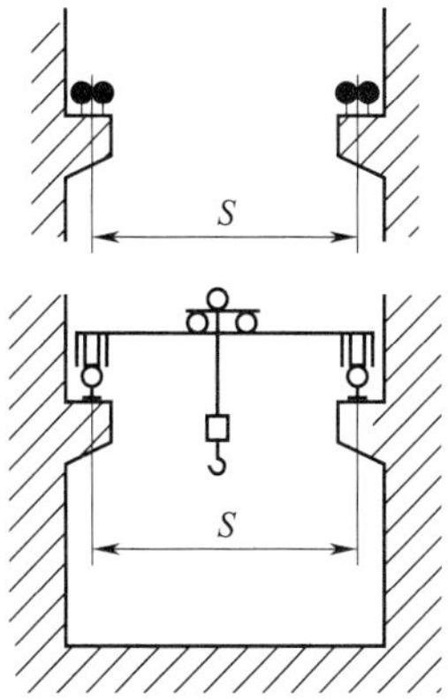 S S
起重机基准面、起重机支承面		支承起重机运行底架的基础或轨道顶面的水平面 注：当支承钢轨或导轨处于不同水平面时，取最低者作为起重机基准面	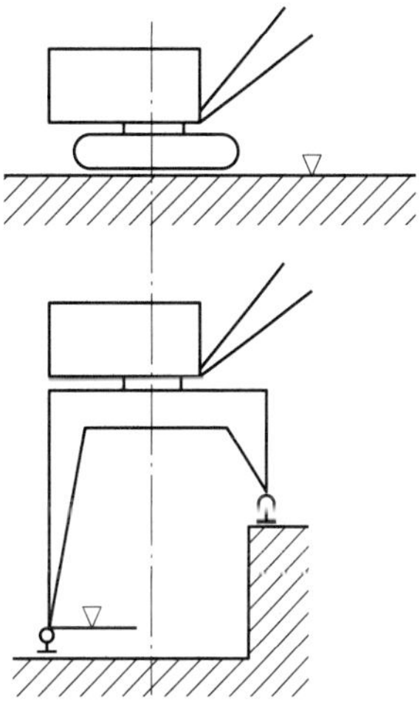
起重机轨距、起重机轮距	K	臂架型起重机钢轨轨道中心线或起重机运行车轮踏面中心线之间的水平距离	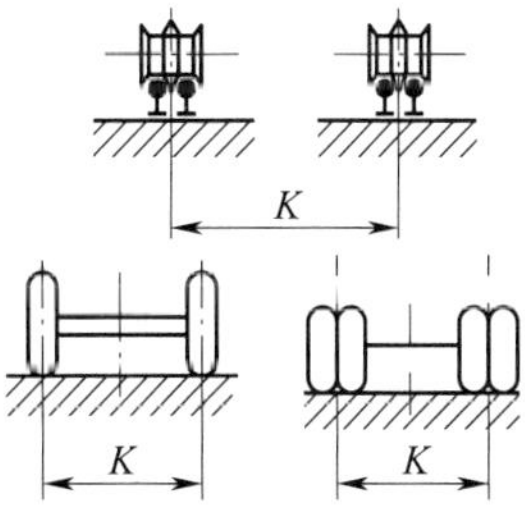 K K K
小车轨距、小车轮距	K	起重小车运行线路钢轨轨道中心线之间的距离	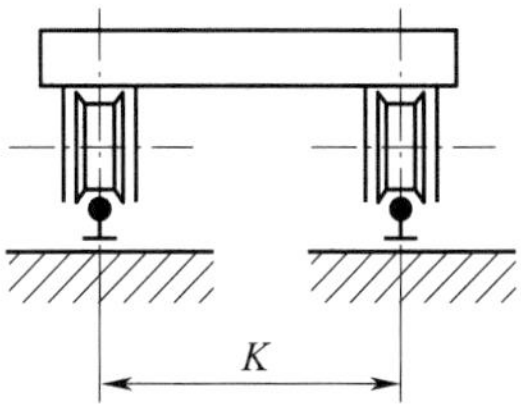 K

续表

术语	代号	定义	图示
基距	b	流动式起重机或行走式起重机沿平行于起重机纵向运行方向测定的起重机支承中心线之间的距离	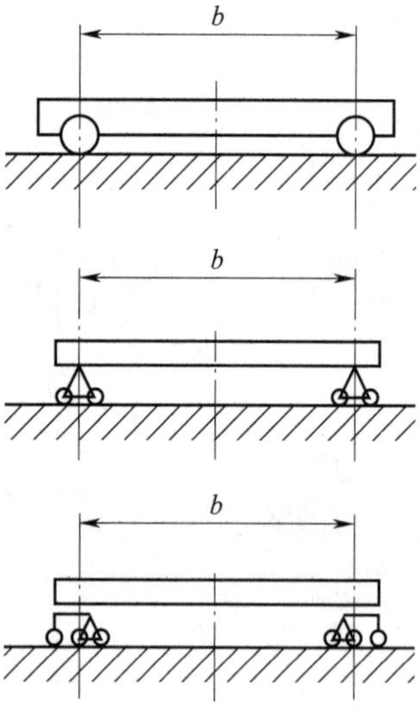
支承轮廓		连接诸如车轮或支腿等支承件垂直轴线的水平投影线段围成的轮廓	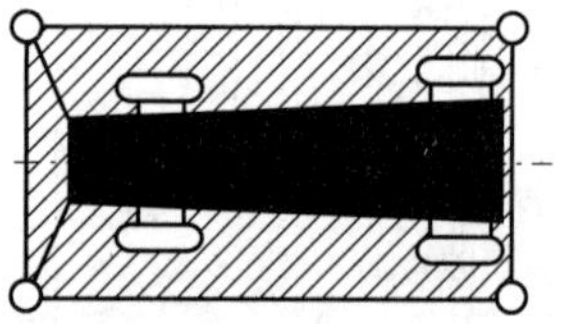
支腿纵向间距	b_0	沿平行于起重机纵向运行方向测定的支腿垂直轴线之间的距离	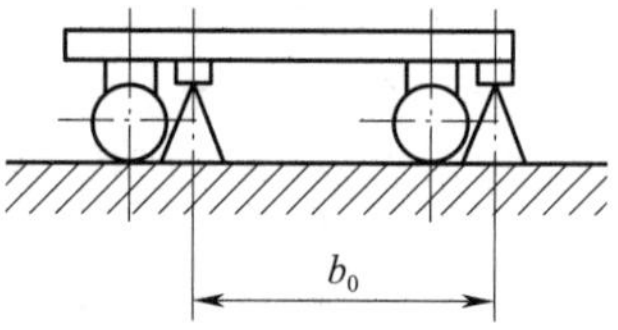
支腿横向间距	K_0	沿垂直于起重机纵向运行方向测定的支腿垂直轴线之间的距离	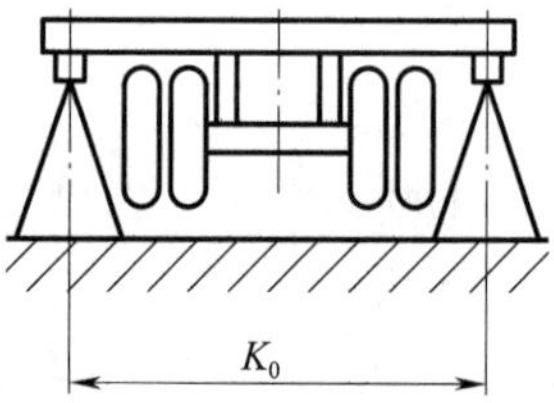

5. 起重机的一般性参数

起重机的一般性参数见表 1-5。

表 1-5　　起重机的一般性参数

术语	定义	图示
工作级别	考虑起重机起重量和时间的利用程度以及工作循环次数的特性	

续表

术语	定义	图示
起重机限界线	起重机靠近构筑物工作时，安全作业条件所限定的空间，其边界线只有取物装置在进行搬运作业时才允许逾越	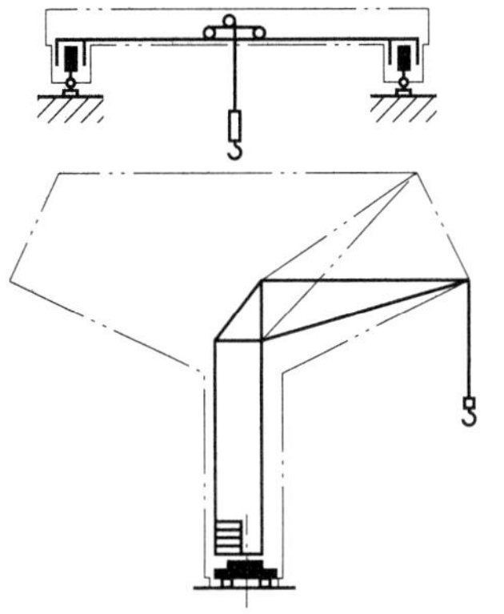

二、起重机一般概念术语

起重机一般概念术语包括运动术语、试验术语和起重机稳定性术语，见表1-6。

表1-6　　起重机一般概念术语

术语		定义	图示
运动术语	载荷起升、载荷下降	载荷在垂直方向的位移	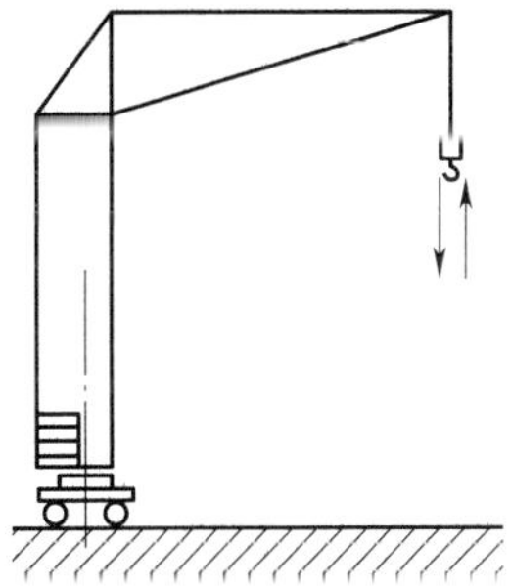
	臂架俯仰、臂架变幅	臂架在垂直平面内的角运动	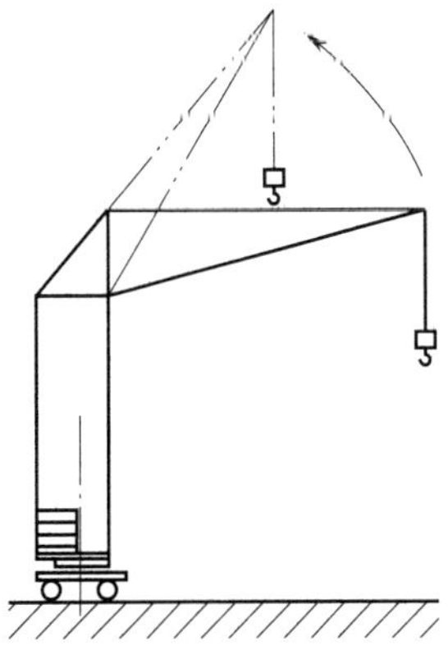

续表

术语		定义	图示
运动术语	变幅	通过臂架的俯仰、移动或起重小车的运行使取物装置改变位置	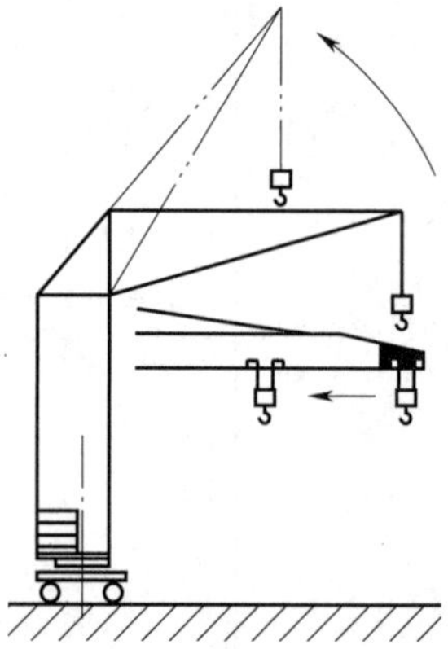
	水平变幅	臂架俯仰过程中，载荷的高度能自动保持基本不变的运动	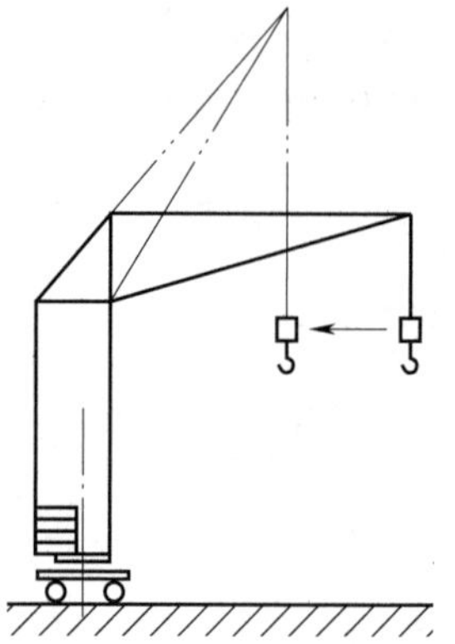
	运行	起重机在作业状态下的整体移动	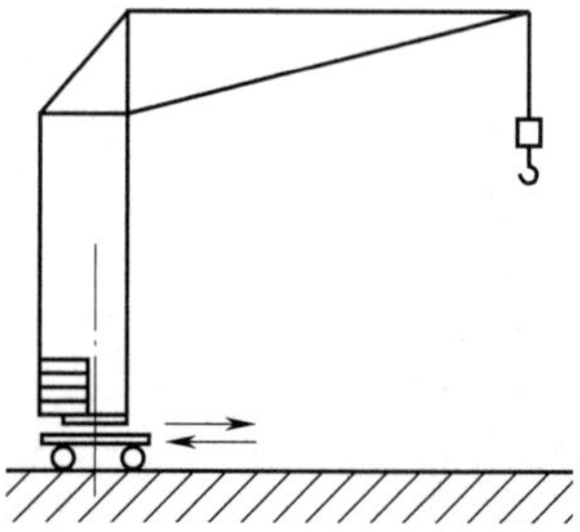
	横移	起重小车沿桥架、承载索、臂架或悬臂的横向移动	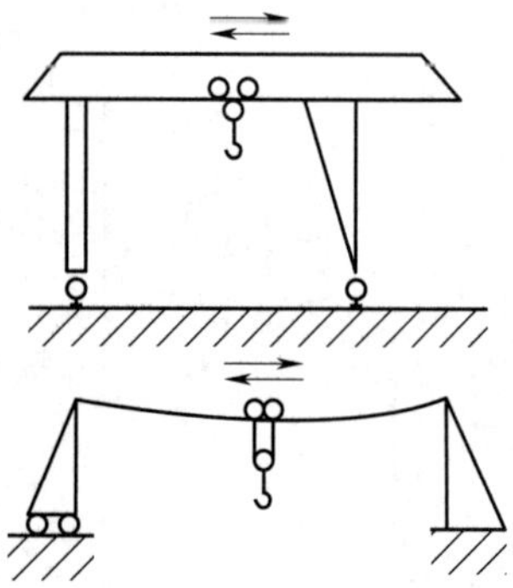

续表

术语		定义	图示
运动术语	回转	桥架型或臂架型起重机的回转部分在水平面做的角运动	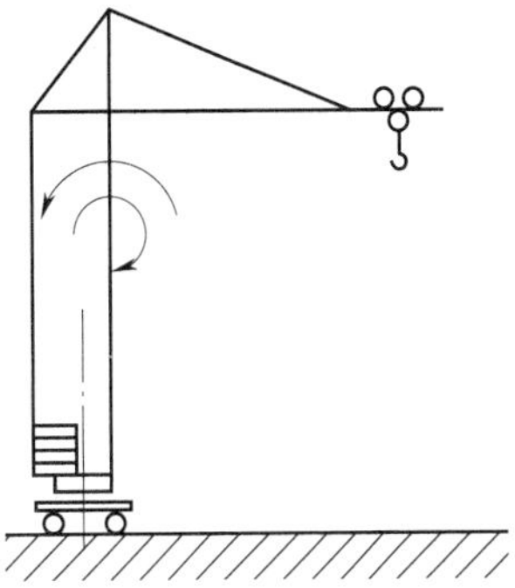
	伸缩	臂架或塔架从基础节改变其长度或高度所做的单节或多节的运动	
试验术语	静载试验	对起重机取物装置施加超过额定起重量X%的静载荷所进行的试验	
	动载试验	对起重机取物装置施加超过额定起重量Y%的载荷下进行工作运动的试验	
	稳定性试验	对起重机取物装置施加超过额定起重量Z%的静载荷所进行的试验	
起重机稳定性术语	起重机稳定性	起重机抗倾覆力矩的能力	
	工作状态稳定性	起重机抵抗由起升载荷、惯性力、风载荷和其他因素引起的倾覆力矩的能力	
	空载状态稳定性	起重机抵抗由非工作状态风载荷和其他因素引起的倾覆力矩的能力	

三、起重机部件术语

起重机部件术语见表1–7。

表1–7 起重机部件术语

术语	定义	图示
起升机构	使载荷升降的机构	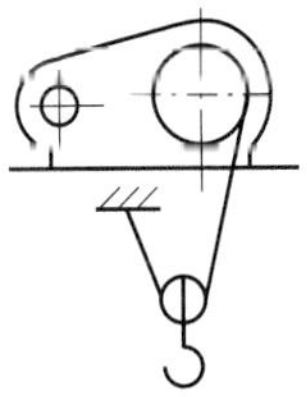
起重机运行机构	使起重机运行的机构	
小车或葫芦运行机构	使起重小车或葫芦横移的机构	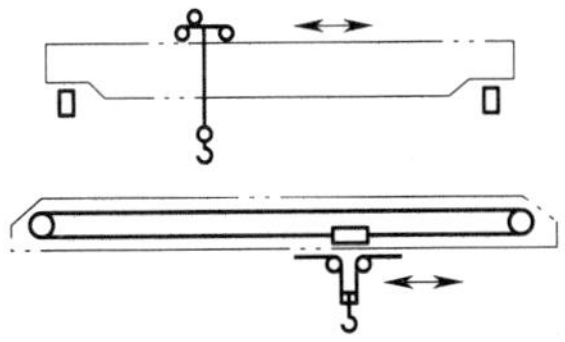

续表

术语	定义	图示
变幅机构	通过变换臂架和（或）副臂的倾角改变幅度和起升高度的机构	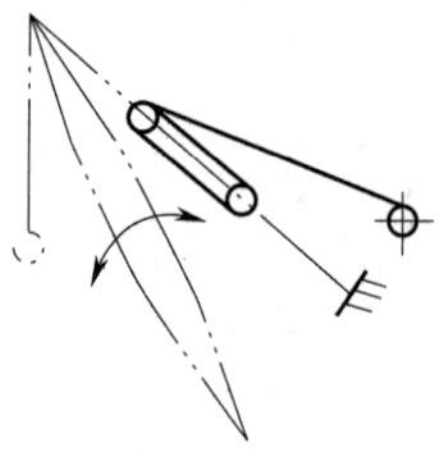
回转机构	使起重机回转部分在水平面内转动的机构	
底盘、底架	用于安装转台或起重机塔架，包括使起重机移动的驱动装置的基座	
门座	由带或不带运行机构的支腿支承在地面上的高架结构件	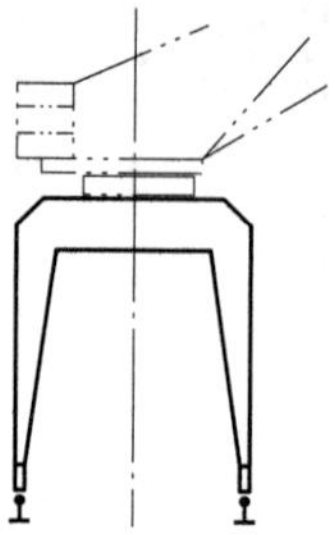
平衡台车	装有车轮或滚轮并通过铰接使轮压均匀的支承装置	
桥架	供起重小车在其上横移用的桥架型起重机主要承载结构，或门式和半门式起重机支腿之间的结构件	
起重小车	使吊挂载荷移动的总成	
回转支承	用于将回转部分的载荷（力矩、垂直力和水平力）传递给非回转部分的部件，也可包括回转齿圈	
转台	放置起重机机构的回转结构件	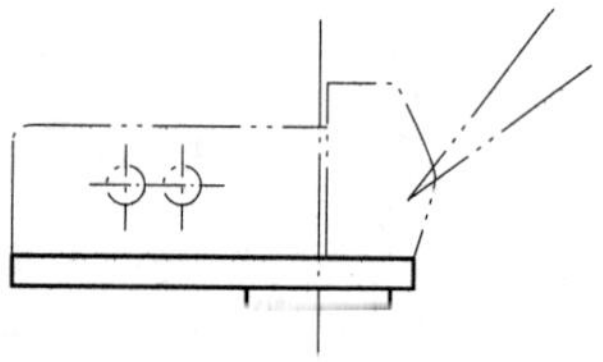
塔身	起重机上支承臂架和（或）回转平台并保证臂架根部必要高度的垂直结构件	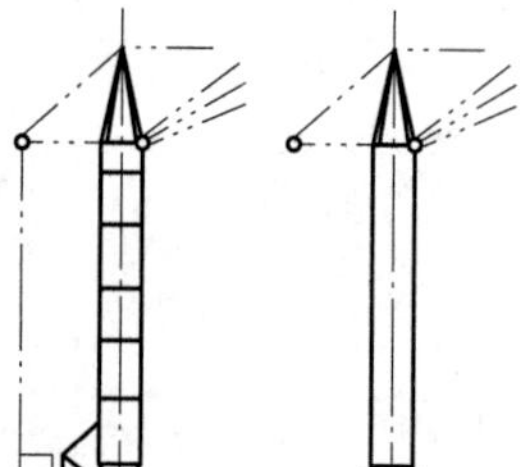

术语	定义	图示
立柱	支承回转臂架及其载荷并保证必要的起升高度的垂直柱状结构件	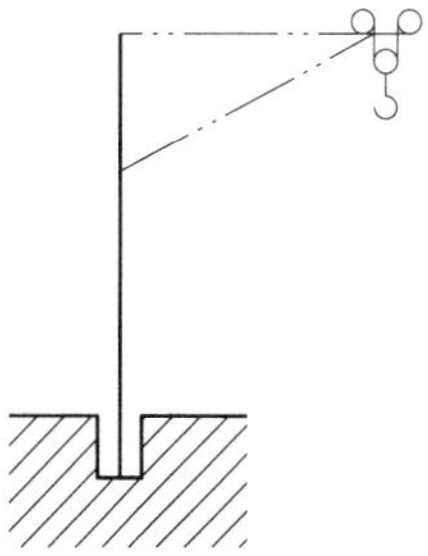
臂架	保证取物装置获得必要幅度和（或）起升高度的结构件	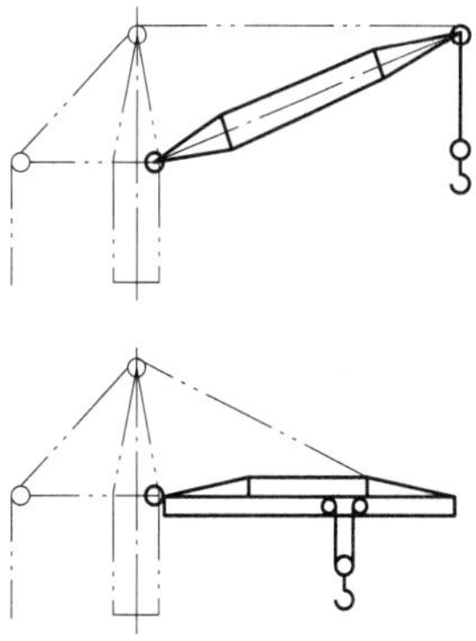
桅柱装置、塔柱装置	由桅柱（塔柱）、带或不带副臂的臂架以及其他必要附件组成的流动式起重机的可替换工作装置	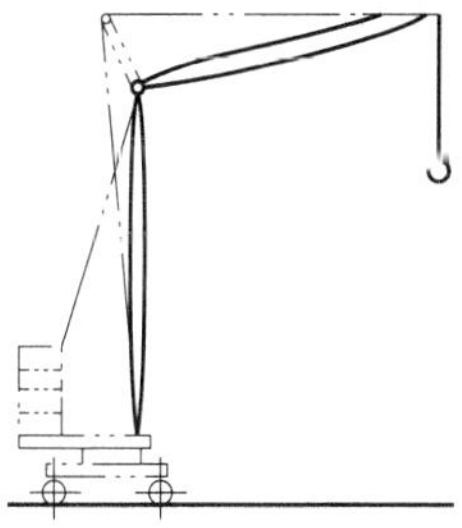
平衡重	装在平衡臂或转台上，在起重机作业时用于平衡工作载荷和（或）某些起重机部件的重力的重块	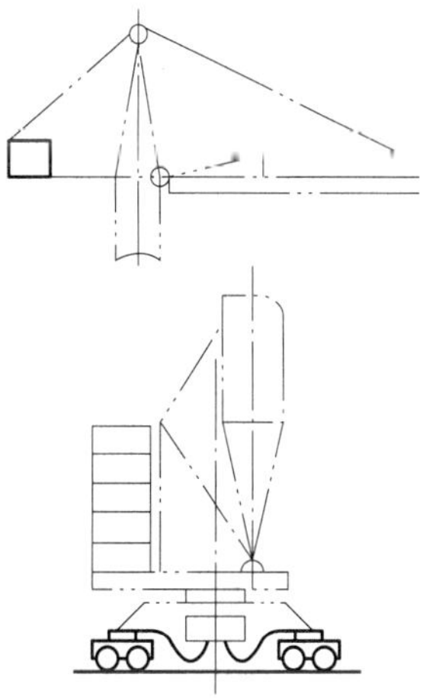

续表

术语	定义	图示
压重	固定在底架或门座上保证起重机稳定性的重块	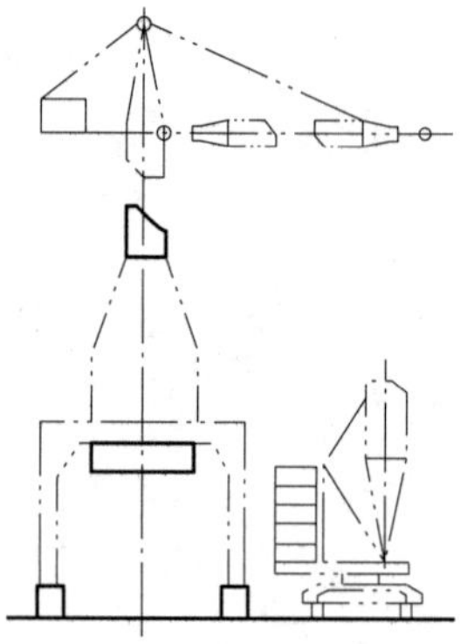
制动器	使起重机机构减速或停止和（或）防止其运动的装置	
卷筒制动器	直接作用在卷扬机的卷筒上的制动器	
鼓式制动器	用制动轮和制动瓦作为摩擦副的制动器	
盘式制动器	用制动盘和制动块作为摩擦副的制动器	
防风制动器	将工作状态下的轨道行走起重机压紧在轨顶上，防止其被阵风意外吹动的防滑装置	
夹轨器	将处于非工作状态下的轨道行走起重机夹紧在轨道沿线任意位置上，防止其被非工作状态下的阵风意外吹动的防滑装置	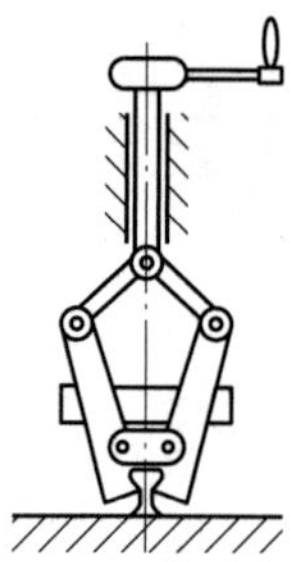
锚定装置	将处于非工作状态下的轨道行走起重机夹紧在轨道沿线的停机位上，防止其在暴风的作用下意外地沿轨道滑行的装置	
滑轮	具有一个或若干个导槽，用于引导和（或）改变钢丝绳（链条）方向的旋转件，滑轮上钢丝绳（链条）的受力无本质上的变化	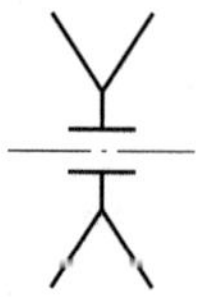
平衡滑轮	在钢丝绳缠绕系统中，用于均衡钢丝绳伸长量的滑轮	
绳索滑轮组、缠绕系统	由滑轮和钢丝绳组成的用于改变力、速度和方向的滑轮组件	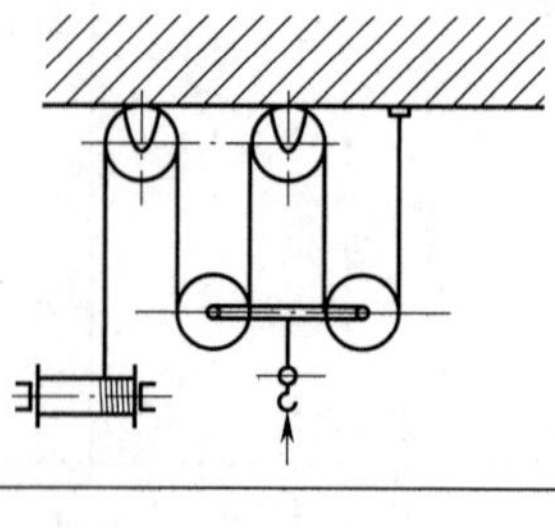

续表

术语	定义	图示
吊钩滑轮组	装有起重吊钩的滑轮组件	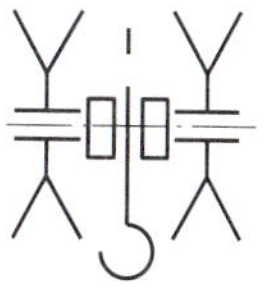
取物装置	用于抓取、持住或搬运重物的装置（如吊钩、抓斗、电磁吸盘、货叉、挂梁、集装箱吊具或其他装置）	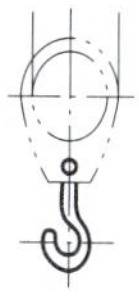 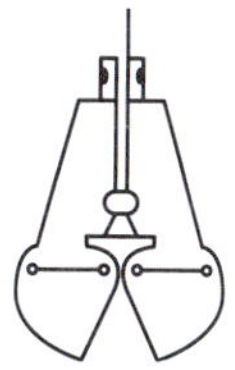 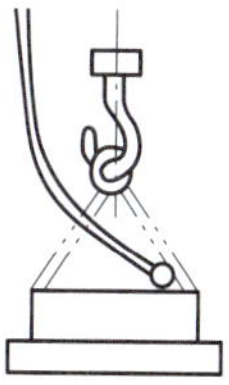
机械设备室	能容纳一个或多个起重机驱动装置，人员能进入检查和维护的封闭空间	
电气设备室	安放电气设备，人员能进入检查和维护的封闭空间	
轨道总成	由钢轨、横梁、承载梁、托架和框架等组成的供起重机在其上运行的总成	

四、起重机限制器和指示器术语

起重机限制器和指示器术语见表 1-8。

表 1-8　　起重机限制器和指示器术语

术语	定义	图示
限制器	停止或限制起重机的运动或功能的装置 注：大多数这类装置在有关的运动或功能达到极限状态时会自动起作用。除了功能限制器、额定起重量限制器、运动限制器、缓冲器和终端止挡器以外，还包括以下各种性能限制器：偏斜量限制器、钢丝绳卷绕和退绕限制器、回转速度限制器、起升 / 下降速度限制器、起重机运行速度限制器、起重小车运行速度限制器和液压系统内安全阀	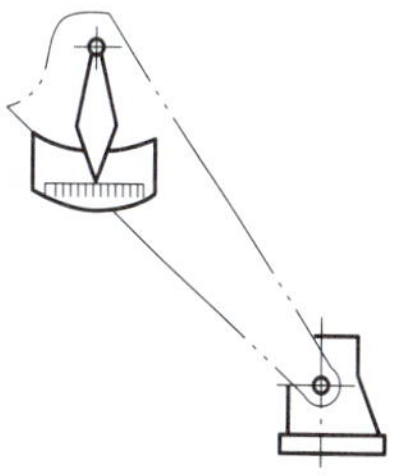
功能限制器	停止和（或）限制起重机指定功能的装置	

续表

术语	定义	图示
额定起重量限制器	自动防止起重机起吊超过规定的额定起重量的限制装置	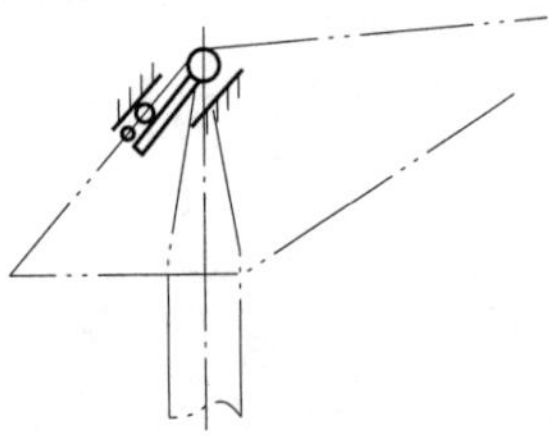
运动限制器	停止和（或）限制起重机指定运动的装置，如起升限位器、下降限位器、回转限位器、起重机运行限位器、小车运行限位器、臂架俯仰或变幅限位器	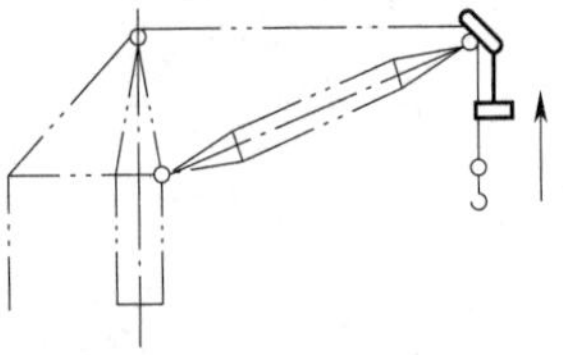 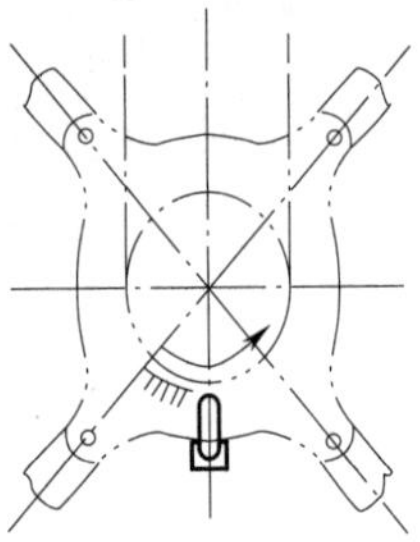 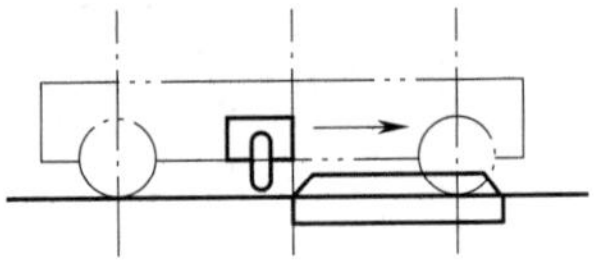
终端止挡器	限制起重机和小车运动的装置	
指示器	向起重机司机发送听觉和（或）视觉信号，以便将起重机控制在其合适的工作参数范围内的装置 注：除了工作参数指示器和额定起重量指示器以外，还包括偏斜指示器、起重机坡度指示器、卷筒旋转指示器、松绳指示器等各种功能指示器和幅度指示器、臂架角度指示器等位置指示器	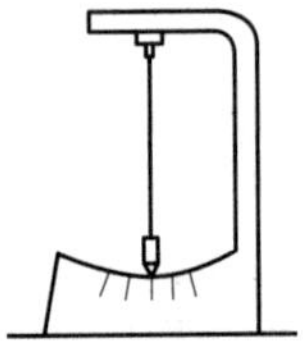
工作参数指示器	向起重机司机传送有关工作参数的听觉和（或）视觉警示信号的指示装置	
额定起重量指示器	自动发出听觉和（或）视觉报警信号的指示装置	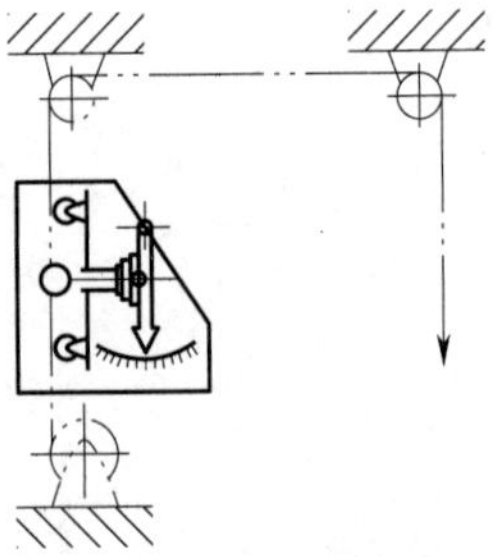

五、起重机起升载荷术语

起重机起升载荷术语见表 1–9。

表 1–9　起重机起升载荷术语

术语	代号	定义
有效起重量	m_{PL}	吊挂在起重机可分吊具上或无此类吊具，直接吊挂在固定吊具上起升的重物质量 注：如起重机在水电站起吊闸门或从水中起吊重物，在考虑有效起重量时还应计及水流的负压或水的吸附作用所产生的力
可分吊具		用于起吊有效起重量、且不包含在起重机的质量之内的质量为 m_{NA} 的装置 注：可分吊具能方便地从起重机上拆下并与有效起重量分开
净起重量	m_{NL}	吊挂在起重机固定吊具上起升的重物质量 注：质量 m_{NL} 是有效起重量 m_{PL} 和可分吊具质量 m_{NA} 之和，即 $m_{NL}=m_{PL}+m_{NA}$
固定吊具		能吊挂净起重量，并永久固定在起重挠性件下端的质量为 m_{FA} 的装置 注：固定吊具是起重机的一部分
起重挠性件下起重量	m_{HL}	吊挂在起重机起重挠性件下端起升的重物质量 注：质量 m_{HL} 是有效起重量 m_{PL}、可分吊具质量 m_{NA} 和固定吊具质量 m_{FA} 之和，即 $m_{HL}=m_{PL}+m_{NA}+m_{FA}$
起重挠性件		从起重机上垂下，如从起重小车或臂架头部垂下，并由起升机构等设备驱动，使挂在其下端的重物升降的质量为 m_{HM} 的钢丝绳、链条或其他设备 注：起重挠性件是起重机的一部分
总起重量	m_{GL}	直接吊挂在起重机上，如挂在起重小车或臂架头部上的重物的质量 注：质量 m_{GL} 是有效起重量 m_{PL}、可分吊具质量 m_{NA}、固定吊具质量 m_{FA} 和起重挠性件质量 m_{HM} 之和，即 $m_{GL}=m_{PL}+m_{NA}+m_{FA}+m_{HM}$
额定起重量		在正常工作条件下，对于给定的起重机类型和载荷位置，起重机设计能起升的最大净起重量。对于流动式起重机，为起重挠性件下起重量
最大起重量		额定起重量的最大值

第二节　起重机械的分类、组成和工作特点

一、起重机械的分类

起重机械按功能和结构特点分为轻小型起重设备、起重机、升降机、工作平台和机械式停车设备五类。其中，起重机按构造分为桥架型起重机、缆索型起重机和臂架型起重机。

1. 桥架型起重机

桥架型起重机是取物装置悬挂在能沿桥架运行的起重小车、电动葫芦或臂架起重机上的起重机，主要包括以下几种：

（1）桥式起重机：其桥架梁通过运行装置直接支承在轨道上的起重机。

（2）门式起重机：其桥架梁通过支腿支承在轨道上的起重机。

（3）半门式起重机：其桥架梁一端直接支承在轨道上，另一端通过支腿支承在轨道上的起重机。

2. 缆索型起重机

缆索型起重机是挂有取物装置的起重小车沿固定在支架上的承载绳索运行的起重机，主要包括以下几种：

（1）缆索起重机：以固定在支架顶部的承载索作为承载件的起重机。

（2）门式缆索起重机：承载索作为承载件固定于两支腿上的桥架两端的起重机。

3. 臂架型起重机

臂架型起重机是取物装置悬挂在臂架上或沿臂架运行的小车上的起重机，主要包括以下几种：

（1）门座起重机：安装在门座上，下方可通过铁路或公路车辆的移动式回转起重机。

（2）半门座起重机：安装在半门座上，下方可通过铁路或公路车辆的移动式回转起重机。

（3）流动式起重机：可以配置立柱（塔柱），能在带载或不带载情况下沿无轨路面行驶，且依靠自重保持稳定的臂架型起重机。

（4）塔式起重机：臂架安装在垂直塔身顶部的回转式臂架型起重机。

（5）铁路起重机：安装在专用底架上沿铁路轨道运行的起重机。

（6）浮式起重机：以自航或拖航的专用浮船船体作为支承和运行装置的起重机。

（7）甲板起重机：安装在船舶甲板上，用于装卸船货的回转起重机。

（8）桅杆起重机：其臂架铰接在上下两端均有支承的垂直桅杆下部的回转起重机。

（9）悬臂起重机：取物装置悬挂在刚性固定的悬臂（臂架）上，或悬挂在可沿悬臂（臂架）运行的小车上的臂架型起重机。

二、起重机械的组成

起重机械的工作过程一般包括起升、运行、下降及返回原位等步骤。起升机构通过取物装置从取物地点把重物提起，经运行、回转或变幅机构把重物移位，在指定地点下放重物后返回到原位。一般来说，起重机械工作时，取料、运移和卸载是依次进行的，各相应机构的工作是间歇性的。

起重机械的组成结构主要包括金属结构、控制操纵系统、工作机构、驱动装置、取物装置等。

1. 金属结构

金属结构是以金属材料轧制的型钢（如角钢、槽钢、工字钢、钢管等）和钢板作为基本构件，通过焊接、铆接、螺栓连接等方法，按一定的组成规则连接，承受起重机械的自重和载荷的钢结构。

金属结构按其构造可分为实腹式（由钢板制成，也称箱型结构）和格构式（一般用型钢制成，如桁架）两类，组成起重机械金属结构的基本受力构件，如柱（轴心受力构件）、梁（受弯构件）和臂架（压弯构件）。各种构件的不同组合形成功能各异的起重机械。受力复杂、自重大、耗材多和整体可移动性是起重机械金属结构的工作特点。

对金属结构的基本要求如下：

（1）主要受力构件失去整体稳定性时不应修复，应报废。

（2）主要受力构件发生腐蚀时，应进行检查和测量。当主要受力构件断面腐蚀达设计厚度的 10% 时，如不能修复，应报废。

（3）主要受力构件产生裂纹时，应根据受力情况和裂纹情况采取阻止措施，并采取加强或改变应力分布措施，或停止使用。

（4）主要受力构件因产生塑性变形，使工作机构不能正常地安全运行时，如不能修复，应报废。

2. 控制操纵系统

起重机械通过电气、液压系统控制操纵各机构部件及整机的运动，进行各种起重作业。

控制操纵系统包括各种操纵器、显示器及相关元件和线路，是人机对话的接口。该系统的状态直接关系起重作业的质量、效率和安全。

对控制操纵系统的基本要求如下：

（1）控制操纵系统的设计和布置应能避免发生误操作，保证在正常使用中起重机械能安全可靠地运转。

（2）应按人类工效学有关的功能要求设计和布置所有控制手柄、手轮、按钮和踏板，并保证有足够的操作空间，最大限度减轻司机的疲劳，将发生意外时对人员造成的伤害和引起财产损失的可能性降至最小。

（3）控制操纵系统的布置应使司机对起重机械工作区域及所要完成的操作有足够的视野。

（4）应将操作杆（踏板或按钮等）布置在司机手或脚能方便操作的位置。控制与操作装置的运动方向设置应适合人肢体的自然运动。例如，脚踏控制装置应采用向下的脚踏力操作，而不能用脚的横向运动触碰操作。控制与操作装置应用文字或代码清晰地标明其功能（如用途、机构的运动方向等）。

（5）用来操纵起重机械控制装置所需的力应与此控制装置的使用频度有关，应随机型变化并按人类工效学来考虑。

（6）对于采用多个操作控制站控制一台起重机械的同一机构（如司机室操纵和地面操纵），应具有互锁功能，在任何给定时间内只允许一个操作控制站工作。应装有显示操作控制站工作状态的装置。每个操作控制站均应设置紧急停止开关。

（7）采用的无线遥控和无线控制系统，应当符合《起重机械安全规程　第1部分：总则》（GB 6067.1—2010）的相关规定。

3. 工作机构

工作机构包括运行机构、变幅机构、回转机构和起升机构。

对工作机构的基本要求：各机构的构成与布置均应满足使用需要，保证安全可靠；零部件的选择与计算应符合《起重机设计规范》（GB/T 3811—2008）中的有关规定。

（1）运行机构。运行机构是使起重机械运行的机构，按其运行方式不同有无轨运行和有轨运行之分，按其驱动方式不同有自行式和牵引式之分。带有大车和小车运行机构的起重机械，如双梁桥式起重机，其大车运行机构主要采用集中驱动和分别驱动，其中分别驱动形式如图1-1所示；小车运行机构的形式之一如图1-2所示。运行机构应满足下列要求：

1）按照规定的使用方式，应能够使整机和起重小车平稳地启动和停止。

2）露天工作的轨道运行式起重机械应设有可靠的防风装置。

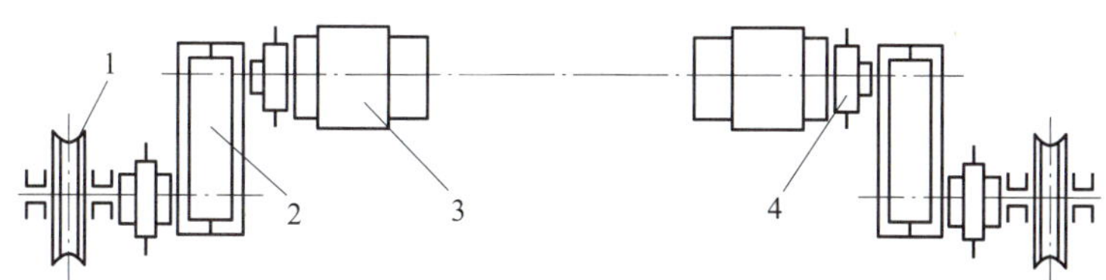

图1-1　双梁桥式起重机大车运行机构的分别驱动形式

1—车轮　2—减速器　3—电动机　4—制动器

（2）变幅机构。变幅机构是通过变换臂架和（或）副臂的倾角改变幅度和起升高度的机构，是臂架起重机特有的工作机构。变幅机构应满足下列要求：

1）按照规定的使用方式，起升机构悬吊额定载荷时，动臂变幅机构应能够提升和下降臂架并能保持在静止状态（不允许带载变幅的变幅机构应保持臂架在静止状态）。

2）采用钢丝绳变幅的机构，变幅机构的卷筒必须有足够的容绳量，保证完成起重臂从最大幅度到最小幅度位置的作业。

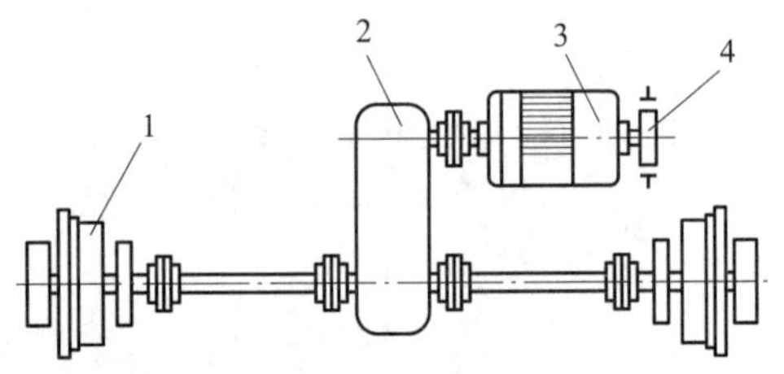

图 1–2　双梁桥式起重机小车运行机构的形式之一
1—车轮　2—减速器　3—电动机　4—制动器

（3）回转机构。回转机构是使起重机械回转部分在水平面内转动的机构，可在环形空间运送移动物料。回转机构在工作状态下，按照规定的使用方式应能够平稳地启动和停止。

（4）起升机构。起升机构是使载荷升降的机构，是任何起重机械不可缺少的部分，因而是起重机械最主要、最基本的机构。吊钩桥式起重机起升机构的形式之一如图 1–3 所示。起升机构应满足下列要求：

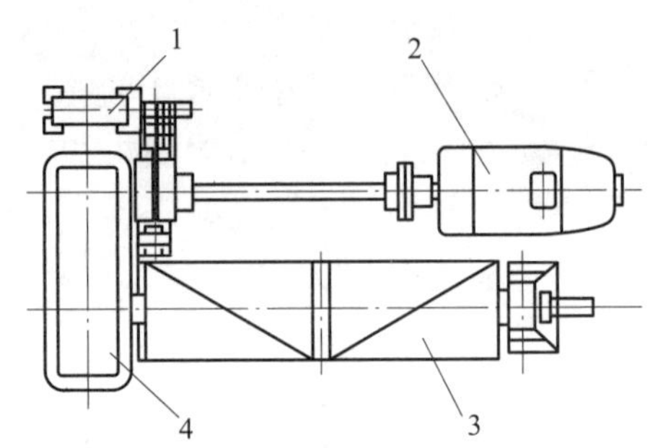

图 1–3　吊钩桥式起重机起升机构的形式之一
1—制动器　2—电动机　3—卷筒　4—减速器

1）按照规定的使用方式应能够稳定地起升和下降额定载荷。

2）吊运熔融金属及其他危险物品的起升机构，每套独立驱动装置应装有两个支持制动器；在安全性要求特别高的起升机构中，应另外装设安全制动器。

3）应采取必要的措施避免起升过程中钢丝绳缠绕。

4）当吊钩处于工作位置最低点时，卷筒上缠绕的钢丝绳，除固定绳尾的圈数外，应不少于 2 圈。当吊钩处于工作位置最高点时，卷筒上还宜留有至少 1 整圈的绕绳余量。

4. 驱动装置

驱动装置是用来驱动工作机构的动力设备。常见的驱动装置有电力驱动和内燃机驱动。电力驱动是现代起重机械的主要驱动形式。可以远距离移动的流动式起重机（如轮胎起重机和履带起重机）多采用内燃机驱动。

对驱动装置的基本要求：适应起重机械载荷多变、迅速改变运动方向、工作速度频繁变换和冲击振动等作业特点。

5. 取物装置

取物装置是用于抓取、持住或搬运重物的装置，如吊钩、抓斗、起重电磁铁、起重真空吸盘、起重横梁、夹持吊具、集装箱吊具或其他装置。

根据被吊物料不同的种类、形态、体积大小，应采用不同种类的取物装置。例如，成件的物品常用吊钩、吊环；散料（如粮食、矿石等）常用抓斗、料斗；液体物料使用盛筒、料罐等。也有针对特殊物料的特种吊具，如吊运长形物料的起重横梁，吊运导磁性物料的起重电磁吸盘，专门为冶金等行业使用的旋转吊钩，还有螺旋卸料和斗轮卸料等取物装置，以及集装箱专用吊具等。

三、起重机械的工作特点

起重机械的主要工作特点如下：

（1）操作技术要求较高。起重机械通常结构庞大，机构复杂，能完成起升运动、水平运动。例如，桥式起重机能完成起升、大车运行和小车运行 3 个运动，门座起重机能完成起升、变幅、回转和大车运行 4 个运动。在作业过程中，起重机械常常是几个不同方向的运动同时操作，技术难度较大。

（2）运行空间范围较大。大多数起重机械需要在较大的空间范围内运行，有的要装设轨道和车轮（如桥式起重机、门座起重机等），有的要装上轮胎或履带在地面上行走（如轮胎起重机、履带起重机等），活动空间较大，一旦发生事故，影响的范围也较大。

（3）作业环境比较复杂。从大型钢铁联合企业，到现代化港口、建筑工地、铁路枢纽、旅游胜地，都有起重机械在运行。作业场所常常会存在高温、高压、易燃易爆、输电线路、强磁等危险因素，对设备和作业人员形成威胁。

（4）配合作业难度较大。起重机械作业中经常需要多人配合，共同进行。要求司机、指挥、司索等作业人员配合熟练、动作协调、互相照应，具有处理现场紧急情况的能力。多个作业人员之间的密切配合，通常存在较大的难度。

（5）作业过程存在危险。起重机械所吊运的重物多种多样，载荷是变化的。有的重物重达百吨乃至千吨，有的物体长达几十米，有的形状很不规则，还有散粒、热熔状态、易燃易爆危险品等，吊运过程复杂而危险。

（6）起重机械偶发危险因素较多。起重机械暴露的、活动的零部件较多，且常与吊运作业人员直接接触（如吊钩、钢丝绳等），存在许多偶发的危险因素。

第三节　起重机械的主要零部件

一、滑轮和滑轮组

1. 滑轮

滑轮是具有一个或若干个导槽，用于引导和（或）改变钢丝绳（链条）方向的旋转件，滑轮上钢丝绳（链条）的受力无本质上的变化。

（1）滑轮的型式按照滑轮制造工艺，可分为铸造滑轮、焊接滑轮、双幅板压制滑轮和轧制滑轮；按照采用的轴承型式，可分为深沟球轴承型、圆柱滚子轴承型、双列满装圆柱滚子轴承型和滑动轴承型。铸造滑轮的典型结构如图 1–4 所示。

（2）滑轮按作用可分为工作滑轮和平衡滑轮；按轴线是否运动，可分为定滑轮与动滑轮。

工作滑轮是担负主要工作的滑轮，有定滑轮和动滑轮之分。定滑轮安装在固定位置的轴上绕轴转动，用以改变钢丝绳或力的运动方向，如导向滑轮；动滑轮安装在移动的心轴上，它和牵引的载荷一起升降，达到省力的目的，如吊钩钩头的滑轮组等。平衡滑轮是在钢丝绳缠绕系统中，用于均衡钢丝绳伸长量的滑轮。

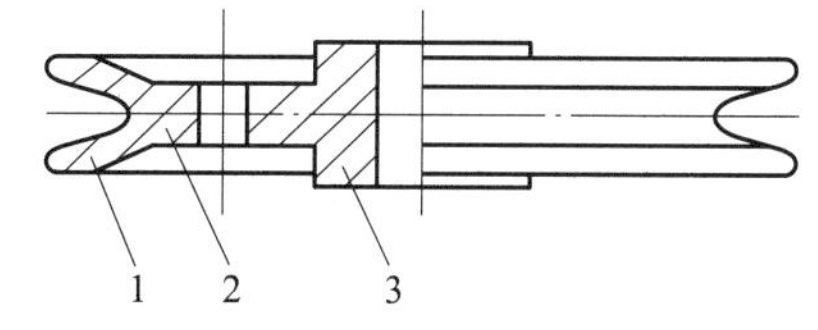

图 1–4　铸造滑轮的典型结构

1—轮缘　2—轮辐　3—轮毂

2. **滑轮组**

钢丝绳依次绕过若干定滑轮和动滑轮所组成的装置称为滑轮组。

滑轮组可以牵拉较重的负载，不但省力而且还可以改变力的方向。装有起重吊钩的滑轮组件是吊钩滑轮组。滑轮组的倍率，就是其省力的倍数。双联滑轮组的倍率，等于支持吊重钢丝绳分支数的一半。

3. **滑轮和滑轮组的安全技术要求及使用维护**

（1）滑轮应能自由转动，并对钢丝绳提供足够的支持，避免钢丝绳承受过度的弯曲应力、径向压力和惯性。

（2）滑轮应有防止钢丝绳脱出绳槽的装置或结构。滑轮罩的侧板和圆弧顶板等与滑轮本体的间隙应不超过钢丝绳公称直径的 50%。

（3）人手可触及的滑轮组，应设置滑轮罩壳。对可能摔落到地面的滑轮组，其滑轮罩壳应有足够的强度和刚性。

（4）每周应检查一次滑轮及滑轮组，滑轮润滑按使用说明书要求进行。

4. **滑轮的报废标准**

滑轮出现下列情况之一时，应报废：

（1）影响性能的表面缺陷，如裂纹或铆接管松动。

（2）轮缘破损，轮槽不均匀磨损达 3 mm。

（3）轮槽壁厚磨损达原壁厚的 20%，因磨损使轮槽底部直径减少量达钢丝绳直径的 50%。

（4）双幅板压制滑轮绳衬的磨损量超过原厚度的 50%，滑轮轴磨损量达原直径的 3%，绳衬和滑轮轴应报废。

二、卷筒

卷筒是转动部件，安装在卷筒组上，其主要功能是通过电动机带动而卷绕钢丝绳，实现起重机械起升机构的升降动作，或柔性变幅机构的变幅动作。卷筒外形如图 1–5 所示。

图 1–5　卷筒外形

1. **卷筒的安全技术要求及使用维护**

（1）钢丝绳在卷筒上应能按顺序整齐排列。只缠绕一层钢丝绳的卷筒，应有绳槽；用于多层缠绕的卷筒，应采用适用的排绳装置或便于钢丝绳自动转层缠绕的凸缘导板结构等。

（2）多层缠绕的卷筒，应有防止钢丝绳从卷筒端部滑落的凸缘。当钢丝绳全部缠绕在卷筒后，凸缘应超出最外面一层钢丝绳，超出的高度应不小于钢丝绳直径的 1.5 倍（对塔式起重机，应不小于钢丝绳直径的 2 倍）。

（3）卷筒上钢丝绳尾端的固定装置，应安全可靠并有防松或自紧的性能。如果钢丝绳尾端用压板固定，固定强度应不低于钢丝绳最小破断拉力的 80%，且至少应有两个相互分开的压板夹紧，并用螺栓将压板可靠固定。

（4）每周应检查一次卷筒，重点检查钢丝绳尾端压板与螺栓的固定情况，不得松动。

（5）卷筒应按使用说明书要求润滑。

2. **卷筒的报废**

卷筒出现下述情况之一时，应报废：

（1）影响性能的表面缺陷，如裂纹等。

（2）筒壁磨损达原壁厚的 20%。

三、减速器

起重机上的减速器是重要的传动部件之一，它的作用是把电动机的高转速降低到各机构所需要的工作转速并传递扭矩。

1. 起重机用减速器的品种

起重机用减速器有起重机用底座式减速器、起重机用三支点减速器、起重机用立式减速器、起重机用套装式减速器、起重机用底座式硬齿面减速器、起重机用三支点硬齿面减速器、起重机用三合一减速器等。

2. 起重机用减速器的结构型式和润滑要求

以下仅介绍两种减速器的结构型式和润滑要求。

（1）起重机用底座式硬齿面减速器：包括 QY3D、QY4D 和 QY34D 三个系列的外啮合渐开线斜齿圆柱齿轮减速器，主要用于起重机的各有关机构。

其结构型式，按传动方式可分为三级传动型（QY3D 型）、四级传动型（QY4D 型）和三级与四级结合型（QY34D 型），如图 1–6 所示。

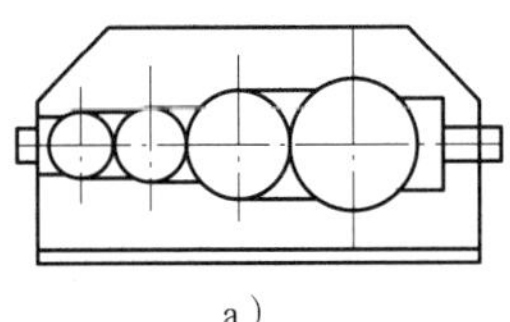
a）

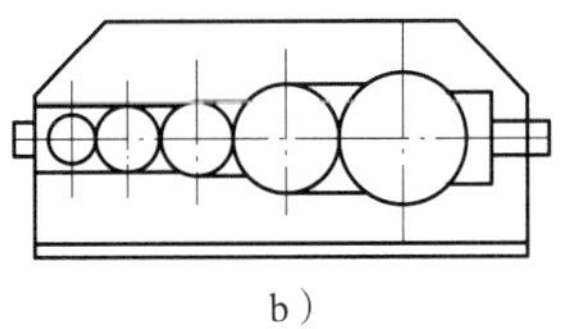
b）

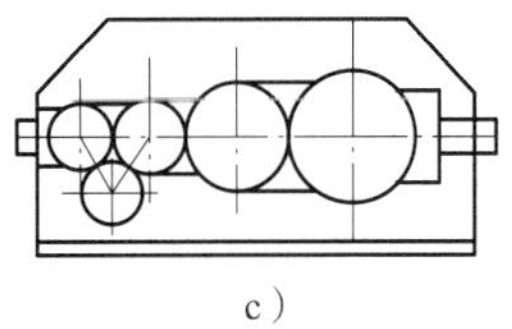
c）

图 1–6　底座式硬齿面减速器结构型式

a）QY3D 型　b）QY4D 型　c）QY34D 型

（2）起重机用三支点硬齿面减速器：包括 QY3S、QY4S 和 QY34S 三个系列的外啮合渐开线斜齿圆柱齿轮减速器，主要用于起重机的各有关机构。

其结构型式，按传动方式可分为三级传动型（QY3S 型）、四级传动型（QY4S 型）和三级与四级结合型（QY34S 型），如图 1–7 所示。

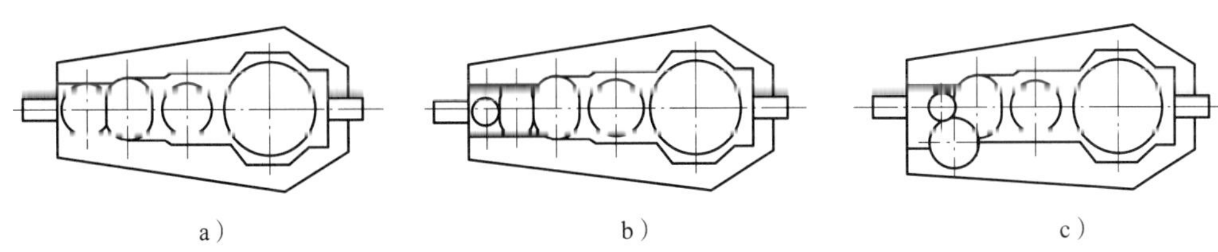
a）　b）　c）

图 1–7　三支点硬齿面减速器结构型式

a）QY3S 型　b）QY4S 型　c）QY34S 型

上述两种减速器的润滑要求如下：

1）卧式安装的减速器采用油池飞溅润滑，立式安装的减速器采用循环油喷油润滑。润滑油应选用符合《工业闭式齿轮油》（GB 5903—2011）规定的 L-CKC220 或 L-CKC320 工业闭式齿轮油。

2）当环境温度低于 0 ℃时，应有润滑油加热装置。采用油池飞溅润滑时，油温高于 0 ℃时才能启动减速器；采用喷油润滑时，油温高于 5 ℃时才能启动减速器。

3）轴承采用油池飞溅润滑时，所用润滑油品应与齿轮润滑油品相同。

4）不同牌号的润滑油不允许混合使用。

3. 起重机用减速器的检查维护要求

（1）密封及润滑油的检查处理要求如下：

1）应无渗油或漏油现象，油量应符合要求，不足时应及时添加。

2）应按规定定期更换润滑油，发现润滑油变质应及时更换，不同的润滑油禁止相互混合使用。

3）油和油位的检查以及油的更换，必须切断电源，防止触电，等待减速器冷却后进行。

（2）拆卸和安装要求如下：

1）拆卸和安装减速器齿轮、轴承等部件时，要尽量避免用锤子等工具直接敲击。

2）更换齿轮时尽量选用原厂配件并成对更换；装配输出轴时要注意公差配合，注意保护空心轴。

（3）减速器齿轮及其他传动齿轮的报废标准。使用维护说明书中没有提供传动齿轮报废指标的，出现下列情况之一时，应报废：

1）轮齿塑性变形造成齿面的峰或谷高于或低于理论齿形轮齿模数的 20%（模数 m 是指相邻两轮齿同侧齿廓间的齿距 t 与圆周率 π 的比值，即 $m=t/\pi$，单位为 mm。模数越大，轮齿越高、越厚）。

2）轮齿折断大于等于齿宽的 1/5，轮齿裂纹大于等于齿宽的 1/8（轮齿的裂纹未达到报废标准时，应设法除掉，制止发展）。

3）齿面点蚀面积达轮齿工作面积的 50%，或 20% 以上点蚀坑的最大尺寸达 0.2 模数，或起升、非平衡变幅机构 20% 的点蚀坑深度达 0.1 模数，或其他机构 20% 的点蚀坑深度达 0.15 模数。

4）齿面胶合面积达工作齿面面积的 20% 及胶合沟痕的深度达 0.1 模数。

5）齿面剥落的判定准则与齿面点蚀的判定准则相同。

6）对于起升、非平衡变幅机构，齿根两侧磨损量之和达 0.1 模数；对于其他机构，齿根两侧磨损量之和达 0.15 模数。

7）吊运炽热金属或易燃易爆等危险品的起升、非平衡变幅机构，其传动齿轮的齿面点蚀面积及齿面剥落达 3）、5）项中的 50%，或齿根两侧磨损达 6）项中的 50%。

齿轮轮齿及其参数如图 1–8 所示。

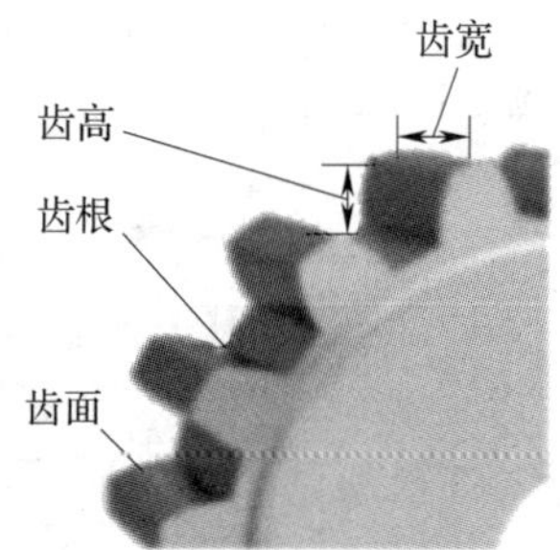

图 1–8　齿轮轮齿及其参数

4. 减速器渗漏油原因及解决方法

（1）渗漏油的原因如下：

1）减速器结构设计没有通风器，减速器无法实现均压，引起漏油。

2）油箱内压力升高，油从密封不严处渗出。

3）加油量过多，润滑油积聚在轴封、结合面等处，导致泄漏。

4）在设备检修时，结合面上污物清除不彻底，密封胶选用不当、密封件方向装反、不及时更换密封件等原因也会引起漏油。

（2）渗漏油的解决方法如下：

1）应当根据渗漏油的原因采取针对性的解决办法。

2）对于减速器静密封点泄漏，可使用高分子复合材料及技术等予以解决。

四、联轴器

联轴器是连接两轴或轴回转件、传递扭矩和运动的一种装置。

1. 联轴器的种类

联轴器分为刚性联轴器、挠性联轴器和安全联轴器三类。不能补偿两轴相对位移的联轴器，称为刚性联轴器；能补偿两轴相对位移的联轴器，称为挠性联轴器；具有过载保护功能的联轴器，称为安全联轴器。挠性联轴器的齿式联轴器如图 1-9 所示。

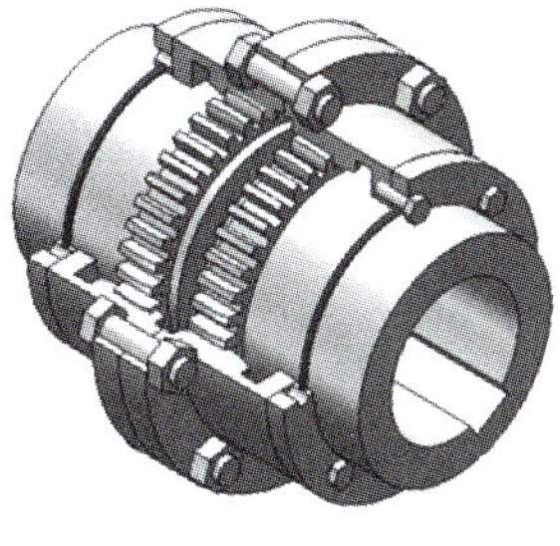

图 1-9　齿式联轴器

2. 联轴器的使用与维护保养要求

（1）联轴器不允许有裂纹存在，如有裂纹则应更换。

（2）联轴器不允许有超过规定的轴心线歪斜和径向位移。

（3）联轴器的螺栓不得松动和缺损，键应配合紧密且无松动。

（4）柱销联轴器的弹性圈、齿轮联轴器的密封圈如有损坏老化，应及时更换。

（5）齿轮联轴器和十字滑块联轴器应按照使用说明书规定润滑。

五、制动器

制动器是使起重机构减速或停止，或防止其运动的装置。

1. 起重机采用的典型制动器

（1）电力液压鼓式制动器：以电力液压推进器为驱动装置的鼓式制动器，其结构如图 1-10 所示。

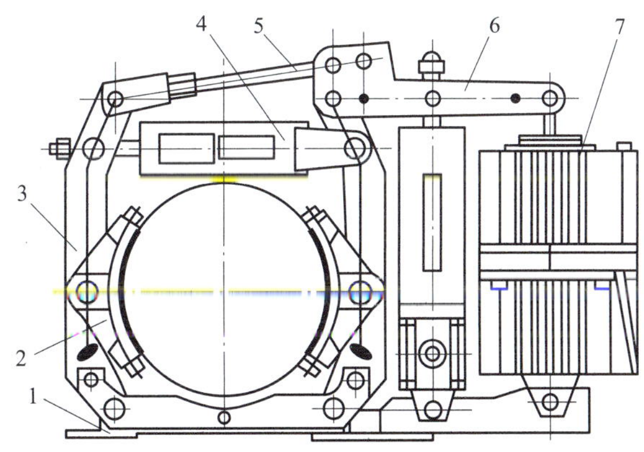

图 1-10　电力液压鼓式制动器结构

1—底座　2—制动瓦块及衬垫　3—制动臂　4—制动弹簧组合　5—推杆　6—制动杠杆　7—电力液压推进器

（2）电力液压盘式制动器：以电力液压推进器为驱动装置的盘式制动器，如图 1-11 所示。

（3）电磁鼓式制动器：以电磁铁为驱动装置的鼓式制动器，其结构如图 1-12 所示。电磁鼓式制动器有交流型电磁制动器、直流型电磁制动器、并励型电磁制动器、串励型电磁制动器。

图 1-11　电力液压盘式制动器

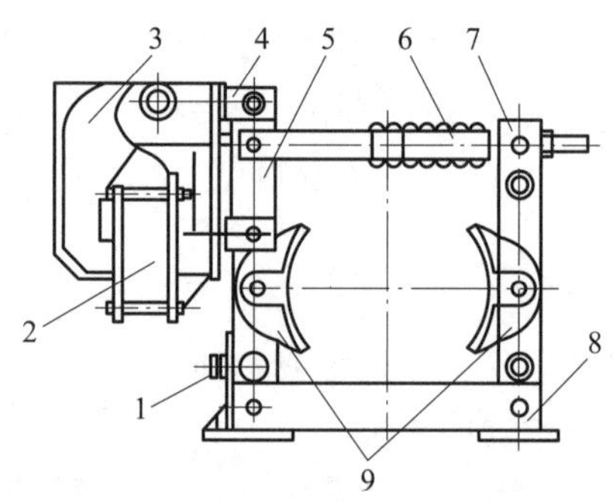

图 1-12　电磁鼓式制动器结构

1—调整螺栓　2—线圈　3—电磁铁　4—推杆　5—左制动臂
6—制动弹簧　7—右制动臂　8—底座　9—制动瓦块及衬垫

2. 制动器装设的安全技术要求

（1）对于动力驱动的起重机，其起升、变幅、运行、回转机构都应装设可靠的制动装置（液压缸驱动的除外）；当机构要求具有载荷支持作用时，应装设机械常闭式制动器。在运行、回转机构的传动装置中有自锁环节的特殊场合，如能确保不发生超过许用应力的运动或自锁失效，也可以不用制动器。

（2）对于动力驱动的起重机，在产生大的电压降或在电气保护元件动作时，应确保各机构的动作不会失去控制。

（3）对于吊钩起重机，起吊物在下降制动时的制动距离（控制器在下降速度最低档稳定运行，拉回零位后，从制动器断电至起吊物停止时的下滑距离）应不大于 1 min 内稳定起升距离的 1/65。

（4）制动器应便于检查和调整，常闭式制动器的制动弹簧应是压缩式的，制动衬片应便于更换。

（5）宜选择对制动衬垫的磨损有自动补偿功能的制动器。

（6）操纵制动器的控制装置，如踏板、操纵手柄等，应有防滑性能。手施加于控制装置操纵手柄的力应不超过 160 N，脚施加于控制装置脚踏板的力应不超过 300 N。

3. 制动器零件更换或制动器报废要求

制动器的零件出现下述情况之一时，应更换零件或报废制动器：

（1）驱动装置：电磁铁线圈或电动机绕组烧损，或推进器推力达不到松闸要求或无推力。

（2）制动弹簧：弹簧出现塑性变形且变形量达到了弹簧工作变形量的 10% 以上，或弹簧表面出现 20% 以上的锈蚀或有裂纹等明显损伤。

（3）传动构件：构件出现影响性能的严重变形；主要摆动铰点出现严重磨损，并且磨损导致制动器驱动行程损失达原驱动行程 20% 以上时。

（4）制动衬垫：铆接或组装式制动衬垫的磨损量达到衬垫原始厚度的 50%，或带钢背的卡装式制动衬垫的磨损量达到衬垫原始厚度的 2/3，或制动衬垫表面出现炭化或剥脱面积达到衬垫面积的 30%，或制动衬垫表面出现裂纹或严重的龟裂现象。

（5）制动轮出现下述情况之一时，应报废：影响性能的表面裂纹等缺陷；起升、变幅机构的制动轮，制动面厚度磨损达原厚度的 40%；其他机构的制动轮，制动面厚度磨损达原厚度的 50%；轮面凹凸不平度达 1.5 mm 时，如能修理，修复后制动面厚度应符合相关要求。

4. 制动器的检查维护要求

应当按照使用说明书的要求进行检查维护，做好清洁、润滑。每班的日常检查，应重点确认以下情况：

（1）制动器工作正常，零件未达到更换标准，制动器未达到报废标准。

（2）制动衬垫与制动轮的实际接触面积不小于理论面积的 70%，制动瓦退距符合要求并均匀一致。

（3）液压制动器无漏油现象，制动轮的制动面无油污等影响制动性能的现象。

第四节　起重机械的轨道与车轮

一、起重机械的轨道

起重机械的轨道是由钢轨铺设而成的起重机械运行路线，能保证起重机械沿规定线路运行，并向基础传递车轮压力。

轨道通常由两条钢轨组成。当起重机械运行工作时，轨道不能有横向和纵向的移动，轨道还要便于调整。轨道钢轨的金属固定零件应无裂纹、松脱和腐蚀；如有裂纹，应及时更换，其他缺陷也应及时处理。

1. 混凝土结构的起重机轨道安装偏差要求

轨道中心线位置偏差 ±5 mm。轨道顶面标高偏差 ±5 mm。两条轨道中心线间距离，当吊车跨度≤ 10 m 时，偏差为 ±5 mm；当吊车跨度 >10 m 时，偏差为 ±[5+0.25（S−10）] mm（S 为吊车跨度，单位为 mm）。厂房横向同一位置两条平行轨道顶面的标高相对偏差应≤ 10 mm。

2. 钢梁结构的起重机轨道安装偏差要求

吊车梁中心线的位置对设计定位轴线的偏差应≤ 5 mm，轨道中心线位移偏差应≤吊车梁腹板厚度的 1/2，两条轨道中心线间距离偏差应≤ 3 mm，厂房横向同一跨间同一位置上两条轨道顶面的标高差在吊车梁支座处应≤ 10 mm、在吊车梁其他处应≤ 15 mm，两邻接的吊车轨端相互间横向位移和高低差应≤ 1 mm。

二、起重机械的车轮

起重机械的车轮是用来支承起重机械自重及所承受载荷，并使起重机械在轨道上往返行驶的装置。

起重机械的车轮按轮缘形状分为双轮缘车轮、单轮缘车轮和无轮缘车轮，如图 1-13 所示。

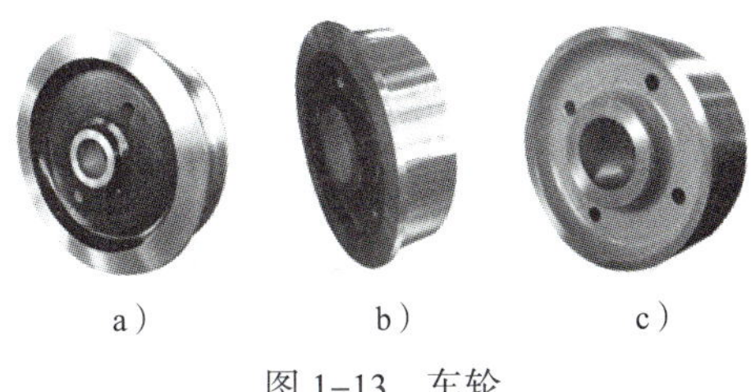

a）　b）　c）

图 1-13　车轮

a）双轮缘车轮　b）单轮缘车轮　c）无轮缘车轮

车轮的踏面形状有圆柱形、圆锥形和鼓形。

1. 车轮的报废

在钢轨上工作的车轮出现下列情况之一时，应报废：

（1）影响性能的表面裂纹等缺陷。

（2）轮缘厚度磨损达原厚度的 50%。

（3）轮缘弯曲变形达原厚度的 20%。

（4）踏面厚度磨损达原厚度的 15%。

（5）当运行速度低于 50 m/min 时，圆度达 1 mm；当运行速度高于 50 m/min 时，圆度达 0.1 mm。

2. 车轮啃轨的特征和原因

（1）车轮啃轨的特征。车轮啃轨会有以下现象出现：

1）轨道侧面有一条明亮的痕迹，严重的痕迹上有毛刺。

2）车轮轮缘内侧、轨道顶面有亮斑。

3）起重机行驶时，在短距离内轮缘与轨道间隙有明显的变化。

4）起重机运行中，特别是启动与制动时，车体走偏、扭摆。

（2）引起车轮啃轨的原因主要如下：轨道安装精度超差，分别驱动的电动机转速不一致、起车不同步，两主动轮直径不一致，车轮安装精度超差，金属结构变形等。

第五节　起重机械的电气系统

一、起重机械的配电系统要求

配电系统应当满足下列条件：

（1）起重机械应装设切断起重机械总电源的电源开关。电源开关可以是隔离开关、与开关电器一起使用的隔离器、具有隔离功能的断路器。上述三种形式的电源开关应符合《机械电气安全　机械电气设备　第 32 部分：起重机械技术条件》（GB/T 5226.32—2017）中 5.3.2、5.3.3 的要求。

（2）起重机总电源回路应设置总断路器。

总断路器的控制应具有电磁脱扣功能，其额定电流应大于起重机额定工作电流，电磁脱扣电流整定值应大于起重机最大工作电流。

总断路器的断弧能力应能断开在起重机上发生的短路电流。

（3）起重机动力电源回路宜装设能够分断动力线路的接触器。

（4）每台起重机械应备有一个或多个可从操作控制站操作的紧急停止开关，当有紧急情况时，应能够停止所有运动的驱动机构。

需要时，紧急停止开关可另外设置在其他部位。对于那些可造成附带危险的起重机械驱动机构，不需要停止所有的运动驱动机构。例如，对于门式起重机，利用其靠近地面所设置的紧急停止开关，在地面上操作停止起重机大车运行即可。

紧急停止开关动作时不应切断可能造成物品坠落的动力回路（如电磁盘、气动吸持装置）。

紧急停止开关应为红色，并且不能自动复位。

二、起重机械的电气保护要求

起重机械的电气保护，涉及以下几个方面：

1. 电动机保护

电动机应具有如下一种或一种以上的保护功能，具体选用应按电动机及其控制方式确定：

（1）瞬动或反时限动作的过电流保护，其瞬时动作电流整定值应约为电动机最大启动电流的 1.25 倍。

（2）在电动机内设置热传感元件。

（3）热过载保护。

2. 线路保护

所有线路都应具有短路或接地引起的过电流保护功能，在线路发生短路或接地时，瞬时保护装置应能分断线路。对于导线截面较小、外部线路较长的控制线路或辅助线路，当预计接地电流达不到瞬时脱扣电流值时，应增设热脱扣功能，以保证导线不会因接地而引起绝缘烧损。

3. 错相和缺相保护

当错相和缺相会引起危险时，应设错相和缺相保护。

4. 零位保护

起重机各传动机构应设有零位保护。运行中若因故障或失压停止运行后，重新恢复供电时，机构不得自行动作，应人为将控制器置回零位后，机构才能重新启动。

5. 失压保护

当起重机供电电源中断后，凡涉及安全或不宜自动开启的用电设备均应处于断电状态，避免恢复供电后用电设备自动运行。

6. 电动机定子异常失电保护

起升机构电动机应设置定子异常失电保护功能，当调速装置或正反向接触器故障导致电动机失控时，制动器应立即上闸。

7. 超速保护

对于重要的、负载超速会引起危险的起升机构和非平衡式变幅机构，应设置超速开关。超速开关的整定值取决于控制系统性能和额定下降速度，通常为额定速度的 1.25 ～ 1.4 倍。

8. 照明与信号

（1）每台起重机的照明、信号应设专用电路，电源应从主断路器（或主刀开关）进线端分接。

当主断路器（或主刀开关）断开时，照明、信号电路不应断电且电路及各分支电路均应设置短路保护。

（2）司机室内和电气室的照明，照度应不低于 30 lx。必要时可补充桥架下作业面用照明。

（3）固定式照明的电压不宜超过 220 V，可携式照明的电压应不超过 36 V。

（4）当室外起重机总高度大于 30 m，且周围无高于起重机械顶尖的建筑物和其他设施，两台起重机械之间有可能相碰，或起重机械及其结构妨碍空运或水运时，应在其端部装设红色障碍灯。灯的电源应不受起重机停机影响而断电。

（5）起重机应有指示总电源分合状况的信号，必要时还应设置故障信号或报警信号。重要的操作指示器应有醒目的显示，信号指示应设置在司机或有关人员视力、听力可及的地点。

三、起重机械安全监控管理系统

起重机械安全监控管理系统是对起重机械工作过程进行监控，对重要运行参数和安全状态进行记录并管理的系统。这一系统是起重机械电气控制系统的一部分，非独立产品。

起重机械安全监控管理系统的显示要求如下：

（1）系统应保证显示信息在各种环境下清晰可辨，不干扰司机视线，不刺目。

（2）系统应具有起重机械作业状态的实时显示功能，能以图形、图像、图表和文字的方式显示起重机械的工作状态和工作参数。系统显示的文字应有简体中文。

（3）系统的报警装置应能向起重机械司机和处于危险区域内的人员发出清晰的声光报警。

第六节　起重机械的液压系统

液压系统是利用压力能传递机械能的系统。其工作原理是发动机驱动液压泵泵出液体，液体经系统向液压缸和马达等执行元件方向流动，产生的压力能和动能使执行元件产生运动。在起重机械中，液压系统主要应用于臂架类起重机的伸缩式臂架、轮胎起重机的支腿、塔式起重机的顶升等。

液压系统一般包括动力元件（液压泵）、执行元件（液压缸和液压马达）、控制元件（各种液压阀）、辅助元件（液压过滤器和压力表等）以及油箱、液压油、管路等。

元件是液压系统的一个功能部分，是由一个或多个零件组成的独立单元，如液压缸、液压马达、液压阀、液压过滤器，但管路除外。

一、液压系统元件及其定义

（1）液压泵：将流体能量转换成机械能的元件。

（2）液压马达：提供旋转运动的执行元件。

（3）电控阀：通过电控来操作的阀。

（4）换向阀：一种连通或阻断一个或多个流道的阀。

（5）平衡阀：用以维持执行元件的压力，使其能保持住负载，防止负载因自重下落或下行超速的阀。

（6）分流阀：将输入流量按选定的比例分成两股分开的输出流量的流量控制阀。

（7）溢流阀：当达到设定压力时，通过排出或向油箱返回流体来限制压力的阀。

（8）减压阀：随着进口压力或输出流量的变化，出口压力基本上保持恒定的阀。

（9）单向阀：仅在一个方向上允许流动的阀。

（10）集流阀：将两股或多股进口流量汇合成一股出口流量的流量控制阀。

（11）减速阀：逐渐减少流量使执行元件减速的流量控制阀。

（12）节流阀：可调的流量控制阀。

（13）缓冲阀：通过限制流体流动的加速度来减小冲击的阀。

（14）截止阀：主要功能是防止流动的阀。

（15）顺序阀：当进口压力超过设定值时，阀打开允许液体经出口流动的阀。

液压系统的典型元件如图 1–14 所示。

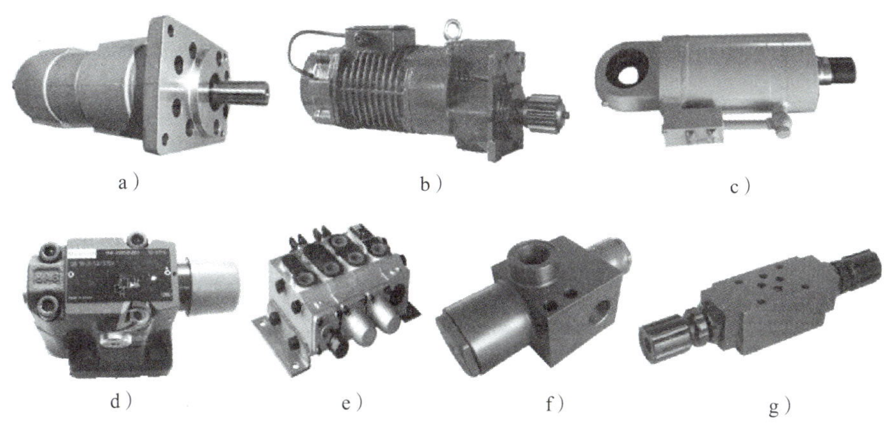

图 1–14　液压系统的典型元件
a）液压泵　b）液压马达　c）液压缸　d）溢流阀
e）换向阀　f）平衡阀　g）节流阀

二、液压系统使用的注意事项

1. 液压油使用的注意事项

（1）应当按照使用说明书的要求使用规定的液压油。

（2）应当保持正常液面，及时补充油液。

（3）补充或更换的液压油都应当过滤，达到系统要求的过滤精度。使用的注油容器等应清洁，注油过程中应当避免空气和水混入，防止固体杂质和纤维杂质进入。

（4）作业中应注意油温的变化，避免超过规定的工作条件要求。

（5）低温下作业应先暖机，在油温达到工作条件后再正式运行。

2. 液压系统操作的注意事项

（1）应保持电磁阀的电压稳定，避免线圈过热。

（2）调定的阀门压力和流量不可随意变动。

（3）操作应平稳，液压阀的开和关不能过猛过快，避免产生冲击载荷。

（4）作业中应注意泵和阀的动作有无异常，系统有无渗漏，压力是否过高或过低，发现异常应及时查找原因并妥善处理。

（5）液压系统各装置应保持清洁，作业完毕应清除灰尘、油污。

第七节　起重机械的安全防护装置

安全防护装置是保障起重机械安全的必要配置。《起重机械安全规程　第 1 部分：总则》（GB 6067.1—2010）规定了典型起重机械的安全防护装置设置要求。

一、限制运动行程与工作位置的安全装置

1. 起升高度限位器和下降深度限位器

起升高度限位器是用来防止固定吊具起升时超出规定上限高度的装置，如图 1–15 所示。

下降深度限位器是用来确保起重机作业期间起升挠性件安全圈数的装置。例如，保持起升卷筒上钢丝绳的最少圈数。

当取物装置上升到设计规定的上极限位置时，限位器应能立即切断起升动力源。在此极限位置的上方，还应留有足够的空余高度，以适应上升制动行程的要求。在特殊情况下，如吊运熔融金属时，还应装设防止越程冲顶的第二级起升高度限位器，第二级起升高度限位器应分断更高一级的动力源。

图 1-15　起升高度限位器

起重机的起升机构均应装设起升高度限位器。用内燃机驱动，中间无电气、液压、气压等传动环节而直接进行机械连接的起升机构，可以配备灯光或声响报警装置，以替代限位开关。

起重机在需要时，应设下降深度限位器，当取物装置下降到设计规定的下极限位置时，应能立即切断下降动力源。

切断上述运动方向的电源后，仍可进行相反方向的运动（第二级起升高度限位器除外）。

动力驱动的通用桥式起重机、通用门式起重机以及轮胎起重机、履带起重机、铁路起重机、塔式起重机、门座起重机、固定式起重机、缆索起重机、电动葫芦，应根据需要装起升高度限位器和下降深度限位器。

2. 运行行程限位器

运行行程限位器是用来防止起重机沿轨道的各种类型运动超越所规定的极限位置的装置。

起重机和起重小车（悬挂型电动葫芦运行小车除外），应在每个运行方向装设运行行程限位器，在达到设计规定的极限位置时自动切断前进方向的动力源。在运行速度大于 100 m/min，或停车定位要求较严的情况下，宜根据需要装设两级运行行程限位器，第一级发出减速信号并按规定要求减速，第二级应能自动断电并停车。

多功能行程限位器通过与被控制机构同步的位移信号经外接挂轮变速后与限位器的输入轴连接，经减速器变速转换成输出轴的角位移信号而实现行程限位。

动力驱动的通用桥式起重机在大车和小车运行的极限位置、通用门式起重机在大车和小车运行的极限位置（悬挂葫芦小车除外）以及塔式起重机、门座起重机、缆索起重机，应装设运行行程限位器。行程开关和限位器如图 1-16 所示。

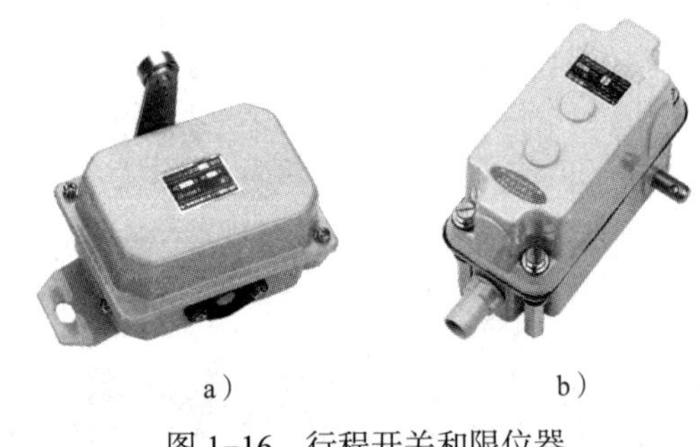

a）　　b）

图 1-16　行程开关和限位器

a）行程开关　b）限位器

3. 幅度限位器和幅度指示器

幅度限位器是用来防止臂架、主臂、副臂、A 形框架或塔架（立柱）的俯仰超出规定极限位置的装置。

幅度指示器是用于显示回转中心线到吊载中心线的水平距离的装置。

（1）对动力驱动的动臂变幅的起重机（液压变幅除外），应在臂架俯仰行程的极限位置处装设臂架低位置和高位置的幅度限位器。

（2）对采用移动小车变幅的塔式起重机，应装设幅度限位器，以防止可移动的起重小车快速达到其最大幅度或最小幅度处。最大变幅速度超过 40 m/min 的起重机，在小车向外运行且当起重力矩达到额定值的 80% 时，应自动转换为低于 40 m/min 的低速运行。

（3）具有变幅机构的起重机械，应装设幅度指示器（或臂架仰角指示器）。

塔式起重机、门座起重机和固定式起重机在吊臂幅度的极限位置应装设幅度限位器。

轮胎起重机、履带起重机、铁路起重机、塔式起重机、门座起重机应装设幅度指示器，固定式起重机宜装设幅度指示器。

4. 防止臂架向后倾翻的装置

具有臂架俯仰变幅机构（液压油缸变幅除外）的起重机，应装设防止臂架后倾装置，以保证当变幅机构的行程开关失灵时，能阻止臂架向后倾翻。

轮胎起重机、履带起重机（液压油缸变幅除外）、铁路起重机（液压油缸变幅除外）、塔式起重机（动臂变幅的）、门座起重机（单臂架钢丝绳变幅的）、固定式起重机应装设防止臂架向后倾翻的装置。

5. 回转限位器和回转锁定装置

回转限位器是用来防止回转超出规定角度的装置。起重机的回转机构需要限制回转范围时，应装设回转限位器。

对于流动式起重机及其他回转起重机的回转部分，在需要时应装设回转锁定装置。轮胎起重机、履带起重机、铁路起重机应装回转锁定装置。

6. 垂直支腿回缩锁定装置

工作时利用垂直支腿支承作业的流动式起重机械，垂直支腿伸出定位应由液压系统实现；应装设支腿回缩锁定装置，使支腿在缩回后，能可靠地锁定。支腿回缩锁定装置最简单的是采用机械锁定，即手动锁销或螺旋锁紧螺母。

7. 防碰撞装置

防碰撞装置是用于防止起重机或起重机的零部件在同一空间中同时动作时与固定吊具碰撞的装置。

当两台或两台以上的起重机械或起重小车运行在同一轨道上时，应装设防碰撞装置。在发生碰撞的任何情况下，司机室内的减速度应不超过 5 m/s^2。

起重机防碰撞装置通常采用光线、微波、超声波等无触点方式，利用声波和电磁波作为检测波，设定防碰主体与客体之间的距离，实现报警、控制起重机减速和停止运行的功能。

对于通用桥式起重机、通用门式起重机、门座起重机，有两台以上起重机在同一轨道运行工作时，应装防碰撞装置。

8. 缓冲器及端部止挡

（1）在轨道上运行的起重机的运行机构、起重小车的运行机构及起重机的变幅机构等均应装设缓冲器或缓冲装置。

缓冲器用以吸收起重机与起重机、轨道端部止挡撞击时的动能，保护起重机不因撞击而损坏。缓冲器的类型有聚氨酯缓冲器、液压缓冲器、弹簧缓冲器、阻尼缓冲器、液气缓冲器和橡胶缓冲器等，图 1–17 所示为其中的几种类型。

通用桥式起重机和通用门式起重机（在大车、小车运行机构或轨道端部）以及塔式起重机、门座起重机（在运行机构或轨道端部）、缆索起重机（在大车运行机构或轨道端部）应装设缓冲器。

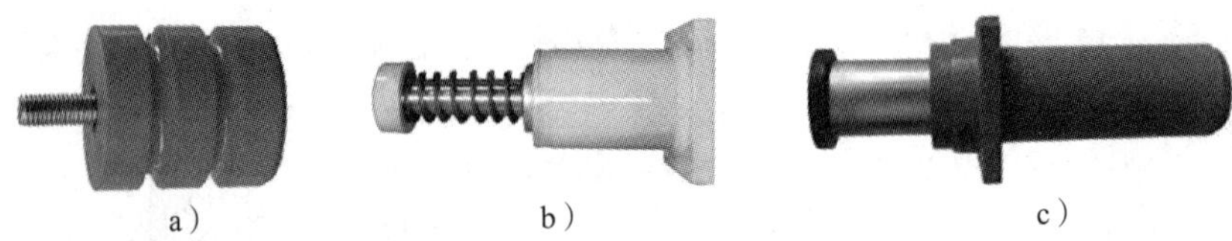

图 1–17　缓冲器的几种类型
a）聚氨酯缓冲器　b）弹簧缓冲器　c）液压缓冲器

（2）轨道端部止挡的作用是防止起重机冲出轨道，撞击厂房建筑或脱离轨道。

有螺杆和齿条等的变幅驱动机构，还应在变幅齿条和变幅螺杆的末端装设端部止挡防脱装置，以防止臂架在低位置发生坠落。

通用桥式起重机（在运行机构）、通用门式起重机（在运行机构）、缆索起重机（在运行机构）以及塔式起重机（在行走式的运行机构与变幅机构）、门座起重机（在运行机构与变幅机构）、固定式起重机（在变幅机构）应装设端部止挡。

9. 偏斜指示器或限制器

跨度等于或大于 40 m 的通用门式起重机和装卸桥应装设偏斜指示器或限制器，当两侧支腿运行不同步而发生偏斜时，能向司机指示出偏斜情况。在达到设计规定值时，偏斜指示器或限制器还应使运行偏斜得到调整和纠正。

10. 水平仪

利用支腿支承或履带支承进行作业的起重机应装设水平仪，用来检查起重机底座的倾斜程度。

水平仪主要是通过测出起重机底盘前后左右方向的水平度来控制支腿，使起重机保持水平状态，防止发生倾翻事故。

二、防超载的安全装置

1. 起重量限制器

起重量限制器是在正常工作使用期间考虑了动力效应的情况下，自动防止起重机搬运载荷超过其额定起重量的装置。

对于动力驱动的 1 t 及以上无倾覆危险的起重机械，应装设起重量限制器。对于有倾覆危险且在一定的幅度变化范围内额定起重量不变化的起重机械，也应装设起重量限制器。

当实际起重量超过 95% 的额定起重量时，起重量限制器宜发出报警信号（机械式除外）；当实际起重量在 100% ～ 110% 的额定起重量时，起重量限制器起作用，此时应自动切断起升动力源，但应允许机构做下降运动。

内燃机驱动的起升机构和（或）非平衡变幅机构，如果中间没有电气、液压或气压等传动环节而直接与机械连接，该起重机械可以配备灯光或声响报警装置来替代起重量限制器。

动力驱动的通用桥式起重机、通用门式起重机、塔式起重机和额定起重量不随幅度而变化的门座起重机、固定式起重机以及缆索起重机、电动葫芦，应装设起重量限制器。

2. 起重力矩限制器

额定起重量随工作幅度变化的起重机，应装设起重力矩限制器。

当实际起重量超过实际幅度所对应的起重量额定值的 95% 时，起重力矩限制器宜发出报警信号；当实际起重量大于实际幅度所对应的起重量额定值但小于 110% 的起重量额定值时，起重力矩限制器起作用，此时应自动切断不安全方向（上升、幅度增大、臂架外伸或这些动作的组合）的动力源，但应允许机构做安全方向的运动。

内燃机驱动的起升机构和（或）平衡变幅机构，如果中间没有电气、液压或气压等传动环节而直接与机械连接，该起重机械可以配备灯光或声响报警装置来替代起重力矩限制器。

轮胎起重机、履带起重机、铁路起重机、塔式起重机以及额定起重量随幅度而变化的门座起重机、固定式起重机，应装设起重力矩限制器。

3. 极限力矩限制装置

对有自锁作用的回转机构，应装设极限力矩限制装置，保证当回转运动受到阻碍时，此力矩限制器发生的滑动能起到对超载的保护作用。

回转机构有可能自锁的塔式起重机、门座起重机、固定式起重机，应装设极限力矩限制装置。

三、抗风防滑和防倾翻装置

1. 抗风防滑装置

（1）室外工作的轨道式起重机应装设可靠的抗风防滑装置，并应满足规定的工作状态和非工作状态抗风防滑要求。

（2）工作状态下的抗风制动装置可采用制动器、轮边制动器、夹轨器、顶轨器、压轨器、别轨器等，其制动与释放动作应考虑与运行机构联锁，并应能从控制室内自动进行操作。

（3）起重机只装设抗风制动装置而无锚定装置的，抗风制动装置应能承受起重机非工作状态下的风载荷；当工作状态下的抗风制动装置不能满足非工作状态下的抗风防滑要求时，还应装设牵缆式、插销式或其他形式的锚定装置。起重机有锚定装置时，锚定装置应能独立承受起重机非工作状态下的风载荷。

（4）非工作状态下的抗风防滑设计，如果只采用制动器、轮边制动器、夹轨器、顶轨器、压轨器、别轨器等抗风制动装置，其制动与释放动作也应考虑与运行机构联锁，并应能从控制室内自动进行操作（手动控制防风装置除外）。

（5）在下列情况下，锚定装置应确保起重机及其相关部件安全可靠：

1）起重机进入非工作状态并且锚定时。

2）起重机处于工作状态，进行正常作业并实施锚定时。

3）起重机处于工作状态且在正常作业，突然遭遇超过工作状态极限风速的风载而实施锚定时。

通用门式起重机、行走式塔式起重机以及门座起重机、缆索起重机，应装设抗风防滑装置。

2. 防倾翻安全钩

起重吊钩装在主梁一侧的单主梁起重机、有抗震要求的起重机及其他有类似防止起重小车发生倾翻要求的起重机，应装设防倾翻安全钩。

四、联锁保护安全装置

（1）进入桥式起重机、门式起重机的门，与从司机室登上桥架的舱口门，应能联锁保护。当门打开时，应断开由于机构动作可能会对人员造成危险的机构的电源。

（2）司机室与进入通道有相对运动时，在进入司机室的通道口，应设联锁保护。当通道口的门打开时，应断开由于机构动作可能会对人员造成危险的机构的电源。

（3）可在两处或多处操作的起重机，应有联锁保护，以保证只能在一处操作，防止两处或多处同时操作。

（4）当既可以电动，也可以手动驱动时，相互间的操作转换应能联锁。

（5）夹轨器等制动装置和锚定装置应能与运行机构联锁。

（6）对小车在可俯仰的悬臂上运行的起重机，悬臂俯仰机构与小车运行机构应能联锁，使俯仰悬臂放平后小车方能运行。

通用桥式起重机、通用门式起重机、塔式起重机、门座起重机、固定式起重机按有关要求应装设联锁保护安全装置。

五、其他安全防护装置

1. 风速风级报警器

（1）室外作业的高大起重机应安装风速仪，风速仪应安装在起重机上部迎风处。

（2）室外作业的高大起重机应装有显示瞬时风速的风速报警器，且当风力大于工作状态的计算风速设定值时，应能发出报警信号。

通用门式起重机、轮胎起重机和履带起重机起升高度大于 12 m，塔式起重机臂架绞点高度大于 50 m 时以及门座起重机、缆索起重机应装设风速风级报警器。

2. 轨道清扫器

当物料有可能积存在轨道上成为运行的障碍时，对于在轨道上行驶的起重机和起重小车，应在台车架（或端梁）下面和小车架下面装设轨道清扫器，其扫轨板底面与轨道顶面之间的间隙一般为 5 ～ 10 mm。

通用桥式起重机、通用门式起重机在大车运行机构和行走式塔式起重机以及门座起重机、缆索起重机，应装设轨道清扫器。

3. 防小车坠落保护

塔式起重机的变幅小车及其他起重机要求防坠落的小车，应设置使小车运行时不脱轨的装置，即使轮轴断裂，小车也不能坠落。

4. 检修吊笼或平台

需要经常在高空进行起重机械自身检修作业的起重机，应装设安全可靠的检修吊笼或平台。

5. 导电滑触线的安全防护

（1）桥式起重机司机室位于大车滑触线一侧，在有触电危险的区段，通向起重机的梯子和走台与滑触线间应设置防护板进行隔离。

（2）桥式起重机大车滑触线侧应设置防护装置，以防止小车在端部极限位置时因吊具或钢丝绳摇摆与滑触线意外接触。

（3）多层布置桥式起重机时，下层起重机应采用电缆或安全滑触线供电。

（4）其他使用滑触线的起重机械，对易发生触电的部位应设防护装置。

6. 作业报警装置

必要时，在起重机上应设置蜂鸣器、闪光灯等作业报警装置。

流动式起重机倒退运行时，应发出清晰的报警声响并伴有灯光闪烁信号。

通用桥式起重机、通用门式起重机宜装设作业报警装置，轮胎起重机、履带起重机及大车运行的门座起重机应装设作业报警装置。

7. 暴露的活动零部件的防护罩

在正常工作或维修时，为防止异物进入零部件或运行时对人员可能造成危险，应设有保护装置。起重机上外露的、有可能伤人的运动零部件，如开式齿轮、联轴器、传动轴、链轮、链条、传动带、皮带轮等，均应装设防护罩（栏）。

有伤人可能的通用桥式起重机、通用门式起重机、轮胎起重机、履带起重机、铁路起重机、塔式起重机、门座起重机、固定式起重机、缆索起重机，应装设防护罩。

8. 电气设备的防雨罩

露天工作的各类起重机上的电气设备，当防护等级不能满足要求时，应采取防雨措施，装设防雨罩。

考量安全防护装置的主要指标，是它的可靠性和稳定性。在使用过程中，应当按照使用说明书的要求进行维护保养，保证其始终处于正常的工作状态。有的安全防护装置需要适时调整或标定，把量值误差控制在标定允许的范围内。

第二章　起重机械类别品种及其使用

本章共九节，内容包括桥式起重机的品种及其使用、门式起重机的品种及其使用、塔式起重机的品种及其使用、流动式起重机的品种及其使用、门座式起重机的品种及其使用、升降机的品种及其使用、缆索起重机及其使用、桅杆起重机及其使用和机械式停车设备及其使用。

本章介绍各类别起重机械的基本组成、原理、用途、工作特点和对工作环境的要求，以及各类别起重机械使用的特殊规定和要求。

第一节　桥式起重机的品种及其使用

桥式起重机属于桥架型起重机，是取物装置悬挂在能沿桥架运行的起重小车、葫芦或臂架起重机上的起重机。桥式起重机简称桥机，俗称桥吊、天车。

列入《特种设备目录》的桥式起重机分为通用桥式起重机、防爆桥式起重机、绝缘桥式起重机、冶金桥式起重机、电动单梁起重机和电动葫芦桥式起重机 6 个品种。

一、通用桥式起重机

通用桥式起重机是在一般环境中工作的桥式起重机，其取物装置为吊钩或抓斗或起重电磁铁（电磁吸盘），或同时使用其中两种或三种。

图 2-1 所示为具有主副吊钩的 32/5 t 双梁桥式起重机结构。

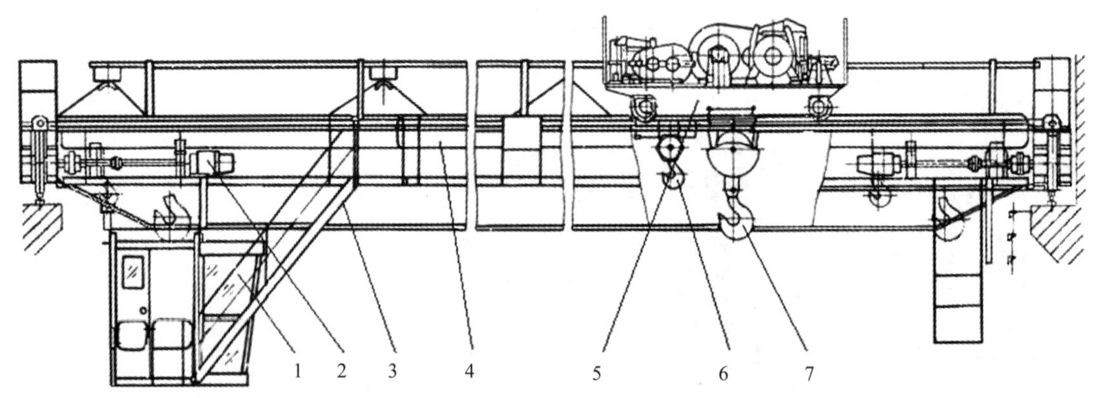

图 2-1　32/5 t 双梁桥式起重机结构

1—司机室　2—大车运行机构　3—斜梯及走台　4—桥架　5—起重小车　6—副钩　7—主钩

1. 通用桥式起重机的基本组成

通用桥式起重机包括桥架、大车运行机构、起重小车、司机室、电气系统和安全防护装置等。

（1）桥架包括主梁和端梁。主梁是承重梁，小车轨道固定在主梁上。主梁应有上拱度，静载试验后的主梁，当空载小车在极限位置时，上拱最高点应在跨度中部 $S/10$（S 为跨度）范围内，其值应不小于 0.7S/1 000。端梁是由板梁或桁架、车轮组等组成的支承桥架梁的构件。

（2）大车运行机构包括电动机、减速器、制动器、传动轴、联轴器和车轮等，用以驱动大车的车轮转动，沿着起重机轨道水平运行。

（3）起重小车是使吊挂载荷移动的总成，由小车运行机构、起升机构和小车架等组成。小车运行机构主要由电动机、减速器、制动器、传动轴、联轴器和车轮等组成，承担起重机的横向运动；起升机构由电动机、减速器、制动器、卷筒、定滑轮组和起重钢丝绳等组成，承担起重作业的升降运动；小车架一般由钢板和型钢焊接组成，承担和传递全部起重载荷。

起重小车如图 2-2 所示。

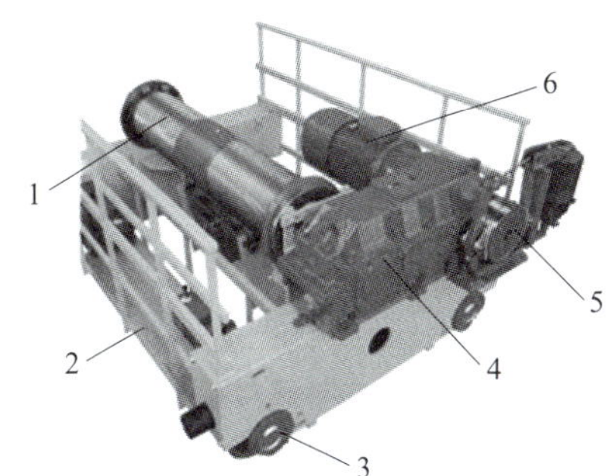

图 2-2 起重小车

1—卷筒 2—小车架 3—车轮组
4—减速机 5—制动器 6—电动机

（4）司机室内配置起重机所有控制设备以及信号和照明等设备，由司机操纵控制。

（5）起重机采用滑线和电刷供电。三相交流电源接到沿大车轨道长度方向架设的主滑线上，通过电刷首先引入司机室内的总电源开关，然后再向起重机各电气设备供电，小车由辅助滑线供电。小型起重机采用软电缆供电。

（6）安全防护装置在桥式起重机上的设置要求如下：应装的安全防护装置有起重量限制器、起升高度限位器、下降深度限位器（根据需要）、运行行程限位器、联锁保护安全装置、缓冲器、抗风防滑装置（室外工作的）、轨道清扫器、端部止挡、导电滑线防护板、暴露的活动零部件的防护罩、电气设备的防雨罩（室外工作的防护等级不能满足要求时），宜装的安全防护装置有作业报警装置、防碰撞装置。

2. 通用桥式起重机的工作特点和用途

通用桥式起重机的作业空间是固定跨度的盒形空间，不占用地面的使用面积。

通用桥式起重机主要用于室内机械制造加工车间、装配车间、仓库、料场等物料的搬运，电厂等固定检修设备的吊运及其他场合，也可用于冶金、铸造车间作为辅助吊运设备等。不适用于易燃易爆、可燃性气体、粉尘及有腐蚀性气体环境，不适用于核辐射环境、有毒气体环境。

3. 通用桥式起重机的工作环境条件要求

（1）起重机的电源为三相交流电（三相四线制），频率为 50 Hz 或 60 Hz，电压一般≤1 kV（根据需要也可为 3 kV、6 kV 或 10 kV）。供电系统在起重机馈电线接入处的电压波动应在额定电压的 ±10% 以内，起重机内部电压损失应符合《起重机设计规范》（GB/T 3811—2008）的规定。

（2）起重机运行的轨道安装应符合表 2-1 中 2 级公差要求（起重机运行速度≥ 112 m/min 时，轨道安装应达到 1 级公差要求）。

（3）起重机运行轨道的接地电阻值应不大于 4 Ω（由用户负责）。

（4）起重机安装使用地点海拔应不超过 1 000 m。超过 1 000 m 时，应按《旋转电机 定额和性能》（GB/T 755—2019）的规定对电动机进行容量校核；超过 2 000 m 时，应对用电器件进行容量校核。

（5）吊运物品对起重机吊钩部位的辐射热温度应不超过 300 ℃。

（6）起重机在室内工作时的气候条件如下：

1）环境温度不超过 40 ℃，在 24 h 内的平均温度不超过 35 ℃。

2）环境温度不低于 −5 ℃。

3）在 40 ℃的温度下，相对湿度不超过 50%。

（7）起重机在室外工作时的气候条件如下：

1）环境温度不超过 40 ℃，在 24 h 内的平均温度不超过 35 ℃，环境温度不低于 −20 ℃。

2）环境温度不超过 25 ℃时的相对湿度允许暂时达 100%。

3）工作风压应不大于：内陆 150 Pa（相当于 5 级风），沿海 250 Pa（相当于 6 级风）。

4）非工作状态的最大风压一般为 800 Pa（相当于 10 级风），也可另行约定。

（8）电动机的运行条件应符合《旋转电机　定额和性能》（GB/T 755—2019）中的相关规定。

（9）电器的正常使用安装和运行条件应符合《低压开关设备和控制设备　第 1 部分：总则》（GB 14048.1—2012）中的相关规定。

4. 通用桥式起重机轨道公差

按照《起重机　车轮及大车和小车轨道公差　第 1 部分：总则》（GB/T 10183.1—2018）的规定，通用桥式起重机轨道公差见表 2−1。

表 2−1　　通用桥式起重机轨道公差

公差参数	1 级公差值	2 级公差值	单位
大车轨道上任一点处，起重机轨道中心之间跨度 S 的公差	$S \leqslant 16$ m 时，±3 $S > 16$ m 时，$\pm[3+0.25(S-16)]$ 极限值为 ±10	$S \leqslant 16$ m 时，±5 $S > 16$ m 时，$\pm[5+0.25(S-16)]$ 极限值为 ±15	mm
大车轨道全长上任一点处，起重机轨道顶部水平直线度公差	±5	±10	mm
轨道顶部任一点处 2 000 mm（抽样值）检测长度内的水平直线度公差	1	1	mm
大车轨道全长任一点处，起重机轨道中心顶部的直线度公差	±5	±10	mm
起重机轨道顶部任一点处 2 000 mm（抽样值）检测长度内的直线度公差	1	2	mm
大车轨道上的任一点处，在与之成直角的方向上，相对应的两轨道测点之间的高度差	±0.5S（S 单位为 m） 极限值为 ±5	±1.0S（S 单位为 m） 极限值为 ±10	mm
大车轨道上垂直于纵向轴线的终端止挡器的平行度公差	±0.8S（S 单位为 m） 极限值为 ±8	±1.0S（S 单位为 m） 极限值为 ±10	mm
大车轨道上任一点处，钢轨横截面的倾斜度	4	6	‰
大车轨道上的任一点处，车轮接触点高度差（平面度）	0.5S（或 0.5 轮距，选两者中较小者代入，S 与轮距的单位为 m） 极限值为 5	1.0S（或 1.0 轮距，选两者中较小者代入，S 与轮距的单位为 m） 极限值为 10	mm
大车轨道任一点处，轨道中心相对于腹板中心的偏差	腹板最小厚度的 50%		mm

5. 小车运行中“三条腿”现象的原因

小车运行机构在运行中可能会出现“三条腿”现象，即小车的4个车轮中只有3个车轮着轨，一个悬空，引起小车运行中振动、运行不稳、走斜等故障。

小车运行中“三条腿”现象有车轮的原因和轨道的原因，具体如下：

（1）如果小车某一个车轮在较长一段运行距离内，始终处于悬空状态，可能的原因：4个车轮的轴线不在同一个平面内，即使车轮直径完全相等，也会单个悬空；4个车轮的轴线在同一个平面内，但有一个车轮直径明显较小，或处在对角线上的两个车轮直径太小。

（2）如果小车同侧的两个车轮在经过某一段轨道时，交替地不与轨道接触，局部段出现“三条腿”现象，可能的原因：轨道不平直，小车轨道局部地段凹凸不平。

此外，桥架主梁拱度的变化也会影响小车的运行态势。

二、防爆桥式起重机

1. 防爆起重机的分类

国家标准将爆炸性环境用防爆起重机的电气设备分为Ⅰ、Ⅱ、Ⅲ类，相应的防爆起重机也分为3类。

Ⅰ类：煤矿瓦斯气体环境用防爆起重机。

Ⅱ类：除煤矿瓦斯气体以外的其他爆炸性气体环境用防爆起重机。

Ⅲ类：除煤矿以外的爆炸性粉尘环境用防爆起重机。

Ⅱ类防爆起重机按照其所处的爆炸性气体环境的种类可进一步分为ⅡA类（代表性气体是丙烷）、ⅡB类（代表性气体是乙烯）、ⅡC类（代表性气体是氢气）防爆起重机。

Ⅲ类防爆起重机按照其所处的爆炸性粉尘环境的特性可进一步分为ⅢA类（爆炸性粉尘是可燃性飞絮）、ⅢB类（爆炸性粉尘是非导电性粉尘）、ⅢC类（爆炸性粉尘是导电性粉尘）防爆起重机。

防爆起重机的工作级别应不超过A5。当防爆分类为ⅡC、ⅡB、ⅢC级时，起重机大、小车运行速度应不超过16 m/min，其他防爆分类的起重机大、小车运行速度应不超过25 m/min。起重机起升速度应不超过8 m/min，钢丝绳卷入速度应不超过28 m/min。

2. 防爆桥式起重机的防爆要求

（1）在材料选用方面的要求如下：

1）起重机金属结构重要焊接构件（如主梁、端梁、小车架等）的材质，应采用镇静钢。

2）产品铭牌和吨位牌须用黄铜或不锈钢板制造，产品铭牌厚度应不小于1 mm，吨位牌厚度应不小于3 mm。

3）防爆分类为ⅡC、ⅢB、ⅢC级时，车轮踏面及轮缘部分应采用不会因撞击、摩擦而引燃爆炸性气体混合物的铜合金或其他材料制造。

4）限位开关上的碰轮及电缆滑车的滚轮，应采用青铜或黄铜或表面电阻不大于10^9 Ω的工程塑料。防爆分类为ⅡC、ⅢB、ⅢC级时，电缆滑车的牵引线应采用不锈钢钢丝绳。

5）防止钢丝绳脱槽的装置应用无火花材料制造。

（2）在主要零部件等方面的要求如下：

1）不应采用开式齿轮传动。

2）起升机构应具有两套防爆型制动器，应装设防爆型起重量限制器。

3）缓冲器应选用符合《起重机用聚氨酯缓冲器》（JB/T 10833—2017）规定的聚氨酯缓冲器或符合《起重机　橡胶缓冲器》（JB/T 12988—2016）规定的橡胶缓冲器，其表面电阻均应不大于 10 Ω。

4）钢丝绳不应有断丝。

5）防爆分类为ⅡC 时，吊钩应采取防止撞击或摩擦产生火花的措施。

6）大、小车轨道宜采用焊接接头，接头应平滑。否则，两轨道的接头处横向位移和高低差均应不大于 0.5 mm，接头间隙应不大于 1 mm。车轮和轨道的接触面应无锈蚀、接地良好，避免因锈蚀产生火花。

7）吊钩滑轮组侧板的外表面应标出警示语，如“禁止触地、碰撞”等。

（3）在电气设备方面的要求如下：

1）电气设备的选择应符合《爆炸性环境　第 1 部分：设备　通用要求》（GB 3836.1—2010）和《可燃性粉尘环境用电气设备　第 1 部分：通用要求》（GB 12476.1—2013）的规定，其性能应满足用户提出的防爆类型和最高表面温度的要求。

2）大、小车馈电应采用软电缆导电。电气设备之间的连线，都须用橡套铜芯多股圆电缆。起重机的供电电缆应采用带接地芯线的电缆。

3）所有防爆电气设备的引入装置都应采用电缆密封圈式，且每一个引入装置只允许引入一根橡套圆电缆。配线采用橡套铜芯多股圆电缆的，中间不允许有接头，必要时可设防爆分线盒。

4）开关应是隔爆型，警示信号应是本质安全型。

3. 防爆桥式起重机的工作环境条件要求

（1）起重机一般在室内工作（室外工作时由供需双方协商），工作环境温度为 -20 ～ 40 ℃，工作环境气压为 0.08 ～ 0.11 MPa。

（2）起重机使用环境应具有良好的通风，要有必要的设施保障。

（3）起重机适用的气体环境防爆危险区域为《爆炸性环境　第 14 部分：场所分类　爆炸性气体环境》（GB 3836.14—2014）中所划分的 1 区或 2 区。

爆炸性气体环境是指在大气条件下，可燃物质以气体或蒸气的形式与空气形成的混合物被点燃后，能够保持燃烧自行传播的环境。

1 区是在正常运行时，可能偶尔出现爆炸性气体环境的场所。

2 区是在正常运行时，不可能出现爆炸性气体环境的场所（如果出现，仅在短时间内存在）。

（4）起重机适用的粉尘环境防爆危险区域为《可燃性粉尘环境用电气设备　第 1 部分：通用要求》（GB 12476.1—2013）中所规定的 21 区和 22 区。

爆炸性粉尘环境是指在大气条件下，粉尘、纤维或飞絮状的可燃性物质与空气形成的混合物被点燃后，燃烧将传遍全部未燃混合物的环境。

21 区是指在正常操作过程中，空气中爆炸性环境以可燃性粉尘云的状态可能出现或偶尔出现的场所。可能产生 21 区的场所举例如下：当粉尘容器内部出现爆炸性粉尘与空气的混合物时，为了操作而频繁移动或打开最邻近出口的粉尘容器外部场所；当未采取防止爆炸性粉尘与空气的混合物形成的措施时，在最接近装料和卸料点、送料皮带、取样点、卡车卸载站、皮带卸载点等的粉尘容器外部场所。

22 区是指在正常操作过程中，空气中爆炸性环境以可燃性粉尘云的状态不可能出现的场所（如果出现，仅在短时间内存在）。可能产生 22 区的场所举例如下：集尘袋式过滤器通风孔的排气口，如果一旦出现故障，可能逸出爆炸性粉尘与空气的混合物。

4. 防爆桥式起重机使用的特殊要求

作业人员应当熟悉防爆相关知识，熟悉和掌握防爆桥式起重机的性能特点并正确使用，应当注意以下事项：

（1）大、小车运行机构在启动和制动过程中应平稳，避免车轮打滑及产生可视的火花。

（2）起重钢丝绳应确保可靠的润滑，减少钢丝绳与卷筒、滑轮以及防爆电动葫芦导绳器之间的摩擦。

三、绝缘桥式起重机

绝缘桥式起重机是指在有色金属电解铝、镁、铅、锌、铜等冶炼车间环境中工作的起重机。

1. 绝缘桥式起重机的绝缘要求

（1）起重机应设有三道绝缘：吊钩与滑轮、起升机构与小车架、小车架与大车。其每道绝缘在常温状态（温度 20 ～ 25 ℃，相对湿度 ≤ 85%）下用 1 kV 兆欧表测得的电阻值应 ≥ 1 MΩ。

（2）起重机的起升机构应安装双制动器，应优先选用电磁块式制动器，每个制动器的安全系数应 ≥ 1.25。

（3）起重机在非工作状态下，小车架上的感应电压应不超过安全电压值 36 V。

2. 绝缘桥式起重机的工作环境条件要求

（1）起重机的电源为三相交流电，频率为 50 Hz，电压为 380 V。电动机和电器上允许电压波动的上限为额定电压的 10%，下限（尖峰电流时）为额定电压的 −15%，其中起重机内部电压损失应符合《起重机设计规范》（GB/T 3811—2008）的规定。

（2）起重机运行轨道的安装应符合《起重机　车轮及大车和小车轨道公差　第 1 部分：总则》（GB/T 10183.1—2018）的要求。

（3）起重机安装使用地点的海拔不超过 2 000 m（超过 1 000 m 时，应对电动机容量进行校核）。

（4）工作环境中不得有易燃易爆气体。

（5）吊运物品对起重机吊具部位的辐射热温度不得超过 300 ℃。

（6）起重机正常工作的气候条件如下：

1）环境温度为 −5 ～ 50 ℃。

2）在 50 ℃时的相对湿度不超过 50%。

四、冶金桥式起重机

冶金桥式起重机是适应金属冶炼、轧制和热加工等企业的专用起重机，包括料箱起重机、锻造起重机、板坯搬运起重机、铸造起重机、淬火起重机和料耙起重机等。

图 2–3 所示为 15 t 料耙起重机结构。

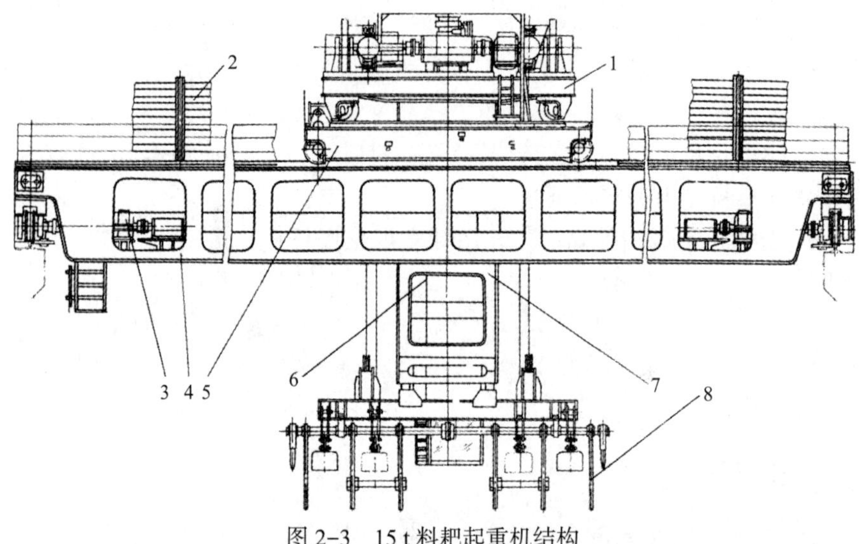

图 2-3　15 t 料耙起重机结构

1—上部小车　2—滑线　3—大车运行机构　4—桥架　5—下部小车
6—电缆装置　7—导架及司机室　8—起重横梁装置

1. 冶金桥式起重机的分类及要求

（1）料箱起重机。料箱起重机是借助料箱吊架，挂起、搬运和倾倒料箱，供转炉加料的起重机。它采用两套起升机构，其中一套用于倾倒料箱。

（2）锻造起重机。锻造起重机是具有使锻件提升、缓冲和翻转装置的桥式起重机，有如下要求：

1）主、副小车一般联合工作，但允许单独起吊物品。

2）主小车起升机构设置载荷缓冲及松闸装置。当载荷超过 1.1 倍的额定起重量时，制动器松闸，起升机构被反拖向下降方向运动。限位开关被接通的同时起升电机也被接通，这时可实现快速下降。

3）主钩在不影响吊钩使用性能的条件下，允许在其钩身上开孔，便于穿吊钩销轴以悬挂其他吊具；吊钩钩口处宜设防脱钩装置，应有可更换的防磨钩垫。副钩装置应设载荷缓冲装置。

4）翻料器与吊钩悬挂轴应设有防磨轴套。翻料器翻转机构应设有极限力矩装置，当旋转力矩超过 1.1 倍的额定力矩时，极限力矩装置立即起保护作用。

（3）板坯搬运起重机。板坯搬运起重机是取物装置为夹钳、吊钩、电磁吸盘及其两用或三用的搬运板坯的起重机，有如下要求：

1）板坯搬运起重机的夹钳钳尖应使用耐热耐磨合金，夹钳的开闭机构应有隔热防护措施，夹钳装置上的电器元件应耐高温。

2）应为夹钳装置设置专用的电缆卷筒，并采取防热措施。

（4）铸造起重机。铸造起重机是吊运熔融金属的起重机，有如下要求：

1）主起升机构应设超速保护。

2）主起升机构的钢丝绳，双吊点应采用四根钢丝绳缠绕系统，单吊点至少采用两根钢丝绳缠绕系统。在缠绕系统中不应采用平衡滑轮。

3）主梁下翼缘板下方应安装可靠的防辐射热装置。

4）起重横梁下翼缘板的下部应设有防辐射热装置，两端缠绕钢丝绳的动滑轮组应有防护罩。

5）额定起重量不大于 16 t 时，可采用电动葫芦作为起升机构。当额定起重量大于 5 t 时，电动葫芦除设置一个工作制动器外，还应设置安全制动器；当额定起重量小于或者等于 5 t 时，也宜设置安全制动器，否则电动葫芦应按 1.5 倍额定起重量设计。应选用具有高温隔热作用的电动葫芦，工作级别应不低于 M6 级。

（5）淬火起重机。淬火起重机是用于立式井淬热处理工艺，且具有快速下降和在事故状态下紧急松闸功能的起重机，有如下要求：

1）起重机应能适应油蒸气、烟尘等有害气体侵蚀的工作环境。

2）起升机构应设置下行程限位装置。

3）起重机应具有快速下降功能和设置超速保护装置，起升机构快速下降时不应与其他机构同时动作。快速下降系统的制动距离一般宜控制在 1 min 内快速下降距离的 1/65，且最大不超过 500 mm。

4）应使用保温型司机室，司机室内宜设有降温设施，并且应有必要的应急逃生措施。

5）在吊钩的动滑轮组处应设置防护罩，防止淬火油液喷溅。

6）宜采用钢芯结构钢丝绳。

7）紧急松闸机构应响应速度快，动作灵活可靠，操作轻便。

（6）料耙起重机。料耙起重机是在钢厂连铸及轧制过程中搬运和堆垛棒状方坯的起重机，有如下要求：

1）起重机使用电磁吸盘工作时，被吊运坯料的温度应低于电磁吸盘允许的工作温度。常温电磁吸盘的工作温度应不大于 100 ℃，高温电磁吸盘的工作温度应控制在 100 ～ 600 ℃。

2）起重机应保持料耙横梁两侧升降同步及数个耙齿翻转同步，且不得产生偏斜。柔性料耙起重机应采取防摆措施。

3）回转机构采用无滑环供电时，应设回转极限限位开关。应设置缓冲限位装置及电控联锁系统。

4）起重机运行、小车运行、回转机构之间应设置限位联锁，防止起重机及物料与厂房互相干涉。

冶金桥式起重机在吊运熔融金属的特殊情况下，应装设防止越程冲顶的第二级起升高度限位器，第二级起升高度限位器应分断更高一级的动力源。

2. 冶金桥式起重机的工作环境条件要求

（1）起重机的电源一般为三相交流电，频率为 50 Hz 或 60 Hz，电压为 380 V。对于大型冶金桥式起重机，单机构拖动电动机容量超过 400 kW，或者使用时电动机总容量超过 500 kW 时，推荐采用三相交流、50 Hz、3 kV 电源。在正常工作条件下，供电系统在起重机馈电线接入处的电压波动应在额定值的 ±10% 以内。

（2）起重机安装使用地点的海拔超过 1 000 m 时，应按《旋转电机　定额和性能》（GB/T 755—2019）的规定对电动机容量进行校核。

（3）起重机的工作环境温度一般为 −10 ～ 50 ℃，在 40 ℃的温度下相对湿度不超过 50%。

（4）使用起重机的场地不得有易燃易爆及腐蚀性气体。

（5）起重机运行轨道的安装应符合《起重机　车轮及大车和小车轨道公差　第 1 部分：总则》（GB/T 10183.1—2018）的规定。

五、电动单梁起重机

电动单梁起重机是以电动葫芦为起升机构的一般用途起重机，主梁为单梁，如图 2–4 所示。

图 2–4　电动单梁起重机

1. 电动单梁起重机的基本组成

电动单梁起重机一般由桥架、电动葫芦及起升机构、大车运行机构、电气设备以及安全防护装置组成。

桥架部分主要由主梁、端梁、小车导电支架、操纵室等组成。电动葫芦及其组成的小车构成起升机构，可沿着主梁纵向移动。大车运行机构一般采用分别驱动。

主梁上拱度推荐值为（1/1 000 ～ 1.4/1 000）S。

电气设备根据司机室操纵、地面操纵或遥控操纵的不同方式，采用相应的配置形式。起重机电缆可采用滑触线或电缆，电动葫芦运行采用电缆或滑接输电装置馈电。

应装的安全防护装置有起重量限制器、起升高度限位器、下降深度限位器（根据需要）、运行行程限位器、联锁保护安全装置、缓冲器、抗风防滑装置（室外工作的）、轨道清扫器、端部止挡、暴露的活动零部件的防护罩、电气设备的防雨罩（室外工作的防护等级不能满足要求时），宜装的安全防护装置有防碰撞装置。

2. 电动单梁起重机的型式

（1）按起升机构的位置及运行方式，电动单梁起重机分为电动葫芦小车在主梁下翼缘运行，配用标准建筑高度小车的起重机；配用低建筑高度小车的起重机；电动葫芦安装在角形小车上的起重机。角形小车如图 2–5 所示。

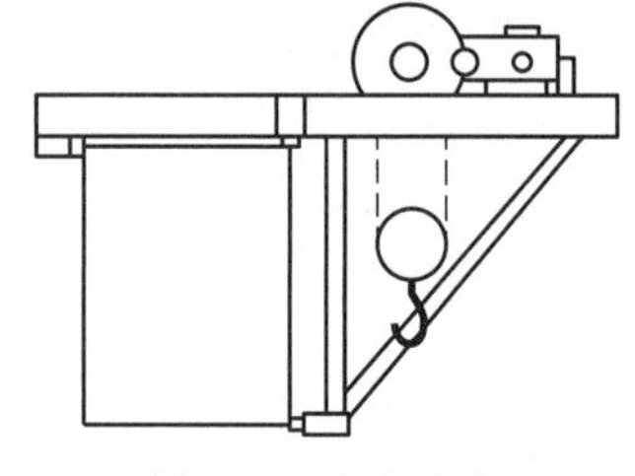
图 2–5　角形小车

（2）按操纵方式，电动单梁起重机分为司机室操纵的起重机、地面操纵的起重机。

3. 电动单梁起重机的工作特点和用途

电动单梁起重机作业空间与通用桥式起重机一样。

电动单梁起重机采用司机室操纵时，与通用桥式起重机的工作特点相同；采用地面操纵或遥控操纵时，控制简单，操纵便利。

电动单梁起重机应用广泛，适用于机械加工、零部件装配车间的起重搬运，适用于仓库、料场的起重作业。

4. 电动单梁起重机的工作环境条件要求

（1）起重机的电源一般为三相交流电，频率为 50 Hz 或 60 Hz，额定电压为 220 ～ 660 V。电动机和电器控制设备上允许电压波动的上下限为 ±10%，起重机内部电压损失应不大于 3%。

（2）起重机一般在室内工作，工作环境温度一般为 −20 ～ 40 ℃，环境温度为 25 ℃时的空气相对湿度应不大于 85%。

（3）电动机的运行条件应符合《旋转电机　定额和性能》（GB/T 755—2019）的规定。

（4）电器的正常使用、安装和运输条件应符合《低压开关设备和控制设备　第 1 部分：

总则》（GB 14048.1—2012）的规定。

（5）起重机运行轨道的安装应符合《起重机　车轮及大车和小车轨道公差　第1部分：总则》（GB/T 10183.1—2012）的规定。

（6）不适用于有爆炸性气体、可燃性粉尘及腐蚀性气体环境，不适用于吊运熔融金属、易燃易爆物品。

5. 起重机使用的钢丝绳电动葫芦

钢丝绳电动葫芦是起升挠性件为钢丝绳的电动葫芦。

（1）起重机使用的钢丝绳电动葫芦有以下几种型式：

1）单轨小车式：具有运行机构，以单轨下翼缘作为运行轨道的电动葫芦。

2）双梁小车式：由一台电动葫芦和一双轨型电动小车架组成，葫芦小车沿双梁桥架上的两条轨道运行。

3）单主梁角形小车式：由一台固定式电动葫芦和一角形电动小车架组成，小车沿安装在单主梁上的两条轨道运行。

（2）钢丝绳电动葫芦的基本要求如下：

1）电动葫芦主电路的电源为三相交流电，频率为 50 Hz 或 60 Hz，额定电压为 220 ～ 660 V。电动葫芦工作环境温度为 -20 ～ 40 ℃，环境温度为 25 ℃时的空气相对湿度不大于 85%，海拔不超过 1 000 m。工作环境中不得有易燃、易爆及腐蚀性气体或易燃、易爆粉尘。

2）采用单层缠绕的电动葫芦应设置导绳器，对采用多层缠绕的电动葫芦应采取措施防止乱绳。

（3）钢丝绳电动葫芦的结构组成及工作机构传动原理。

钢丝绳电动葫芦主要由起升机构、运行机构（固定式电动葫芦没有）和电气控制装置组成。

起升电动机通电后，通过联轴器和中间轴直接带动减速器的输入轴，由减速器的输出轴驱动卷筒转动，缠绕钢丝绳，使吊钩升降。

运行电动机通电后，通过减速器带动车轮转动，使小车轮在工字钢上行走。

图 2-6 所示为电动小车式和带吊板固定式的单速、双速 CD 和 MD 型 2 t 电动葫芦结构。

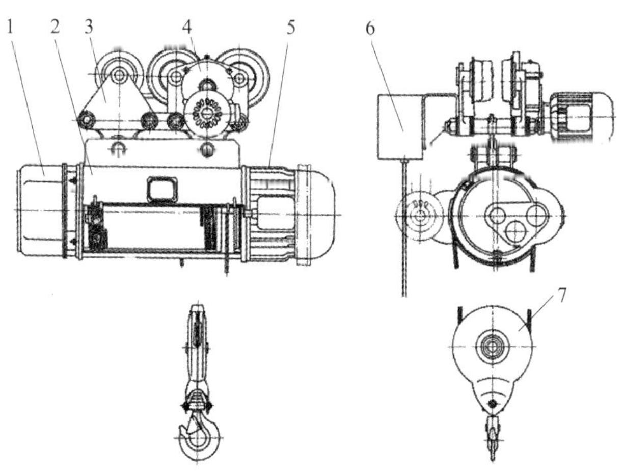

图 2-6　2 t 电动葫芦结构

1—减速器　2—卷筒　3—双轮小车　4—电动小车　5—起升电动机　6—控制箱　7—吊钩

六、电动葫芦桥式起重机

电动葫芦桥式起重机是以电动葫芦为起升机构的一般用途起重机，主梁为双梁，如图 2-7 所示。

1. 电动葫芦桥式起重机的型式和基本组成特点

电动葫芦桥式起重机按取物装置划分，可分为电动葫芦吊钩桥式起重机、电动葫芦抓斗桥式起重机、电动葫芦电磁桥式起重机；按操作方式划分，可分为司机室操纵和地面操纵，其中地面操纵包含按钮装置（手电门）操纵的跟随式和非跟随式操纵以及遥控器操纵。

图 2-7　电动葫芦桥式起重机

除了起升机构采用电动葫芦及其馈电方式以外，电动葫芦桥式起重机与通用桥式起重机的基本组成相同，在安全防护装置设置上要求相同。

2. 电动葫芦桥式起重机的用途

电动葫芦桥式起重机和电动单梁起重机都具有外形尺寸紧凑、建筑净空高度低等优点，适用于生产加工和装配车间以及工厂检修作业，适用于仓库、料场等装卸作业，应用范围较广。

3. 电动葫芦桥式起重机的工作环境条件要求

（1）起重机的电源为三相交流电，额定频率为 50 Hz 或 60 Hz，额定电压为 220 ～ 660 V。电动机和电器控制设备上允许电压波动的上下限为 ±10%，其中起重机内部电压降不大于 5%。

（2）起重机一般在室内工作。工作环境温度为 -20 ～ 40 ℃，在 24 h 内平均温度不超过 35 ℃。在 24 h 内平均温度不超过 25 ℃时，相对湿度允许暂时达 100%；在 40 ℃温度下，相对湿度应不超过 50%。

（3）电动机的运行条件应符合《旋转电机　定额和性能》（GB/T 755—2019）的规定。

（4）电器的正常使用、安装和运输条件应符合《低压开关设备和控制设备　第 1 部分：总则》（GB 14048.1—2012）的规定。

（5）起重机运行轨道的安装应符合《起重机　车轮及大车和小车轨道公差　第 1 部分：总则》（GB/T 10183.1—2018）的规定。

（6）不适用于有爆炸性气体、可燃性粉尘及腐蚀性气体环境，不适用于吊运熔融金属、易燃易爆物品。

七、日常检查

《起重机械　检查与维护规程　第 5 部分：桥式和门式起重机》（GB/T 31052.5—2015）规定了桥式和门式起重机在使用过程中应进行的检查与维护方面的基本要求。

日常检查应根据每台起重机的具体特点确定日常检查项目和检查要求，且不应低于表 2-2 的要求。检查应有记录。

表 2-2　　桥式和门式起重机日常检查项目、方法、内容及要求

检查项目		检查方法、内容及要求	建议处置方式
整机	作业环境	检查起重机作业环境，应无影响作业安全的因素	按企业管理制度和操作规程处理
	外观	目测检查起重机，各处应无垃圾、杂物、遗漏的工具等	清洁
关键零部件	吊具	目测检查抓斗的梨形接头和 C 形卸扣，应无裂纹、过度磨损，且应润滑充分	润滑 / 修理 / 更换
		目测检查吊具上架和吊具连接旋锁，应安全可靠	调整 / 更换
		目测检查吊具伸缩臂架滑动表面、滑轨的润滑状况，应润滑良好	润滑 / 更换
		目测检查吊具液压系统，应无漏油现象，油箱油位应正常	紧固 / 加油
		目测检查吊具导板，应无损坏	修理 / 更换
	钢丝绳	目测检查卷筒及滑轮上钢丝绳，应无跳槽或脱槽等现象	紧固 / 调整
	制动器	空载试验检查起升机构制动器，应确保正常工作	维护
	轮胎	目测检查轮胎表面，应无鼓包、严重裂纹	更换
电控系统	供电电源	目测检查供电电源，应工作正常	维护
	操纵手柄	目测检查各机构操纵手柄，应灵活、无卡阻，挡位手感明确，零位锁有效	调整 / 更换
	通信	通过功能试验，检查主机与中央控制室的通信，应保持畅通	维护
	照明	目测检查照明装置，应无破损	修理 / 更换
液压系统		目测检查液压系统，应无泄漏	紧固 / 修理
气动系统		目测检查气动系统，应无泄漏	紧固 / 修理
燃油系统		目测检查燃油系统，应无泄漏	紧固 / 修理
安全防护装置	起升高度限位器	通过功能试验，检查起升高度限位器，应固定可靠、功能有效	紧固 / 更换
	运行行程限位器	通过功能试验，检查运行行程限位器，应固定可靠、功能有效	紧固 / 更换
安全监控管理系统		目测检查安全监控管理系统各控制单元，应工作正常	调整 / 修理
标记和安全标志		目测检查起重机铭牌、吨位牌、安全标志，应清晰、无缺失	清洁 / 更换
消防器材		目测检查消防器材，存放位置应正确，灭火器在有效期内	调整 / 更换

第二节　门式起重机的品种及其使用

门式起重机是桥架梁通过支腿支承在轨道上的起重机。门式起重机简称门机，俗称门吊。

列入《特种设备目录》的门式起重机分为通用门式起重机、防爆门式起重机、轨道式集装箱门式起重机、轮胎式集装箱门式起重机、岸边集装箱起重机、造船门式起重机、电动葫芦门式起重机、装卸桥和架桥机 9 个品种。

通用门式起重机和通用桥式起重机同属桥架型起重机，这两种起重机在技术条件要求等方面几近相同。所以，习惯上把桥式起重机和门式起重机统称为桥门式起重机。

一、通用门式起重机

通用门式起重机是适用于露天作业的门式起重机，其取物装置为吊钩、抓斗或起重电磁

铁（电磁吸盘），或同时用其中两种或三种。

图 2-8 所示为 10 t 通用门式起重机结构。

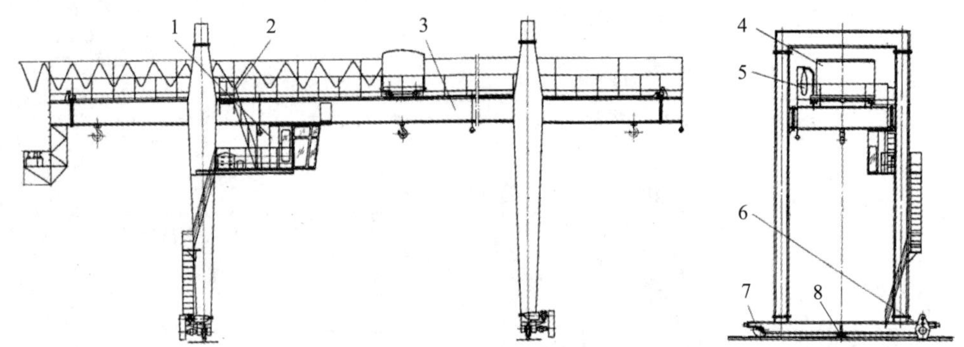

图 2-8 10 t 通用门式起重机结构

1—司机室 2—梯子、平台 3—桥架 4—起重小车 5—电缆 6—大车驱动轮装配 7—大车从动轮装配 8—别轨器

1. 通用门式起重机的分类

（1）按主梁分类，通用门式起重机可分为单主梁门式起重机和双主梁门式起重机。

（2）按悬臂分类，通用门式起重机可分为单悬臂门式起重机、双悬臂门式起重机和无悬臂门式起重机。

（3）按取物装置分类，通用门式起重机可分为吊钩门式起重机、抓斗门式起重机、电磁门式起重机、二用门式起重机和三用门式起重机。

（4）按操纵方式分类，通用门式起重机可分为司机室操纵、地面有线操纵、无线遥控操纵和多点操纵。

（5）吊钩门式起重机按小车数量分类，可分为单小车吊钩门式起重机、双小车吊钩门式起重机和多小车吊钩门式起重机。

2. 通用门式起重机的基本组成及要求

（1）门架支腿。门架支腿是支承门式起重机在地基上或沿铺设在地面上的轨道运行的钢结构。

门架支腿有刚性和柔性之分。门架刚性支腿是固定于桥架上，形成一个稳定框架的刚性支腿或双支腿；门架柔性支腿是用铰轴连接到门架的单支腿或双支腿。一般情况下，门架支腿采用刚性支腿；当跨度大于 30 m 时，采用柔性支腿。门架支腿一般是 Q235B 钢板焊接而成的等腰梯形或直角梯形。

（2）悬臂。悬臂是起重小车在起重机轨道之外运行的伸出结构，前伸臂是门式起重机可以伸起或缩回以获得门架运移空间的悬臂。

悬臂应有上翘度，在 1.25 倍额定载荷静载试验后、空载小车处于门架支腿支点位置时，悬臂端的上翘度应不小于 $0.7L/350$（L 为支腿中心线至取物装置在悬臂上的极限距离）。

（3）安全防护装置。通用门式起重机应装的安全防护装置有起重量限制器、起升高度限位器、下降深度限位器（根据需要）、运行行程限位器、联锁保护安全装置、缓冲器、抗风防滑装置、风速风级报警器（起重机起升高度 > 12 m 时）、防倾翻安全钩、轨道清扫器、端部止挡、暴露的活动零部件的防护罩，宜装的安全防护装置有偏斜指示器或限制器（起重机跨度≥ 40 m 时）、作业报警装置、防碰撞装置。

3. **通用门式起重机的工作环境条件要求**

气候条件与通用桥式起重机室外工作条件相同，其他均与通用桥式起重机要求相同。

4. **通用门式起重机的工作特点和用途**

通用门式起重机具有场地利用率高、作业范围大、适应面广、通用性强等特点，主要用于室外的货场、料场及散货的装卸作业。

二、轨道式集装箱门式起重机

轨道式集装箱门式起重机是适用于装卸大于等于 20 ft（1 ft = 0.304 8 m）集装箱的起重机，如图 2-9 所示。

图 2-9　轨道式集装箱门式起重机

1. **轨道式集装箱门式起重机的基本组成及要求**

（1）起升机构有两种类型。一种是钢丝绳卷筒式，起升机构由电动机、联轴器、制动器、减速器、双联卷筒和轴承座等组成，由起升钢丝绳、滑轮与吊具滑轮组组成一组绕绳系统；另一种是刚性伸缩式，起升机构由钢丝绳卷筒提升机构、液压油缸提升机构或平衡重齿轮齿条提升机构与伸缩导向钢结构架组成。

（2）设置平面回转装置。由于铁路机车和货车装载的集装箱顶面相对较平，不要求吊具具有纵倾和横倾动作，考虑到集装箱货车在运行停车时有可能偏斜，所以需要设置平面回转装置。

对于钢丝绳卷筒式起升机构，平面回转装置由钢丝绳、滑轮组、钢丝绳连接接头和铰点、摇臂及支座、推杆等组成。推杆有螺杆和油缸两种类型。当采用油缸作为推杆时，还配置有液压控制系统。对于刚性伸缩式起升机构，吊具除能通过动力作平面回转外，在纵向和横向能做一定的浮动（不需要动力）。

（3）轨道式集装箱门式起重机如需设置减摇装置，一般采用两种方式。对于钢丝绳卷筒式起升机构，减摇装置通过两对角线细钢索相拉，一端与吊具一角连接，另一端卷绕至阻尼卷筒。当小车或大车运行启动或制动时，吊具和集装箱的惯性传递到阻尼钢丝绳，其摆动能量将被阻尼卷筒吸收。对于刚性伸缩式起升机构，主要是通过刚性起升构架及导向装置实现减摆。

（4）轨道式集装箱门式起重机应装起重量限制器、超速限制器、起升高度限位器、运行行程限位器、缓冲器、端部止挡、风速风级报警器、抗风防滑装置、防台风设施、集装箱吊具各动作与升降控制安全联锁保护装置、锚定装置和夹轨器及电缆卷筒与大车运行机构之间互相联锁保护装置。配置有可编程逻辑控制器（PLC）控制系统的起重机宜设置有效的故障监视诊断装置，以便及时报警。

2. **轨道式集装箱门式起重机的工作特点和用途**

轨道式集装箱门式起重机的工作特点是起升速度较低，大车运行速度较高，小车运行速度在满足工作效率要求的前提下可根据桥架跨度和两端外伸距确定。

轨道式集装箱门式起重机主要用于集装箱铁路转运场和大型集装箱储运场集装箱装卸、搬运和堆放。

3. **轨道式集装箱门式起重机的工作环境条件要求**

（1）工作环境温度为 −25 ～ 45 ℃。

（2）最大相对湿度不大于 95%（有凝露）。

（3）工作风速不超过 20 m/s。

（4）起重机工作级别宜为 A5、A7。

三、轮胎式集装箱门式起重机

轮胎式集装箱门式起重机是指用于装卸符合《系列 1 集装箱　分类、尺寸和额定质量》（GB/T 1413—2008）规定的国际集装箱的起重机。

轮胎式集装箱门式起重机可使起重机在货场上行走，并可 90° 直角转向，从一个货场转移到另一货场，没有轨道的限制，如图 2–10 所示。

1. **轮胎式集装箱门式起重机的基本组成及要求**

（1）大车运行机构的要求如下：

1）大车运行机构应具有保持起重机直线行驶的纠偏装置，当大车运行车轮偏离行走中心 300 mm 时，大车运行距离在 9 m 内应能纠正。

2）大车运行机构可转向 90° 后直线行驶，90° 转向系在空载、大车不运行工况下，在指定地点特定路面下进行。

3）大车运行机构制动器应具有简便的机械方式，能使制动器处于释放状态，以便拖运起重机。

4）应在未采用定轴转向的起重机上装设手控装置，使轮胎各自可转至小于 90° 的任何角度。

图 2–10　轮胎式集装箱门式起重机

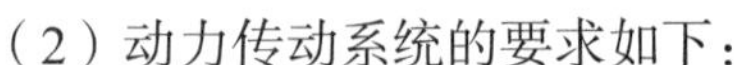

（2）动力传动系统的要求如下：

1）起重机的动力装置可为柴油发电机组，亦可采用由电力通过电缆卷筒或高架滑触线等为其提供动力，或者是两者的组合形式。

2）当采用柴油发动机为动力装置时，应满足下列要求：

①在发动机附近应设置操纵发动机启动、停车的装置，司机室内应设置停车装置。

②发动机燃油油箱容量应能保证起重机 36 h 工作的需要，并应有明显标示油位的指示器。

③发动机除自带充电设备外，另应装设可用岸电充电的设备。

（3）吊具回转机构和减摆装置的要求如下：

1）吊具回转机构应保证在吊具离地面 2.4 m 时，吊具在水平平面内按纵向中心线可回转 ±5°。

2）起重机应装设能抑制吊具或吊具与集装箱摇摆的减摇装置，该装置对小车运行方向和大车运行方向的摇摆都能自动进行抑制。

（4）安全防护装置的要求如下：

1）柴油机必须配备冷却水温过高、机油压力过低和超速等的安全防护装置。

2）起升机构应装设上升终点前减速、上升终点停止、上升极限位置停止、下降终点前减速、下降终点停止、超速和超载的安全防护装置。

当载重达到起重量的 100% 时，超载限制器应能发出提示性报警；当载重达到起重量的 110% 时，应自动切断上升电源，但允许下降放下物件。

当升降速度超过空载额定升降速度的 115% 时，超速装置应能切断起升电动机电源。

3）小车运行机构两端均应装设终点前减速、终点停止、终点极限位置停止的安全防护装置，以及缓冲器和车轮的车挡等。

4）大车运行机构与大车转向机构必须装设联锁保护安全装置，如车轮锁槽全部退出后方可转向，车轮锁销全部进销后方可允许大车运行等。

5）当轮胎泄气或爆破后，起重机应有防止失稳的装置。

6）起重机应设大车运行防碰装置，在起重机与集装箱碰撞之前，应能发出信号报警，并立即切断继续向前运行的电源，但可倒退行驶。

7）吊具着箱后，起升机构应切断下降电源，绳索不再继续下降。

8）应设置吊具吊起集装箱后，吊具不能伸缩、转锁不能转动、大车不能转向等的联锁保护安全装置。

9）当吊具转锁未全部进入集装箱顶角件孔穴时，转锁应有防止转动的联锁装置。

10）当吊具上架与吊具本体连接件拆卸后，吊具电缆插头仍插入吊具本体的插座时，应设有吊具上架不能起升的联锁装置。当吊具上架与吊具本体连接件装妥后，吊具电缆插头未插入吊具本体插座时，应设有整个吊具不能起升的联锁装置。

11）在司机室、电气房与发动机一侧的扶梯口，都必须装有事故紧急按钮，以便在紧急状态下切断动力电源，发动机一侧扶梯口的事故紧急按钮应带有防护罩。

12）起重机应设置风速报警器，在 16 m/s 风速时报警，并宜有瞬时风速的显示能力。

13）直流电路系统中应设有过流、过压、失磁、零位等保护。

14）交流电路系统中应设有短路、过载、失压、漏电、缺相等保护。

15）起重机必须装有防爬楔，以防整机被风吹动移位。应按需装设锚定装置，该装置应能承受非工作状态的最大风力。

16）起重机运行时应能发出报警声光信号。

2. 轮胎式集装箱门式起重机的工作环境条件要求

（1）工作环境温度为 −20 ~ 40 ℃，最大相对湿度不大于 95%（有凝露）。

（2）工作时风速不大于 20 m/s，非工作时风速不大于 44 m/s。

（3）起重机行走通道地面坡度要求不大于 1%，局部坡度不大于 3%。跨度两侧行走通道地面坡度应同向，即同为上坡或下坡。

（4）起重机的工作级别宜为 A6、A7。

四、岸边集装箱起重机

岸边集装箱起重机是指用于岸边装卸符合《系列 1 集装箱　分类、尺寸和额定质量》（GB/T 1413—2008）规定的 20 ft 和 40 ft 国际集装箱的起重机。

岸边集装箱起重机是集装箱码头前沿装卸集装箱船舶的专用起重机，如图 2-11 所示。

图 2-11　岸边集装箱起重机

1. 岸边集装箱起重机的分类

岸边集装箱起重机按起重小车的结构，可分为以下三类：

（1）全绳索小车岸边集装箱起重机：起升机构与小车运行机构均布置在固定桥架上的机器房内，通过绳索牵引小车运行的岸边集装箱起重机。

（2）半绳索小车岸边集装箱起重机：小车运行机构布置在小车上，起升机构布置在固定的机器房内的岸边集装箱起重机。

（3）自行式小车岸边集装箱起重机：起升机构与小车运行机构都装在小车上的岸边集装箱起重机。

2. 岸边集装箱起重机的基本组成特点

岸边集装箱起重机由前后两片门框和拉杆构成的门架与支承在门架上的桥架组成，起重小车沿着桥架上的轨道使用专用吊具吊运集装箱，进行装卸船作业。

门架可沿着与岸线平行的轨道行走，以便调整作业位置和对准箱位。为了便于船舶靠离码头，桥架伸出码头外面的部分可以俯仰。对于高速型岸边集装箱起重机，还装有吊具减摇装置。

岸边集装箱起重机要求起升速度随载荷的大小而变化，一般空载速度为重载速度的 2 倍或更大。在装卸集装箱船时需要经常移动大车对正船上的箱位，要求大车运行机构具有较好的调速、微动和制动性能，通常采用直流电动机驱动和直流电源供电。

3. 岸边集装箱起重机的工作环境条件要求

（1）起重机的工作级别应为 A6 ～ A8。

（2）工作环境温度为 −20 ～ 40 ℃。

（3）最大相对湿度不大于 95%（有凝露、盐雾）。

（4）工作风速应不大于 20 m/s，非工作风速应不大于 50 m/s。

五、造船门式起重机

造船门式起重机具有上、下小车，适用于船厂的船坞、船台、平台，可以进行船体分段吊装及翻身作业。造船门式起重机如图 2−12 所示。

图 2−12　造船门式起重机

1. 造船门式起重机的分类

按构造分为双梁造船门式起重机和单梁造船门式起重机。

2. 造船门式起重机的性能要求

（1）起重机的起重能力应能达到额定翻身起重量和额定起重量。

（2）起升机构应采用先电气制动，然后机械制动的方式。

（3）起重机上、下小车的操纵应既可联动，也可单独开动。

（4）起升机构应设置起升减速、停止和超限三级上、下高度限位器。

（5）起重机运行机构和小车运行机构均应设置停止和超限两级行程限位器和缓冲器。有调速时，设减速、停止和超限三级行程限位器和缓冲器。起重机应至少安装一套机械运行偏斜限制器和一套自动纠偏装置。

3. 造船门式起重机工作环境条件的相关要求

（1）起重机工作时的环境温度宜在 -25 ～ 40 ℃，24 h 内的平均温度应不超过 35 ℃。

（2）环境温度不超过 25 ℃时的相对湿度允许短时达 100%。

（3）工作状态风压应不大于 250 Pa（相当于计算风速 20 m/s）。

（4）非工作状态的最大风压取 1 000 Pa（相当于计算风速 40 m/s）。也可根据当地气象资料提供的离地 10 m 高处 50 年一遇 10 min 时距的平均最大风速换算得到 3 s 时距的平均瞬时风速，来计算非工作状态的最大风压。

（5）沿海地区非工作状态的抗风防滑系统、锚定装置和锚固装置的设计，所用的计算风速应不小于 55 m/s。

六、装卸桥

装卸桥是门式起重机的一种特殊形式，通常称跨度大于 35 m、起重量不大于 40 t 的门式起重机为装卸桥。

装卸桥有生产率的要求，其起升和小车运行是工作性机构，速度较高；大车运行是非工作性机构，速度相对较低。

装卸桥取物装置以双绳抓斗或其他吊具为主，用来装卸大批量的散状物料或成批件物品，适用于电厂、车站、港口、林区货场等场合。其中，集装箱装卸桥主要用于码头集装箱船舶的装卸作业。

七、架桥机

架桥机是支承在桥梁结构上，可沿纵向自行变换支承位置，用于将预制桥梁梁体（包括整孔梁体、整跨梁片、节段梁体、非整跨梁片）安装在桥墩（台）指定位置的一种专用起重机。

架桥机如图 2-13 所示。

图 2-13 架桥机

1. 架桥机的分类

（1）按施工方法可分为整跨架设式架桥机和节段拼装架设式架桥机。

（2）按过孔方式一般分为以下几种：

1）导梁式过孔机：包括导梁式架桥机和吊运架一体式架桥机。导梁式架桥机借助导梁完成过孔作业；吊运架一体式架桥机由吊运梁机和独立导梁机两部分组成，能独立完成吊梁、运梁、架梁和过孔作业，且过孔作业是借助独立导梁完成的。

2）步履式架桥机：设置多组支腿，依靠支腿的换位和主梁相对于支腿的运动实现过孔作业。

3）走行式架桥机：依靠支腿在桥面上走行实现过孔作业。

4）铁路车辆式架桥机：设有专用铁路车体，在铺设的铁路轨道上走行过孔。

2. 架桥机的安全防护装置与措施

（1）架桥机运行机构均应设置限位装置。

（2）吊梁小车应设置起升高度限位装置。

（3）架桥机各伸缩支腿应有可靠的机械锁定装置；架桥机依靠液压缸承力部位，应设置机械支承装置以释放液压缸载荷，避免液压缸长时间承载。

（4）起升机构应设置超速保护装置。

（5）架桥机宜装设起重量限制器。装设起重量限制器时，当实际起重量超过 95% 的额定起重量时，起重量限制器宜发出报警信号（机械式除外）。当实际起重量为 100% ～ 110% 的额定起重量时，起重量限制器起作用。

（6）应在架桥机的合适位置或工作区域设置明显可见的安全标志，如“起升物品下方严禁站人”等。在架桥机的危险部位应有安全标志和危险图形符号，安全标志和危险图形符号应符合《起重机　安全标志和危险图形符号　总则》（GB 15052—2010）和《安全色》（GB 2893—2008）的规定。

3. 架桥机的工作环境条件要求

（1）架桥机的电源为三相交流电，额定频率为 50 Hz 或 60 Hz，额定电压为 380 ～ 460 V。在正常工作条件下，供电系统在架桥机馈电线接入处的电压波动应在额定值的 ±10% 以内。

（2）采用发电机组供电时，发电机组在架桥机使用环境条件下其常用功率应满足架桥机工作需要，电压波动应在额定值的 ±5% 以内。

（3）架桥机安装使用地点的海拔应不超过 1 000 m。超过 1 000 m 时，应按《旋转电机　定额和性能》（GB/T 755—2019）的规定对电动机容量进行校核；超过 2 000 m 时，应对用电器件进行容量校核。

（4）架桥机正常使用的环境温度应在 −20 ～ 40 ℃，24 h 内的平均温度应不超过 35 ℃。

（5）当架桥机周围环境温度在 40 ℃时，其相对湿度应不超过 50%。较低温度下相对湿度可以提高。

（6）抗风能力应不低于以下标准：工作时的过孔状态为 150 Pa（相当于 5 级风），架梁状态为 250 Pa（相当于 6 级风）；非工作状态为 1 200 Pa（相当于 11 级风）。

（7）架桥机的最小曲线半径，应优先采用以下规定的数值：300、400、500、600、800、1 000、1 200、1 500、2 000、3 000、4 000、5 000，单位为 m。

（8）架桥机适应的最大坡度不宜超过以下规定的数值：公路纵坡为 6%，横坡为 5%；铁路纵坡和横坡为 2%。

4. 架桥机作业的注意事项

（1）确认待架梁体的自重和外形尺寸在架桥机作业能力覆盖范围之内。

（2）确认吊具与梁体可靠连接后方可起吊。起升不超过 100 mm 距离后制动、下降，如此试吊 2 次，确认起升、制动安全可靠后，方可正式起吊梁体。

（3）起吊梁体时应两端分别进行，但单端起吊后梁体的倾斜程度应满足待架梁体的相关规定。

（4）采用拖拉喂梁时，应保证前吊梁小车与运梁车驮梁小车行走同步。

第三节　塔式起重机的品种及其使用

塔式起重机是工作状态时其臂架位于保持基本竖直的塔身的顶部，由动力驱动的回转臂架型起重机。塔式起重机简称塔机，俗称塔吊。

塔式起重机可以固定安装，也可以移动和（或）爬升。其构造允许其在非工作状态仍处于安装位置，并可以拆卸或降下以便转移至另一工地。

塔式起重机上装有用于载荷起升和下降，并通过动臂变幅、水平变幅、回转和整机行走使载荷移动的装置。对某些塔式起重机，只要求能完成部分动作，不必实现全部动作。

列入《特种设备目录》的塔式起重机分为普通塔式起重机和电站塔式起重机两个品种。

普通塔式起重机主要用于房屋建筑施工中物料的垂直和水平输送及建筑构件的安装，电站塔式起重机主要用于电站机组的安装和厂房的建设。

一、塔式起重机的分类

（1）按架设方式分为快装式塔机和非快装式塔机。

（2）按变幅方式分为小车变幅塔机和动臂变幅塔机。小车变幅塔机按臂架小车轨道与水平面的夹角大小分为水平臂小车变幅塔机和倾斜臂小车变幅塔机。

（3）按臂架结构分类如下：

1）小车变幅塔机按臂架结构分为定长臂小车变幅塔机、伸缩臂小车变幅塔机和折臂小车变幅塔机，按臂架支承类型又可分为平头式塔机和非平头式塔机。

2）动臂变幅塔机按臂架结构分为定长臂动臂变幅塔机与铰接臂动臂变幅塔机。

（4）按回转方式分为上回转塔机和下回转塔机。

图 2-14 所示为内爬式塔式起重机结构。

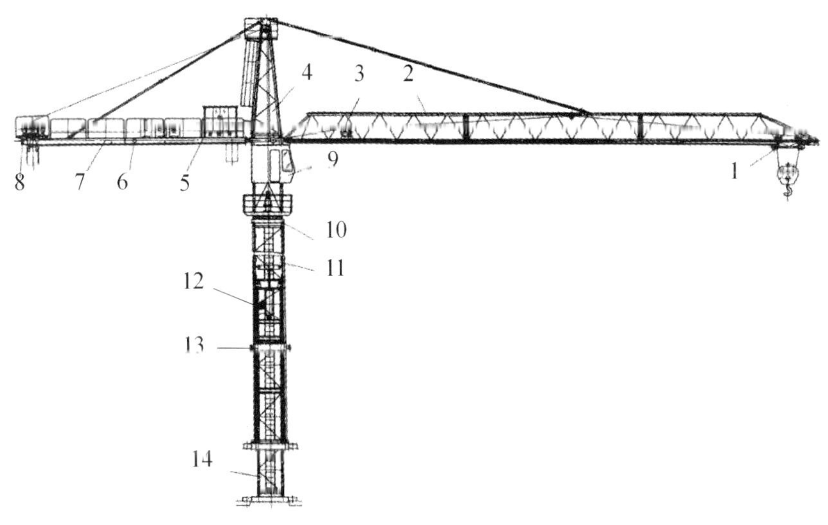

图 2-14　内爬式塔式起重机结构

1—起重小车　2—起重臂　3—变幅机构　4—塔顶　5—电气控制箱
6—平衡重移动机构　7—平衡臂　8—起升机构　9—司机室　10—回转机构及支承装置
11—外塔身　12—液压顶升机构　13—水平支撑　14—内塔身

二、塔式起重机的基本组成

塔机主要由金属结构、工作机构、电气系统、液压系统和安全防护装置等组成。

（1）塔机的金属结构主要包括底架、塔身、臂架、平衡臂、爬升架、回转塔身、回转平台、回转支承、回转支承座、塔顶等。

（2）塔机的工作机构包括回转机构、变幅机构和起升机构，以及轨道运行塔机的运行机构。

（3）塔机的电气系统包括电动机、控制器、配电柜、连接线路、信号及照明装置等。

（4）塔机的液压系统包括液压泵、液压油缸、控制元件、油管和管接头、油箱和液压油滤清器等。

（5）塔机的安全防护装置包括起升高度限位器、幅度限位器、动臂变幅幅度限制装置、回转限位器、运行限位器、缓冲器及终端止挡、起重力矩限制器、起重量限制器、小车断绳保护装置、小车防坠落装置、抗风防滑装置、钢丝绳防脱装置、爬升防脱装置、报警及显示记录装置、风速仪、工作空间限制器、排障清轨板和红色障碍灯等。

其中：

1）工作空间限制器是在单个塔机上，防止移动载荷或起重机的部件进入保护空间的装置。

①工作空间限制器主要应用在有两台或两台以上塔机同时作业的地方，这些塔机自由运行可能会相互干涉。工作空间限制器应限制塔机的回转、小车变幅或大车行走，防止塔机的结构、钢丝绳或吊载发生碰撞。

②当塔机作业时有不应伸入或不应带载越过的区域时，工作空间限制器可用于单台塔机。

③限制器宜给司机报警或向其发送信息，而不干扰塔机作业。

④如果采用拖动电缆进行塔机之间的有线通信，应采取措施以保护其不受干扰或意外损坏。

2）保护空间是绝对禁止载荷和（或）任何塔机部件运动的空间。通常在非工作状态时，臂架和平衡臂允许进入保护空间。

三、塔式起重机使用的特殊要求

1. 塔式起重机的结构件和高强度螺栓

若发现塔式起重机的结构件和高强度螺栓有下列问题，应修复或更换后方可进行安装：

（1）目视可见的结构件裂纹及焊缝裂纹。

（2）连接件的轴、孔严重磨损。

（3）结构件母材严重锈蚀。

（4）结构件整体或局部塑性变形，销孔塑性变形。

2. 塔式起重机的安全距离

（1）塔机的尾部与周围建筑物及其外围施工设施之间的安全距离应不小于 0.6 m。

（2）两台塔机之间的最小架设距离应保证低位塔机的起重臂端部与另一台塔机的塔身之间至少有 2 m 的距离；高位塔机最低位置的部件（吊钩升至最高点或平衡重的最低部位）与低位塔机最高位置的部件之间垂直距离应不小于 2 m。

3. 塔式起重机的混凝土基础

（1）混凝土基础应能承受工作状态和非工作状态下的最大载荷，并应满足塔机抗倾翻稳定性的要求。

（2）对混凝土基础的抗倾翻稳定性计算及地面压应力的计算应符合《塔式起重机设计规范》（GB/T 13752—2017）的规定及《塔式起重机技术条件》（JJ 27—1984）的规定。

（3）使用单位应根据原制造商提供的载荷参数设计制造混凝土基础，基础的水平度不能超过 1/1 000。

（4）若采用塔机原制造商推荐的混凝土基础，固定支腿、预埋节和地脚螺栓应按其规定的方法使用。

4. 塔式起重机的轨道敷设

（1）轨道应通过垫块与轨枕可靠地连接，每间隔 6 m 应设一个轨距拉杆。钢轨接头处应有轨枕支承，不应悬空。在使用过程中轨道不应移动。

（2）轨距允许误差不大于公称值的 1/1 000，其绝对值应不大于 6 mm。

（3）钢轨接头间隙不大于 4 mm，与另一侧钢轨接头的错开距离不小于 1.5 m，接头处两轨顶高度差不大于 2 mm。

（4）塔机安装后，轨道顶面纵、横方向上的倾斜度，对于上回转塔机应不大于 3/1 000，对于下回转塔机应不大于 5/1 000。在轨道全程中，轨道顶面任意两点的高度差应小于 100 mm。

（5）轨道行程两端的轨顶高度宜不低于其余部位最高点的轨顶高度。

（6）轨道的碎石铺设应当符合下列要求：

1）当塔机轨道敷设在地下建筑物（如暗沟、防空洞等）的上面时，应采取加固措施。

2）敷设碎石前的路面应按设计要求压实，碎石基础应整平捣实，轨枕之间应填满碎石。

3）路基两侧或中间应设排水沟，保证路基无积水。

5. 塔式起重机使用的钢丝绳

塔机使用的是交互捻钢丝绳。塔机起升钢丝绳及变幅钢丝绳的安全系数一般为 5 ～ 6，小车牵引绳和臂架拉绳的安全系数为 3，塔机电梯升降绳安全系数不得小于 10。

6. 塔式起重机的附墙装置

当自升式塔机在达到其自由高度继续向上顶升接高时，需要使用附墙装置。附墙装置的作用是增加塔机的稳定性。要求附着框架保持水平、固定牢靠，与附着杆在同一水平面上，与建筑物之间连接牢固，附着后附着点以下塔身的垂直度不大于 2/1 000，附着点以上垂直度不大于 3/1 000。与建筑物的连接点应选在混凝土柱上或混凝土圈梁上，用预埋件或过墙螺栓与建筑物结构有效连接。

7. 塔式起重机的供电及控制回路

塔机应采用三相五线制接零保护系统供电。对于轨道运行的塔机，应采用电缆卷筒或类似装置供电。动力电路和控制电路的对地绝缘电阻应不低于 0.5 MΩ。

控制回路电源应取自隔离变压器。在供电系统电压波动到额定值的 90% 时，无论载荷处于什么位置，系统应保证机构正常工作且不出现溜钩。

四、塔式起重机的工作环境条件要求

无特殊申明时，产品应能在以下条件下安全正常使用：

（1）工作环境温度 −20 ～ 40 ℃。

（2）安装架设时，塔机顶部风速不大于 12 m/s；非工作状态时，风压符合《塔式起重机设计规范》（GB/T 13752—2017）的规定。

（3）无易燃易爆气体、粉尘等的非危险场所。

（4）海拔 1 000 m 以下。

（5）工作电源符合《机械电气安全　机械电气设备　第 32 部分：起重机械技术条件》（GB/T 5226.32—2017）的规定。

（6）塔机基础符合产品说明书中的规定。

（7）使用工作级别不高于产品使用说明书的规定。

此外，广告牌、装饰品、轮廓灯等都会给塔机增加额外载荷，因此，除非获得制造商同意，否则不能配置。这类装置的最大供电电压应限制在 55 V 以内。电线应加以防护，以免造成人身损害。

五、塔式起重机的管理要求

（1）在有多台未安装防碰撞装置塔机的工地上，塔机之间有可能相互碰撞，应设置调度员。指定的塔机调度员和塔机司机应共同协调塔机运动的顺序，以防互撞。从调度员传到司机的任何通信指令都应经由各自的指挥人员传达。指挥人员在发出相关信号之前都应得到调度员的同意。

（2）为安全起见，指派人员在编制吊装作业程序时应考虑环境状况，不要让司机过长时间在操纵室内或过长时间操纵机器，应有工间休息。在选用塔机司机时，应考虑司机有可能被要求爬到很高的位置，并独自度过很长时间。

（3）轨道之间的区域不应用于存放物料或作为往返、穿越工地的道路。轨道经过的全部区域宜用栅栏围起来，防止未经许可的人员穿行。如果需要某一地段作为供车辆穿越轨道的通道，则应加强管理，防止发生意外碰撞，还应采取措施，保证轨道不被过往车辆超载破坏。

（4）不当的操作方法会对塔机造成过大的结构应力并导致电气系统失效。宜在司机室内（除了放置制造商提供的说明书外）张贴实用、醒目的告示，详细说明停止塔机回转的方法。

（5）除制造商规定的特殊工程用途外，塔机不应用作其他用途的升降作业。用于拆除作业和其他特殊作业的塔机，不应用于拆除球操作、打桩或拔桩。

（6）严重结冰会使臂架通道变得十分危险，在这种情况下，不应考虑让塔机开始工作，应等到气温升高冰自然融化后再开工。应警告塔机附近的人员，在融冰过程中，可能会有大块冰掉落。应当注意，水平臂塔机比其他类型的塔机更易受到来自冰雪的过大载荷。

（7）塔机在经历了超出制造商限定的天气条件后，在开机之前，应尽快安排专业人员检查锚固装置和压重（平衡重），并采取必要措施来保证塔机的稳定性。在做上述检查的同时，也应对整体结构进行彻底检查，以保证塔机在恶劣天气里未受任何损害，或出现可能导致故障的状况。

（8）设有载人吊笼的塔机，应符合《起重机　安全使用　第1部分：总则》（GB/T 23723.1—2009）的规定。由于过高，应特别注意防止载人吊笼摆动，注意保持吊笼整洁并处于良好的状态，不应携带使乘员难以落脚的工具或设备。

（9）应向所有司机、起重工及其他参与吊装作业的人员发放作业时用到的手势信号的复印件，以保证使用通用的手势信号。进行特殊吊装作业时，或不适于仅使用手势信号时，应采取其他形式的通信手段，如无线电或电话，来补充手势信号。

（10）当采用无线电作为通信手段时，所选频道应与其他通信不发生干涉。所有与信号有关的人员都应得到一个清晰、唯一的呼叫信号，而且该呼叫信号优先于其他所有信号。在进行吊装作业过程中，一次只应由一人给塔机司机发出手势信号或口令。在塔机作业区域内安装、使用无线电应遵守特殊规定。建议咨询负责无线电通信管理的地方性或全国性的有关机构，以确保符合法规、许可证要求，保证无线电技术（如信号系统、特殊设备、呼叫信号、频率等）的安全使用。

六、塔式起重机作业的注意事项

（1）不同品牌、不同型号的塔机在操作和控制方面最常见的差别是回转制动程序，所以，塔机司机应知道哪一种操作方法是可行的。

（2）在高空作业时，应头戴下颚扎带的安全帽。必要时佩戴双肩挎安全带。在塔机上工作的人员应穿上适合攀爬塔机的鞋袜。

（3）动臂式塔机在重物吊离地面后起重、回转、行走三种动作可以同时进行，但变幅只能单独进行，严禁带载变幅。允许带载变幅的塔机，在满负荷或接近满负荷时不得变幅。

（4）起升卷扬不安装在旋转部分的塔机，在起重作业时，不得顺着一个方向连续回转。

（5）装有机械式力矩限制器的塔机，在多次变幅后，必须根据回转半径和该半径的额定负荷，对超负荷限位装置的吨位指示盘进行调整。

（6）塔机在轨道上转弯时应在外轨轨面上撒上沙子，在内轨轨面及两翼涂上润滑脂。配重箱应转至拐弯外轮的方向。严禁在弯道上进行吊装作业或吊重物转弯。

（7）当塔机将要无人值守时，即使是一小段时间，都应采取下列措施：

1）吊钩上不应留有吊挂载荷，应取走所有链条、吊索等。

2）按照制造商提供的说明书要求，将塔机置于非工作状态。每次遇到这种状况，应采取措施保证回转制动器松开，以使塔机臂架能随风转动，不得采用任何方法限制起重臂随风转动。对于小车变幅的塔机，一般都把小车开回到最小幅度位置。

3）对于动臂变幅或类似的塔机，动臂非工作状态时的倾角应严格遵守制造商提供的说明书要求。

4）轨道行走式塔机应夹紧在轨道上，以保证遇到大风时，塔机不会被风吹得沿轨道滑行。当长时间（如过夜）离开塔机时，必须选择塔机回转时无障碍物和轨道中间合适的位置停机，臂架应保持在顺风方向，塔机应断电，司机室的门应关紧锁好。

5）如果司机室或控制柜加热器、照明灯等需要整夜维持供电，应单独设置供电，以隔离机器的供电。

七、电站塔式起重机

电站塔式起重机主要用于电站的建设，包括电站机器设备的安装和厂房的建设。

电站塔式起重机的系列及特点如下：

（1）DBQ 系列自行扳起式塔式起重机可自行扳起和放倒，安装方便和快捷，具有多种组合方式，可满足不同使用要求。可满载行走，稳定性高。Ⅱ型机具备无级调速方式，可实现空钩、轻载高速、重载低速作业，工作效率高。

（2）DZQ 系列自升折臂式塔式起重机具有附着、自立行走两种工况，可水平折臂，以适应在狭小空间安装拆卸。附着方式有纤绳附着和刚性附着两种，安装方式为低架安装和自行顶升。Ⅱ型机各机构具备无级调速方式，加装混凝土布料器，可满足连续浇筑要求。

（3）FZQ 系列附着自升塔式起重机采用动臂变幅、上回转、自顶升和塔身附着方式，具有起重量大、起升高度高、作业范围广、抗风能力强、自身轻、布置灵活等特点，在电站建设中广泛采用。

八、塔式起重机的日常检查与维护

《起重机械　检查与维护规程　第 3 部分：塔式起重机》（GB/T 31052.3—2016）规定了塔式起重机在使用过程中应进行的检查与维护方面的基本要求，适用于普通塔式起重机、电站塔式起重机。

塔机每个工作班次开始作业前应进行日常检查，检查项目及要求应不低于表 2–3 的标准。检查应有记录。

塔机在每班前应进行日常维护。日常维护的内容应至少包含以下几项：

（1）清理基础、轨道上的垃圾、冰雪及其他障碍物。

（2）清理基础积水、结构上的积水。

（3）清理各个工作机构部位上的油污、杂物等。

（4）清洁司机室玻璃。

（5）根据表 2–3 中日常检查的结果进行相应维护。

表 2–3　　塔式起重机日常检查项目、方法、内容及要求

项目		检查方法、内容及要求	处置方式	备注
整机	压重	目测检查压重，应固定可靠、无移位	调整	
	基础	目测检查基础，应无积水及异常变动	调整	
		目测（必要时用扳手）检查底架、塔身撑杆，应固定可靠、无松动		
	螺栓连接①	目测各连接螺栓已按说明书要求拧紧，确定无松动	调整	
	晃动	空回转左右运行一圈无异常晃动与振动	维护	
	现场整理	塔机上无可能坠落的杂物	调整	
结构	塔身节②	目测主弦杆无变形（局部微小凹坑除外）	报废	A 类故障
		目测连接接头焊趾部位弦杆无可见裂纹，有怀疑时用 20 倍放大镜或表面探伤设备进行辅助检查		
		封闭管材组焊标准节，目测查验腹杆节点及踏步部位主弦杆无可见裂纹，有怀疑时用 20 倍放大镜或表面探伤设备进行辅助检查		
		目测腹杆无塑性变形（局部微小凹坑除外），焊缝无可见裂纹	维修	B 类故障
		目测连接接头焊趾部位焊缝无裂纹，有怀疑时用 20 倍放大镜或表面探伤设备进行辅助检查		C 类故障
		目测查验腹杆端头及踏步部位焊缝无可见裂纹，有怀疑时用 20 倍放大镜或表面探伤设备进行辅助检查		C 类故障
		目测各连接销轴已按说明书要求锁定，采用开口销定位时，开口销已按规定张开	调整	

续表

项目		检查方法、内容及要求	处置方式	备注
结构	附着[③]	目测结构无变动，连接紧固无松动	维护	
	上、下支座	目测塔身连接座、回转塔身（塔顶）连接座各焊缝的焊趾部位主肢无可见裂纹，有怀疑时用20倍放大镜或表面探伤设备进行辅助检查	报废	A类故障
		目测塔身连接座、回转塔身（塔顶）连接座各焊缝的焊趾部位焊缝无可见裂纹，有怀疑时用20倍放大镜或表面探伤设备进行辅助检查	维修	C类故障
	回转塔身、塔顶（A字架）	目测主弦杆无塑性变形或开裂	报废	A类故障
		目测腹杆无塑性变形，焊缝无可见裂纹	维修	B类故障
		目测连接耳板焊缝的焊趾部位主肢无可见裂纹，有怀疑时用20倍放大镜或表面探伤设备进行辅助检查	报废	A类故障
		目测连接耳板焊缝的焊趾部位焊缝无可见裂纹，有怀疑时用20倍放大镜或表面探伤设备进行辅助检查	维修	C类故障
	平衡臂	目测连接耳板焊缝的焊趾部位焊缝无可见裂纹，有怀疑时用20倍放大镜或表面探伤设备进行辅助检查	维修	B类故障
机构	起升机构、变幅机构、回转机构、运行机构	空运转无异常噪声，制动动作可靠	维护	
		抗风防滑装置无缺损，无可见裂纹	维修	
关键零部件	吊钩	目测防脱钩装置完整有效	维护	
	钢丝绳	目测起升、变幅钢丝绳已按规定保养，未达到《起重机钢丝绳　保养、维护、检验和报废》（GB/T 5972—2016）的报废规定	报废	
安全防护	行程限制器	空载运行试验幅度、高度、行走及回转限位动作灵敏有效	维护	
	急停保护	操作检查急停保护开关灵敏有效		
	障碍灯	目测障碍灯指示正常，符合《塔式起重机安全规程》（GB 5144—2006）的规定		
	风速仪	目测风速仪风杯转动无卡阻，显示仪显示正常		臂根铰点高度大于50 m
	超速保护	目测超速保护开关完好并输出正常		动臂变幅

注：①每班至少应检查最底部3节（无撑杆独立安装）、撑杆固定点上下各2节（有撑杆独立安装）、最上一道附着点下1节和上2节（附着使用）的连接螺栓，其余部位应至少每周巡查到一次。

②每班至少应检查最底部3节（无撑杆独立安装）、撑杆固定点上下各2节（有撑杆独立安装）、最上一道附着点下1节和上2节（附着使用）结构及连接销轴，其余部位应至少每周巡查到一次。

③每班至少应检查最上一道附着。

在日常检查中发现表2-3备注栏标识的A类故障时，塔机应立即停用并根据应急预案进行紧急维修加固后整机拆除或更换故障部件。

对表2-3备注栏标识的C类故障涉及的结构焊缝的维修，若塔机处于已架设状态，维修时应保证该焊缝部位处于受力最小且受压应力状态，并采取适当措施以保证维修过程中不发生次生灾害。

对表2-3备注栏标识的B类故障的维修，应在被维修部位不承受外载的状态下进行，并采取适当措施以保证维修过程中不发生次生灾害。

焊缝的维修应记入设备档案，司机每班开机前对其进行检查，确认无变动。

第四节　流动式起重机的品种及其使用

流动式起重机是可以配置立柱（塔柱），能在带载或不带载情况下沿无轨路面行驶，且依靠自重保持稳定的臂架型起重机。

列入《特种设备目录》的流动式起重机分为轮胎起重机、履带起重机、集装箱正面吊运起重机和铁路起重机 4 个品种。

一、轮胎起重机

轮胎起重机是用轮胎行走的流动式起重机，是采用专用轮胎底盘、上车回转式的轮式起重机，俗称轮式吊、轮胎吊。带副臂的伸缩臂轮胎起重机伸臂结构如图 2–15 所示。

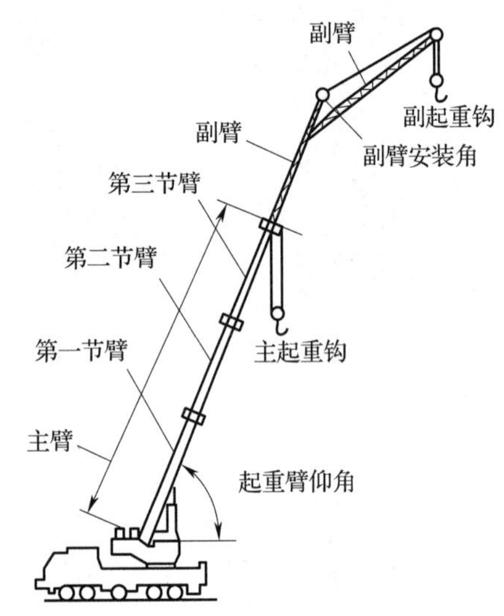

图 2–15　带副臂的伸缩臂轮胎起重机伸臂结构

1. 轮胎起重机的基本组成

（1）上车和下车。通常把轮胎起重机的组成分成上车和下车。上车是指包括回转支承及其以上的全部机构和装置，是起重作业部分，包括起重臂、起升机构、变幅机构、回转机构和平衡重等；下车是指回转支承以下部分，包括底盘、支腿和行走部分。

（2）主要结构部件。主要结构部件包括起重臂、转台、平衡重、回转支承、底盘和支腿等。

1）起重臂。轮胎起重机的起重臂臂架有以下两种基本结构：

①桁架式，是桁架结构的定长式臂架。定长式是作业长度固定的臂架，其长度可以通过增加或减少中间臂节而变化，但不能在作业循环过程中改变。

②伸缩式，由一节基本臂及设置在其中的一节或多节臂节组成，通过基本臂中的臂节伸缩来改变长度。

副臂是安装在臂架端或接近臂架端以增加长度和辅助起升的臂架。

2）转台。转台是放置起重机机构的回转结构件。

3）平衡重。平衡重装在转台上，是在起重机作业时用于平衡工作载荷和起重机部件重力的重块。

4）回转支承。回转支承用于将回转部分的载荷（力矩、垂直力和水平力）传递给非回转部分的部件，也包括回转齿圈。

5）底盘。底盘（底架）用于安装转台或起重机塔架，包括使起重机移动的驱动装置的基座。

6）支腿。支腿是加大起重机作业时的支承轮廓的装置。外伸支腿如图 2–16 所示。

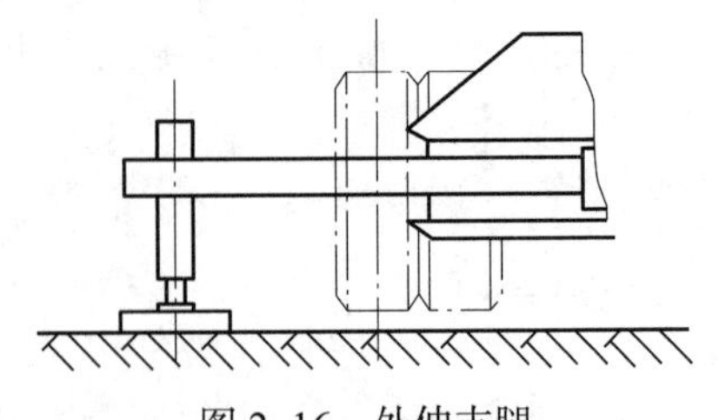
图 2–16　外伸支腿

支腿的类型有以下几种：

① H 形支腿：支腿伸出后，垂直腿撑地，形如 H

形。它有两个液压缸，支腿跨距较大，对场地适应性较好，应用广泛。

② X 形支腿：支腿伸出后呈 X 形。在小幅度作业时，吊物活动空间大于 H 形支腿，常和 H 形支腿混合使用，形成前 H 后 X 的形式。

③辐射式支腿：支腿伸出后呈辐射状。特点是载荷直接作用在支腿上，稳定性好，主要应用在一些特大型的起重机上。

④摆动支腿：工作状态时，支腿能摆动到与车架纵向轴线相垂直的位置上；非工作状态时，可平行地固定在车架的两侧。特点是质量轻，横向支撑的距离比较小。

⑤蛙式支腿：旋转支腿铰接在支腿座上，展开动作由液压缸完成。特点是结构简单，质量较轻，支腿跨度不大，只适用于小吨位的起重机。蛙式支腿结构如图 2–17 所示。

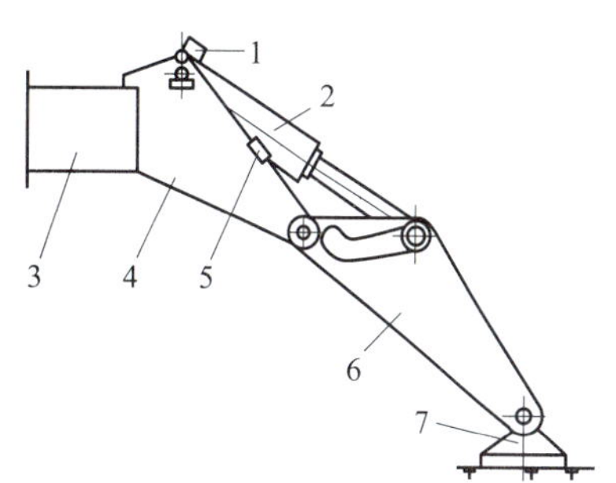

图 2–17　蛙式支腿结构

1—液压锁　2—液压缸　3—底架　4—支腿座　5—安全插销　6—旋转支腿　7—支座

对支腿及其使用的要求如下：

①当起重机处于行驶状态时，支腿应收回并可靠地固定。

②在起重作业时，支座盘应牢靠地连接在支腿上，支腿应可靠地支承起重机。

③使用支腿进行起重作业时，应将支腿牢固地支承在坚实的水平地面上。

④在操作支腿时，操作人员在操作处应能看到每一条支腿，否则应有指挥人员帮助。

（3）工作机构。工作机构包括起升机构、变幅机构、伸缩机构和回转机构。工作机构的驱动方式有机械式、液压式和电动式。

1）对起升机构的要求。当吊钩处在制造商规定的最低位置时，在卷筒上至少要保留 3 圈钢丝绳，并采取相应的保护措施。卷筒两侧边的高度应超过工作中最外层钢丝绳名义直径的 1.5 倍。

2）变幅机构有用钢丝绳等挠性件实现变幅运动的挠性变幅机构、用液压缸等刚性件实现变幅运动的刚性变幅机构。对变幅机构的要求如下：

①变幅机构应能可靠地支承起重臂，并能在操作人员控制下使起重臂平稳地降落到规定的幅度。

②起重臂的起落必须依靠动力系统来完成。

③用液压油缸起落起重臂的机构，变幅油路中必须装有与其流量相适应的平衡阀。

3）伸缩机构有顺序伸缩、同步伸缩、独立伸缩和组合伸缩 4 种，伸缩液压缸必须装有与其流量相适应的平衡阀。

（4）安全防护装置。轮胎起重机应当设置的安全防护装置如下：

1）起重机应有额定起重量表、起升高度曲线标牌及其他安全标志，且必须固定在操作人员便于看到的位置。同时应在主臂适当位置用醒目的字体写上“起重臂下严禁站人”字样。

2）起重机应装有读数清晰的幅度指示器（或仰角指示器）。

3）起重量为 16 t 及 16 t 以上的起重机应装设力矩限制器和水平仪。

4）起重量小于 16 t 的起重机应装设起重量指示器。

5）起重机应装有起升高度限位器，需要时应装下降深度限位器。

6）采用钢丝绳变幅的起重机，应装设幅度限位装置和防止起重臂后倾的装置。

7）起升高度大于 50 m 的桁架臂式起重机，应在臂的头部安装风速仪。当风速大于工作极限风速时，应能发出停止作业的警报。

8）滑轮应有防钢丝绳跳槽的装置。对于人手可触及的滑轮组，应设置保护装置，以防止手挤入钢丝绳与滑轮之间。

9）应装垂直支腿回缩锁定装置、回转锁定装置、作业报警装置、暴露的活动零部件的防护罩和电气设备的防雨罩。

2. 轮胎起重机的工作特点和用途

轮胎起重机的作业部分安装在特制的轮胎式底盘上，轮距较宽，车身较短，稳定性好，转弯半径小，可在 360° 范围内工作。行驶速度一般较汽车起重机低，可不用支腿进行起重作业，并可在平坦的路面上有限制地吊重行驶。

通用轮胎起重机用于港口、车站、货场、建筑工地等较为固定的场所，进行物料装卸、搬运和建筑安装。越野轮胎起重机具有越野性能，适于野外行驶和作业。

3. 轮胎起重机的工作环境条件要求

（1）停机地面应坚实，承压能力不小于 3.5 MPa，整机应水平，作业过程中地面不得下陷。

（2）轮胎工作压力应符合轮胎或起重机制造商规定的气压，其误差为 ±10 kPa。起重机作业时所有的轮胎应摆正。

（3）环境温度为 -20 ～ 40 ℃。

（4）风速不超过 13.8 m/s。

4. 轮胎起重机作业的注意事项

（1）起重机启动前应重点检查安全防护装置和指示仪表，确保齐全完好，钢丝绳及连接部位应符合规定，燃油、润滑油、液压油及冷却水应添加充足，各连接件应无松动，轮胎气压应符合规定，使用支腿应符合相关要求。

（2）起重机带载回转时应平稳操作，换向应在停稳后进行。

（3）起重机带载行走时，路面必须平坦坚实，行驶应当缓慢，载荷相对地面应不超过 500 mm。

（4）起重机作业时，转台上不得站人。起重机行驶时，上车操纵室严禁人员乘坐。

二、履带起重机

履带起重机是采用履带行走的流动式起重机，一般是指以内燃机为动力的液压式履带起重机，俗称履带吊。

1. 履带起重机的基本组成特点

履带起重机具有上车回转式桁架臂、上车回转式伸缩臂和带副臂的柱式臂三种类型，如图 2-18 所示。

履带起重机底盘上的行走装置由履带架、驱动轮、导向轮、支重轮、托链轮和履带轮等组成。动力装置通过垂直轴、水平轴和链条传动使驱动轮旋转，从而带动导向轮和支重轮，使整机沿履带滚动行走。行走机构可使起重机前后行走和左右转弯。

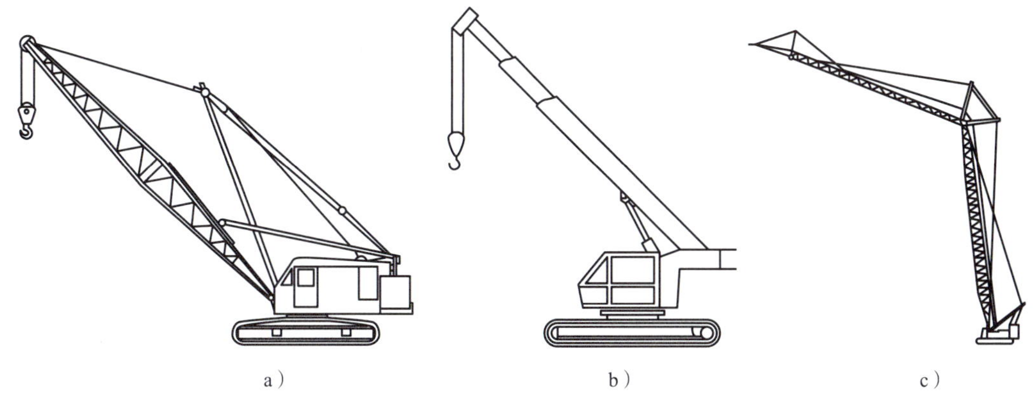

图 2-18　履带起重机

a）上车回转式桁架臂履带起重机　b）上车回转式伸缩臂履带起重机　c）带副臂的柱式臂履带起重机

2. 履带起重机整机的相关要求

（1）300 t 以上起重机宜带超起装置。超起装置是通过增设超起桅杆、超起平衡重和辅助机构，改善构件受力状况及整机稳定性，从而提高起重性能的装置。其中，超起桅杆是一端与转台铰接，另一端通过连接件与主臂和超起配重连接，能改变臂架工作幅度及提高起重性能的构件。

（2）起重机应具有在规定条件下的带载行走性能。

（3）起升机构卷扬钢丝绳的单绳微动速度应不大于 5 m/min。

（4）在没有人为干预的情况下，空载状态行走的起重机以最低稳定速度前进或者后退行走 20 m，其跑偏量应在 ±250 mm 以内。

（5）空载、带基本臂的起重机在平整、坚实、干燥的地面上直线行驶时，设计爬坡能力应满足以下要求：

1）最大起重量为 450 t 及以下的起重机不带超起装置时应不小于 15%，带超起装置时应不小于 5%。

2）最大起重量大于 450 t 的起重机不带超起装置时应不小于 10%，带超起装置时应不小于 5%。

3. 履带起重机的安全要求

（1）起重机应按照《起重机械安全规程　第 1 部分：总则》（GB 6067.1—2010）的要求设置相应的安全防护装置。

（2）限制运动行程与工作位置的安全装置要求如下：

1）起重机应配置起升高度限位器。当取物装置上升到设计规定的上极限位置时，应能立即切断起升动力源。在此极限位置的上方，还应有足够的空余高度，以适应上升制动行程的要求。

2）起重机应配置下降深度限位器。当取物装置下降到设计规定的下极限位置时，应能立即切断下降动力源，确保在卷筒上缠绕的钢丝绳剩余安全圈（不包括固定绳端所占的圈数）至少应保持 2 圈。

3）起重机应配置变幅限位器。臂架在极限位置时，控制系统应自动停止变幅向危险方向动作，并确保卷筒上缠绕的钢丝绳剩余安全圈（不包括固定绳端所占的圈数）至少应保持

2 圈。

4）起重机应设置防后倾装置。起重机的防后倾装置可吸收钢丝绳或吊具因故障突然释放载荷造成的冲击，防止臂架或桅杆向后运动。

5）起重机应设置角度限制器。角度限制器可有效限制主臂、副臂的最大和最小工作角度。

6）起重机应设置水平显示器。水平显示器应安装在起重机的司机室中或操作人员附近的视线之内。水平显示器的显示误差应在 ±0.1° 以内。

（3）防超载的安全装置。起重机应配置力矩限制器。力矩限制器的技术要求应符合《起重机械超载保护装置》（GB 12602—2020）的规定，并至少具备以下功能：

1）操作中应持续显示额定起重量或额定起重力矩、实际起重量或实际起重力矩、载荷百分比，并应通过指示灯显示载荷状态。

①绿灯亮：表示实际起重量或实际起重力矩小于实际幅度所对应的额定起重量或额定起重力矩的 90%。

②黄灯亮：表示实际起重量或实际起重力矩在实际幅度所对应的额定起重量或额定起重力矩的 90% ～ 100%，同时蜂鸣器断续报警。

③红灯亮：表示实际起重量或实际起重力矩大于实际幅度所对应的额定起重量或额定起重力矩的 100%，同时蜂鸣器连续报警。

2）报警消音功能。

3）显示工作幅度、臂架仰角。

4）当实际起重量为 100% ～ 110% 的额定起重量时，自动停止起重机向危险方向动作。

5）允许强制作业功能。打开强制作业开关，起重机应允许在额定起重量的 100% ～ 110% 操作。工作速度应满足以下要求：

①电控系统：速度小于最大允许工作速度的 15%。

②液控系统：速度小于最大允许工作速度的 25%。

6）在达到起升高度、下降深度、超载、角度限位等极限状态时，应显示相应的报警指示。即使打开强制作业开关，上述报警指示不应自动解除。

（4）安全防护装置要求如下：

1）起重机应设置故障显示装置。故障显示方式应使用文字、图形或语音等。故障显示装置至少应具有以下功能：

①故障显示功能，如显示控制系统通信故障、超载保护装置系统故障。

②报警功能，如机油压力过低、水温过高、液压滤清器堵塞报警。

2）应在司机室外明显位置设置三色（绿色、黄色、红色）指示灯报警装置。三色指示灯指示起重机实际载荷状况应符合上述关于指示灯的规定。

3）起重机应设置臂架顶端警示灯。

4）起重机臂长超过 50 m 时应设置风速仪。起重机风速仪的安装应符合《起重机安全规程　第 1 部分：总则》（GB 6067.1—2010）的规定。

5）起重机应设置符合《起重机械　安全监控管理系统》（GB/T 28264—2017）规定的安全监控管理系统。

6）防护装置要求如下：

①控制装置位置的设计应确保安全距离符合《机械安全　避免人体各部位挤压的最小间距》(GB 12265.3—1997)、《机械安全　防止上下肢触及危险区的安全距离》(GB 23821—2009)的规定。

②在正常工作或维修时，为防止异物进入或防止其运行对人员可能造成危险，应设置保护装置。起重机上外露的、有可能伤人的零部件，如开式齿轮、链轮、链条等，均应装设防护罩（栏）。

③防护罩（栏）应牢固可靠，应能承受约 900 N 的力而不会发生永久变形。

④如果安全通道只可能带个人保护装置（如安全带）和（或）移动通道系统（如移动平台或移动梯子），应在说明书中提供选择、安装及安全使用的说明。

7）应在起重机可能发生危险的部位或工作区域设置明显可见的安全标志，安全标志应符合《起重机　安全标志和危险图形符号　总则》(GB 15052—2010)的规定。

4. 履带起重机的工作特点和用途

履带起重机起重能力强，接地面积大，爬坡能力强，通过性能好，转弯半径小，不需支腿，可带载行驶，作业稳定性好。履带起重机对地面有破坏作用，行走速度慢，转移场地需要其他车辆运输。

履带起重机多用于野外和工地的物料起重、运输装卸和设备安装，广泛用于建设工程。

5. 履带起重机的工作环境条件要求

（1）工作环境温度为 −20 ～ 40 ℃，工作场地海拔一般应不超过 1 000 m。

（2）工作风速要求如下：

1）臂架长度不大于 50 m 时，风速应不超过 14.1 m/s。

2）臂架长度大于 50 m 时，风速应不超过 9.8 m/s。

注：风速均为 3 s 瞬时风速。

（3）在下列风速时，应将整个臂架平放倒在地面上：

1）主臂工况：主臂长度不小于 50 m，风速大于或等于 21 m/s。

2）副臂工况：主臂加副臂组合长度不小于 50 m，风速大于或等于 15 m/s。

（4）工作地面应坚实、平整，地面倾斜度应不大于 1%，若制造商允许回转平面的倾斜度更大，应提供相应的额定起重量图表。

工作过程中地面不应下陷。必要时根据不同地面允许的静载荷采取相应措施，以满足工作地面的承载要求。地面的承载能力应大于起重机当前工况下最大接地比压。

6. 履带起重机作业注意事项

（1）履带起重机操作要点如下：

1）起重机不得在暗沟、地下管道、防空洞等上面作业，严禁在斜坡上吊重回转。

2）具有伸缩履带架的起重机带载时，严禁伸缩履带架。

3）起重机带载行走，应按使用说明书的规定操作。带载变幅时，没有装设力矩限制器的起重机，只允许向减小幅度方向操作。不允许用变幅起臂方式将重物吊离地面。

4）起重机在维修保养时应停机，在检查油量或添加燃油时不得吸烟或用明火。

（2）超起作业要求如下：

1）超起作业时，根据超起质量和提升高度，依据超起特性表确定臂长、工作幅度和增加的配重质量。

2）依据作业条件和要求，调整标准配重和超起配重位置。

3）对力矩限制器进行工况选择，输入超起工作参数，进行超起作业模拟演示，确保超起作业安全。

4）超起作业前应认真检查起重机的工作机构、操作系统、安全防护装置、显示器等是否灵敏可靠。

5）超起作业时地面应平整坚实，保证作业过程中地面不得下陷，整机应水平。对环境、风速等具体要求，应按设备技术文件执行。

6）超起作业不论是升降、吊臂变幅还是平台回转均应以低速进行，防止重物突然升降或平台突然回转造成吊臂摇摆和车体晃动，从而导致结构件损坏和整机失稳的事故。

7）超起作业区内及上空应有足够的作业空间和必需的净空高度，注意作业区周围和上空是否有障碍物和架空高压电线。

8）当吊臂仰角较大时，重物落地后，应先减小吊臂仰角再摘吊重的挂绳。

9）超起作业一般吊臂较长，起升高度较大，操作人员不易看清吊钩位置，要随时注意操作室内监视装置上的吊钩位置和吊钩接近高度限位器时的报警，出现危险应立即停止作业。

10）超起作业完成后，应将力矩限制器恢复到正常工况。

三、集装箱正面吊运起重机

集装箱正面吊运起重机是专门搬运集装箱且以轮胎行走的流动式起重机，俗称正面吊。

1. 集装箱正面吊运起重机的基本组成及要求

集装箱正面吊运起重机与轮胎起重机或其他集装箱专用起重机相比，结构更为简单，一般由工程机械底盘、伸缩臂架、集装箱吊具 3 部分组成。集装箱正面吊运起重机如图 2–19 所示。

集装箱正面吊运起重机的伸缩式臂架可带载变幅。在规定的条件下，集装箱正面吊运起重机可同时进行整车行走、变幅、臂架伸缩动作。集装箱正面吊运起重机普遍采用电控柴油机作为动力源。

集装箱正面吊运起重机的集装箱吊具可以左右侧移，方便在吊装时对箱；吊具可左右旋转，吊装时可以与集装箱成夹角作业；吊具可在起吊后旋转，方便搬运通行。

图 2–19　集装箱正面吊运起重机

集装箱正面吊运起重机的安全防护装置要求如下：

（1）集装箱正面吊运起重机安全防护装置的设置应符合《起重机安全规程　第 1 部分：总则》（GB 6067.1—2010）的相关规定，各种安全保护和报警装置应准确、灵敏、可靠。

（2）应设置在紧急情况下能切断集装箱正面吊运起重机动力的紧急停止开关。

（3）应设置防倾覆保护装置，并具有显示、报警、停止动作等功能，当实际力矩达到额定力矩的 90% ～ 95% 时应报警，当实际力矩达到额定力矩的 100% ～ 105% 时应起作用。

（4）应配备发动机冷却水温度、机油压力、转速、变速箱油压、油温和液压系统油温显示或报警装置。

（5）应用单独的封罩或挡板将燃油箱和加油装置与电气系统、废气排放系统隔离。

（6）应装有转锁到位保护装置，只有当4个转锁开、闭锁到位后才能起吊，吊起集装箱后吊具不能伸缩、转锁不能转动，该装置应同时有灯光显示。

（7）应设置带箱高速行走的警示装置，当吊具上带有集装箱，集装箱正面吊运起重机以大于10 km/h的速度行驶时，应能发出提示性报警信号。

（8）应设置停车制动未脱离制动位置前不能挂挡的保护装置。

（9）应设置倒车报警装置，倒车时，报警装置应能发出清晰的报警音响信号和闪烁的灯光信号。宜设置倒车监视装置。

（10）应具有应急下放功能，当集装箱正面吊运起重机在工作过程中失去动力时，应能安全可靠地放下集装箱。

（11）限制臂架最大仰角的装置应有效、可靠。

（12）吊具应具有完善的安全保护和信号显示装置，确保吊具与集装箱间联系可靠、联锁有效。

（13）吊具应有可靠的联锁保护装置，一旦联锁有故障应有保护措施。

（14）应设置有效的故障监视诊断装置。

（15）集装箱正面吊运起重机进行危险品集装箱作业时，应装有安全标志和安全防护装置。

2. 集装箱正面吊运起重机的工作特点和用途

集装箱正面吊运起重机具有稳定性好、操作方便、灵活机动、堆码层数高和使用效率高等优点，可以进行跨箱作业。

集装箱正面吊运起重机主要用于港口、铁路等集装箱中转站和大型集装箱码头辅助搬运作业的集装箱水平运输。

3. 集装箱正面吊运起重机的工作环境条件

（1）工作环境温度为 -20 ～ 40 ℃，相对湿度不大于95%。

（2）海拔不超过1 000 m。

（3）工作时风力等级不大于6级。

（4）工作场地应平整、坚实，地面坡度不大于3%。

4. 集装箱正面吊运起重机作业的注意事项

（1）在每次吊箱起吊前，应确认旋锁指示灯指示正常。

（2）集装箱堆位应摆放整齐，保证箱列之间的规定距离和箱角错位偏差要求，避免错位压箱，防止堆位倒塌。

四、铁路起重机

铁路起重机是在铁路线上运行，从事装卸作业以及铁路机车、车辆倾覆等事故救援的臂架型起重机。铁路起重机俗称轨道起重机，如图2-20所示。

图2-20　铁路起重机

1. 铁路起重机的分类

铁路起重机按动力装置分为蒸汽铁路起重机、内燃铁路起重机和电动铁路起重机，按用途分为装卸用铁路起重机和救援用铁路起重机。

2. 内燃铁路起重机及其安全防护装置

内燃铁路起重机是指以柴油机为动力、液压传动或液力传动的伸缩臂式和定长臂式铁路起重机。

内燃铁路起重机的安全防护装置设置要求如下：

（1）起重力矩限制器应符合《起重机械超载保护装置》（GB/T 12602—2020）的规定。

（2）设置吊钩起升高度极限位置保护装置和吊臂极限位置保护装置。

（3）设置起升卷筒三圈保护装置，宜设置钢丝绳缠绕情况监控装置。

（4）设置上车顺轨回转角度的限位保护装置和上车对中装置。

（5）设置液压油滤清器堵塞报警装置。

（6）设置柴油机冷却液过热报警装置或缸温报警装置。

（7）设置柴油机机油低压力报警装置。

（8）设置柴油机转速表和工作小时计。

（9）设置下车全方位水平仪。

（10）上下车之间应设置回送用止摆装置。

（11）设置走行挂齿安全装置。

（12）设置幅度指示器。

（13）各油箱应设置油量显示装置。

（14）活动配重应设置机械锁定装置。

（15）在回送状态时，伸腿油缸和支承油缸应设置机械锁定装置。

（16）应配备夹轨器。

（17）设置支腿支承杆。

3. 内燃铁路起重机的工作环境条件

（1）环境温度：−35 ～ 45 ℃，相对湿度：≤ 90%。

（2）海拔：≤ 2 000 m，最大风速：13.8 m/s（7 级）。

4. 铁路起重机的日常检查与维护

《起重机械　检查与维护规程　第 8 部分：铁路起重机》（GB/T 31052.8—2016）规定了铁路起重机在使用过程中应进行的检查与维护方面的基本要求，适用于内燃铁路起重机、电力铁路起重机。

铁路起重机检查与维护的一般要求应符合《起重机械　检查与维护规程　第 1 部分：总则》（GB/T 31052.1—2014）的规定。

铁路起重机日常检查根据起重机的具体特点确定日常检查项目和检查要求，且应不低于表 2-4 的标准。检查应有检查记录。

表 2-4　　铁路起重机日常检查项目、方法、内容及要求

检查项目		检查方法、内容及要求	处置方式
整机	作业环境	目测检查起重机作业环境，应无影响作业安全的因素	按企业管理制度和操作规程处理
	外观	目测检查起重机各处，应整洁，无杂物、遗漏的工具等	清洁
		目测检查起重机各处，应无积油、积水，无风渗漏	清洁

续表

检查项目		检查方法、内容及要求	处置方式
机构	起升机构	通过空载试验检查起升机构，应无异常声响、振动，运行平稳	维护
	伸支腿机构	通过空载试验检查伸支腿机构，应伸缩自如，无回缩现象	维护
关键零部件	钢丝绳	目测检查卷筒及滑轮上钢丝绳，应无跳槽或脱槽等现象	调整
	滑轮	目测检查滑轮防脱绳装置，应安全有效	修理 / 更换
	制动器	空载试验检查起升、回转机构制动器，应工作正常	维护
电控系统	供电电源	目测检查供电电源，应工作正常	维护
	总电源开关	目测检查总电源开关，应功能正常	调整 / 更换
	蓄电池	检测放电程度，及时充电	维护
	通信	通过功能试验，检查通信设备，确保畅通	维护
	照明	目测检查照明装置，应无缺损并保持清洁	修理 / 更换
液压系统		目测检查液压系统，应无泄漏	紧固 / 修理
		目测检查液压系统，应工作正常，无异响、过热等现象	维护
		通过试验检查液压锁、平衡阀、液控单向阀等阀类，应安全可靠，无卡滞现象	修理 / 更换
空气操纵及制动系统		通过空载试验检查空气压力，确保压力正常	修理
		通过试验检查制动机，应作用良好，自力运行时制动、缓解可靠	修理 / 更换
		喇叭作用良好，操纵阀、安全阀等阀类作用正常、安全可靠	修理 / 更换
动力系统		目测检查发动机，应无漏水、漏气、漏油、漏电现象	清洁 / 维护
车钩及缓冲装置		车钩的三态作用及防跳性能应良好	修理
起升高度限位器		通过功能试验，检查起升高度限位器，应固定可靠、功能有效	紧固 / 更换
安全防护装置	回转锁定装置	目测检查锁定装置，应无变形、缺损、松动	紧固 / 更换
	平衡重锁定装置	目测检查锁定装置，应无变形、缺损、松动	修理 / 更换
	变幅限位装置	目测检查限位装置，应无变形、损坏，功能有效	修理 / 更换
	支承梁锁闭装置	目测检查支承梁缩回时锁闭装置，锁定作用有效，应无变形、缺损	修理 / 更换
	支承座锁闭装置	目测检查支承座缩回时锁闭装置，锁定作用有效，应无变形、缺损	修理 / 更换
	安全监控管理系统	通过功能试验检查安全监控管理系统各控制单元，应工作正常	调整 / 修理
	起重力矩限制器	通过功能试验检查起重力矩限制器，应固定可靠、功能有效	调整 / 更换
	标记和安全标志	目测检查起重机幅度起重量指示牌、性能曲线标牌、安全标志，应清晰、无缺失	清洁 / 更换

五、流动式起重机的防倾翻作业

1. 流动式起重机的稳定性

起重机的稳定性是起重机抗倾翻力矩的能力，是起重机设计的一项重要指标。起重机的稳定性包括以下内容：

（1）工作状态稳定性：起重机抵抗由起升载荷、惯性、风载荷和其他因素引起的倾翻力矩的能力。

（2）空载状态稳定性：起重机抵抗由非工作状态风载荷和其他因素引起的倾翻力矩的能力。

2. 流动式起重机的工作区域图

工作区域图是描述起重机工作区域及作业方位的俯视图，流动式起重机的工作区域图如图 2–21 所示。

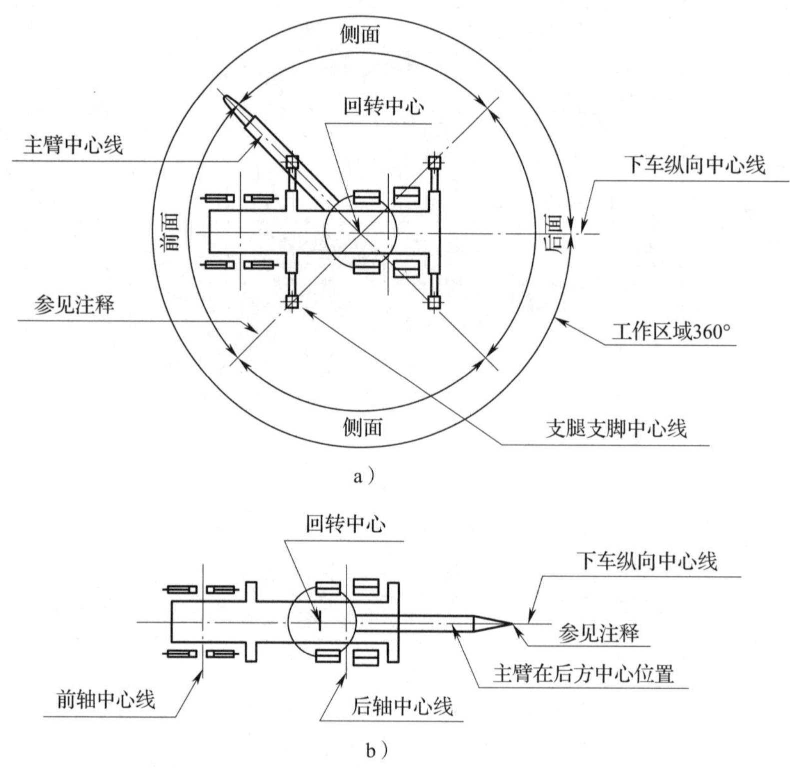

图 2–21　流动式起重机的工作区域图

a）支承在支腿上　b）支承在轮胎上

注：这些线段规定了载荷在所示工作区域内进行作业时的极限位置。

3. 流动式起重机的倾翻线

（1）起重机支承在车轮（轮胎）上时，倾翻线位置如下：

1）车轮（轮胎）不带悬架或悬架装置被锁定，倾翻线是车轮着地点的连线，如图 2–22 所示。

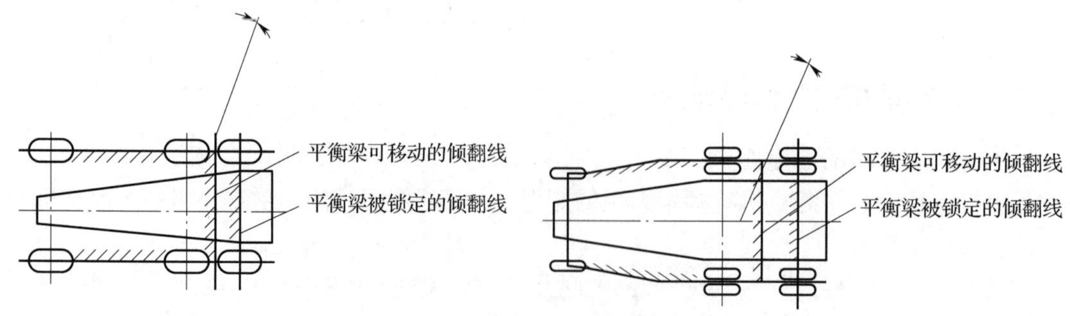

图 2–22　车轮（轮胎）不带悬架或悬架装置被锁定的倾翻线

对于装有双后轴的底盘，应考虑以下情况：

①轮轴被固定或锁定时，用外轮胎的着地点。

②轮轴安装在一个平衡梁上时，用平衡梁的轴线。

2）车轮悬架装置未锁定，倾翻线是悬架装置作用点的连线，如图 2–23 所示。

（2）起重机支承在外伸支腿上时，倾翻线是支承中心的连线。如除外伸支腿外，还存在柔性支承面（如充气轮胎），则应考虑这些柔性支承面，如图 2–24 所示。

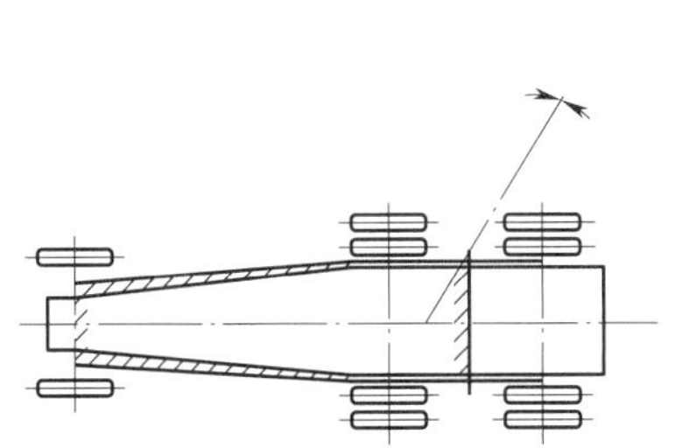

图 2–23　车轮悬架装置未锁定的倾翻线

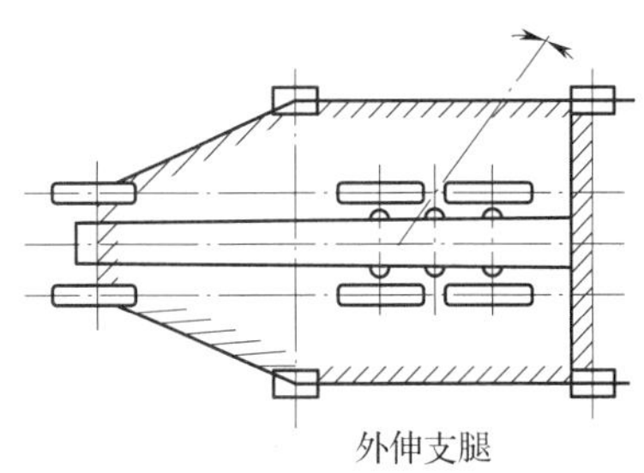

图 2–24　起重机支承在外伸支腿上的倾翻线

（3）起重机支承在履带上时，倾翻线是驱动轮中心的连线和引导轮中心的连线，如图 2–25 所示。

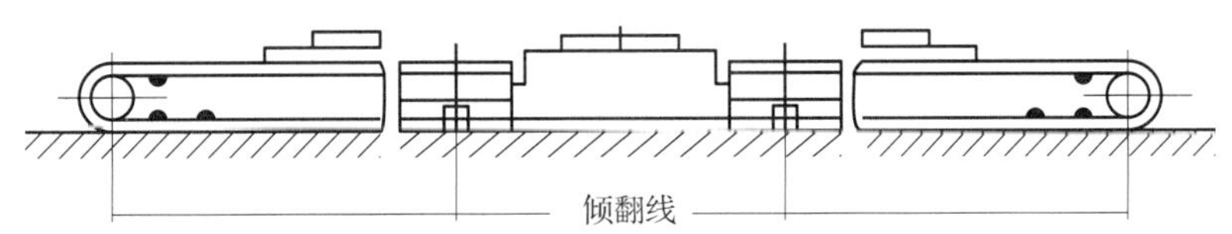

图 2–25　起重机支承在履带上的倾翻线

4. 流动式起重机防倾翻作业要点

尽管在设计时已经考虑了起重机的稳定性，但是在起重机实际使用过程中由于客观因素和主观因素的影响，依然可能出现起重机倾翻事故。因此，要特别引起注意，正确操纵使用起重机，加强作业中的安全防范，遵守以下要求：

（1）不要骤起骤降和紧急制动。吊物起升和下降时骤起骤降及紧急制动都会产生惯性，加大倾翻力矩，可能会引起起重机倾翻。

（2）严格禁止斜拉歪吊。斜拉歪吊加大了起重机的工作幅度，加大了倾翻力矩，可能会使起重机超载引起倾翻。

（3）要平稳回转。吊物在回转时产生离心力，过快的回转速度必然增加离心力，加大倾翻力矩，可能会使起重机超载引起倾翻。当风力较大时，回转时还要注意起重臂后方来风可能会引起倾翻。

（4）尽可能在起重机的后方起吊作业。起重机后方的稳定性最好，其次是侧方，最差的是前方，因此设计的额定起重量不同。当起重机以额定起重量吊载由后方回转至前方，会使起重机超载引起倾翻。

（5）保持行驶稳定。直线行驶时道路坡度超过最大规定值会造成车轮打滑，转弯行驶时车速过快，都可能引起起重机倾翻。

六、流动式起重机的日常检查与维护

《起重机械　检查与维护规程　第 2 部分：流动式起重机》（GB/T 31052.2—2016）规定了流动式起重机在使用过程中应进行的检查与维护方面的基本要求，适用于汽车起重机、轮胎起重机、履带起重机、全地面起重机、随车起重机、集装箱正面吊运起重机。

流动式起重机的检查分为起重作业部分的检查和底盘部分的检查。

起重机在使用过程中应按使用说明书且不低于《起重机械　检查与维护规程　第 2 部分：流动式起重机》（GB/T 31052.2—2016）规定的要求进行检查和维护。

在作业前，检查人员应按照使用说明书的规定对作业环境、吊装设备、人员装备、应急救援物资及装备等进行检查确认。

起重机每个工作班次开始前应进行日常检查并记录。起重作业部分日常检查的项目、方法、内容、要求等不应低于表 2–5 的标准。

表 2–5　　流动式起重机起重作业部分日常检查项目、方法、内容及要求

检查项目		检查方法、内容及要求	处置方式
整机	作业环境	检查起重机作业环境，应无影响作业安全的因素	按企业管理制度和操作规程处理
	外观	目测检查起重机各处，应无垃圾、杂物、遗漏的工具等	清洁
		目测检查起重机各处，应无积油、积水，无渗漏	清洁
机构	起升机构	通过空载试验检查起升机构，应无异常声响、振动，运行平稳	维护
	变幅机构	通过空载试验检查变幅机构，应无异常声响、振动，运行平稳	维护
	回转机构	通过空载试验检查起重机回转机构，应无异常声响、振动	维护
	伸缩机构	通过空载试验检查起重臂伸缩机构，应无异常声响、振动	维护
	配重挂接系统	通过空载试验检查油缸，应伸缩自如，运行正常	维护
	支腿伸缩	通过空载试验检查支腿伸缩，应无异常声响、振动	维护
关键零部件	吊具	检查吊具连接转锁，应可靠、回转自如	调整 / 更换
		目测检查吊具液压系统，应无漏油现象，油箱油位应正常	紧固 / 加油
		检查吊具其他零部件，应无损坏	修理 / 更换
	钢丝绳	目测检查卷筒及滑轮上钢丝绳，应无跳槽或脱槽等现象	紧固 / 调整
电控系统	蓄电池	试验检查蓄电池，应工作正常	清洁 / 补液
	控制装置	检查各按钮，应灵活有效，各绝缘保护应无破损	修理 / 更换
		检查各机构操纵手柄，应灵活、无卡阻，挡位手感明确，零位锁有效	调整 / 更换
	电源总开关	检查电源总开关，应功能正常	修理 / 更换
	通信	通过功能试验，检查主机与中央控制室的通信，确保畅通	维护
	照明、信号	检查照明、信号装置，应无缺损，无不亮、亮度不足等现象	修理 / 更换
	空调系统	检查驾驶室和控制室的空调系统，应正常	维护
		检查空调系统管路及接头，应无漏水、无油迹，冷凝器片应无损坏	修理 / 更换

续表

检查项目		检查方法、内容及要求	处置方式
液压系统	系统	检查液压系统管路，应无破损、无泄漏、无松动、无扭曲、无老化	修理 / 更换
		检查液压系统，应工作正常，无异响、过热等现象	维护
动力系统	发动机	应按照发动机维修手册要求检查和保养	维护（根据发动机维修手册）
		检查发动机系统，应无漏水、漏气、漏油、漏电现象	清洁 / 维护
		目测检查发动机冷却液、尿素溶液、燃油的液位，应符合要求	补给
		目测检查发动机进气、排气管路和燃油管路及连接件，确保无松动、无扭曲、无破损、无堵塞	修理 / 调整
		通过空载试验检查发动机运转有无异常，运转应平稳，监视仪表显示正常，检查发动机电气系统有无异常及异味	维护
		目测检查发动机机油液位，应符合要求	补给
	散热系统	散热器清洗或反转除尘	清洁 / 维护
安全防护装置	幅度指示器	检查指示器装置，应无变形、损坏，功能有效	修理 / 更换
	水平仪	检查水平仪，应无损坏，功能有效	修理 / 更换
	安全监控管理系统	检查安全监控管理系统，各控制单元应工作正常	调整 / 修理
	紧急停止开关	触动紧急停止开关，起重机应立即停机；紧急停止开关不应自动复位；手动复位后，再重新启动，起重机应能恢复正常运行	修理 / 更换
	标识和安全标志	检查起重机铭牌、吨位牌、安全标志，应清晰、无缺失	清洁 / 更换

起重机在达到表 2–6 的首次检查里程时，应进行底盘部分的首次检查。首次检查的项目、方法、内容、要求等不应低于表 2–7 的标准。

对于汽车起重机、全地面起重机、随车起重机的底盘部分，其日常检查时的里程及检查项目、方法、内容、要求等应不低于表 2–6、表 2–7 的标准。对于轮胎起重机、履带起重机、集装箱正面吊运起重机的底盘部分，其日常检查可参照汽车起重机、全地面起重机、随车起重机的规定。

表 2–6　流动式起重机底盘部分的首次检查里程、日常检查里程和定期检查保养里程

单位：千公里

首次检查	日常检查	一级保养	日常检查	二级保养	日常检查	一级保养	日常检查	二级保养	日常检查	一级保养	日常检查	二级保养	日常检查	一级保养	日常检查	四级保养
1.5	5	10	15	20	25	30	35	40	45	50	55	60	65	70	75	80
	85	90	95	100	105	110	115	120	125	130	135	140	145	150	155	160
	165	170	175	180	185	190	195	200	205	210	215	220	225	230	235	240
	245	250	255	260	265	270	275	280	285	290	295	300	305	310	315	320
	325	330	335	340	345	350	355	360	365	370	375	380	385	390	395	400
	405	410	415	420	425	430	435	440	445	450	455	460	465	470	475	480
	485	490	495	500												

表 2-7　　流动式起重机底盘部分首次检查和日常检查的项目、方法、内容及要求

<table>
<tr><th colspan="2">检查项目</th><th>检查方法、内容及要求</th><th>处置方式</th><th>首次检查</th><th>日常检查</th></tr>
<tr><td rowspan="3">传动系</td><td>变速器、分动箱</td><td>检查润滑油使用状况，更换润滑油</td><td>更换</td><td>○</td><td></td></tr>
<tr><td rowspan="2">传动轴</td><td>传动轴润滑，保证润滑油嘴加满但不溢出</td><td>维护</td><td>○</td><td>○</td></tr>
<tr><td>检查传动轴、联轴器的工作、连接和磨损情况，应无缺损、无松动，运行中无异响和异常振动</td><td>维护 / 调整</td><td>○</td><td>○</td></tr>
<tr><td rowspan="10">行驶系</td><td rowspan="4">行走机构</td><td>通过空载试验检查行走系统（包括履带行走架、履带架），应无异常声响、振动；驱动轮、支重轮、托链轮、导向轮行驶功能正常、有效</td><td>维护</td><td>○</td><td>○</td></tr>
<tr><td>检查板簧销轴、油气悬挂油缸销轴是否加注润滑脂</td><td>补给</td><td>○</td><td>○</td></tr>
<tr><td>检查 U 形螺栓，应无松动</td><td>紧固 / 更换</td><td>○</td><td>○</td></tr>
<tr><td>检查油气悬挂功能、油气悬挂中位调平功能及履带行走装置松紧程度，应正常、有效</td><td>调整</td><td>○</td><td></td></tr>
<tr><td rowspan="3">驱动轴</td><td>检查驱动轴主减速器和轮边减速器液面</td><td>补给</td><td>○</td><td></td></tr>
<tr><td>更换驱动轴主减速器和轮边减速器润滑油</td><td>更换</td><td>○</td><td></td></tr>
<tr><td>清洁或更换驱动轴通气装置</td><td>清洁 / 维护</td><td></td><td>○</td></tr>
<tr><td>从动轴</td><td>更换从动轴轮毂润滑脂</td><td>更换</td><td>○</td><td></td></tr>
<tr><td rowspan="2">车轮</td><td>检测轮胎气压及磨损情况，应符合轮胎承受相应负荷时的规定</td><td>调整</td><td>○</td><td>○</td></tr>
<tr><td>轮胎螺母和半轴螺母应完整齐全，并按规定力矩紧固</td><td>调整 / 更换</td><td></td><td>○</td></tr>
<tr><td colspan="2" rowspan="3">制动系</td><td>检查手制动、脚制动、气室功能，应正常、可靠</td><td>修理 / 更换</td><td>○</td><td>○</td></tr>
<tr><td>储气筒放水</td><td>维护</td><td>○</td><td>○</td></tr>
<tr><td>检查及调整调压阀输出压力</td><td>专业维护</td><td></td><td>○</td></tr>
<tr><td colspan="2" rowspan="2">转向系</td><td>测试和调整前轮前束及定位装置</td><td>调整</td><td>○</td><td></td></tr>
<tr><td>检查和调整转向机、摇臂、拉杆螺栓、螺母的紧固和转向系的间隙</td><td>调整 / 维护</td><td>○</td><td></td></tr>
<tr><td colspan="2" rowspan="3">气动系</td><td>通过空载试验检查气动系统，应压力正常，仪表应指示正常</td><td>修理 / 更换</td><td></td><td>○</td></tr>
<tr><td>检查气动系统密封性，管路元件及接头应无破损、扭曲、松动、老化</td><td>修理 / 更换</td><td>○</td><td>○</td></tr>
<tr><td>检查气动座椅、喇叭等元件，功能应正常，控制阀、安全阀等阀类作用正常、安全可靠</td><td>修理 / 更换</td><td></td><td>○</td></tr>
</table>

注：○——表示采用此检查。

第五节　门座式起重机的品种及其使用

列入《特种设备目录》的门座式起重机分为门座起重机和固定式起重机 2 个品种。

一、门座起重机

门座起重机是具有沿地面轨道运行、下方可通过铁路车辆或其他地面车辆的门形座架的可回转臂架型起重机。门座起重机的回转臂架具有臂架类起重机的基本特点。

图 2-26 所示为 10 t 港口门座起重机结构。

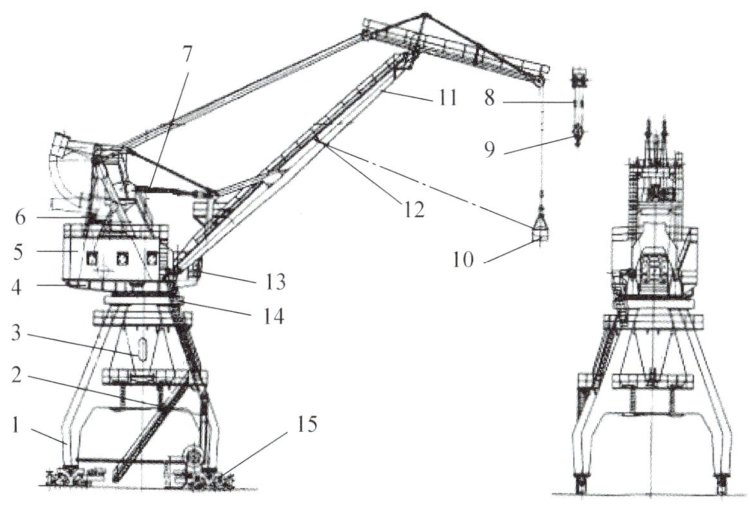

图 2-26　10 t 港口门座起重机结构

1—门座　2—电缆卷筒　3—转柱　4—转台　5—机器房（内有起升机构）　6—起重量限制器　7—变幅机构　8—防转装置　9—吊钩装置　10—抓斗　11—臂架系统　12—抓斗稳定器　13—司机室　14—回转机构　15—运行机构

1. 门座起重机的典型型式分类及用途

（1）按臂架结构型式，门座起重机可分为刚性拉杆式组合臂架式门座起重机、柔性拉索式组合臂架式门座起重机和单臂架式门座起重机，如图 2-27、图 2-28 所示。

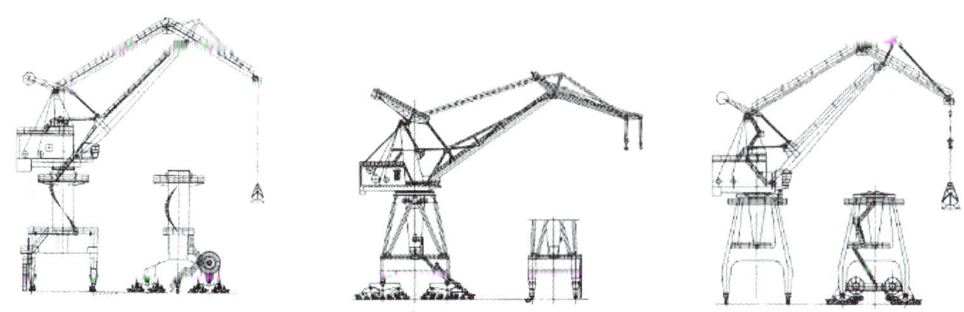

图 2-27　刚性拉杆式组合臂架式门座起重机

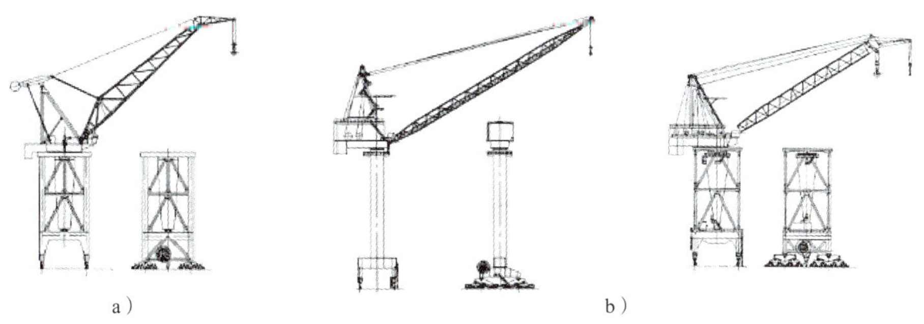

图 2-28　柔性拉索式组合臂架式和单臂架式门座起重机

a）柔性拉索式组合臂架式门座起重机　b）单臂架式门座起重机

（2）按门架结构型式，门座起重机可分为圆筒式门座起重机、交叉式门座起重机、撑杆式门座起重机和桁架式门座起重机。

（3）按回转支承类型，门座起重机可分为转盘式回转支承门座起重机和柱式回转支承门座起重机。

（4）按用途和使用场合，门座起重机可分为港口门座起重机、船厂门座起重机和水利电力门座起重机。

其中：

1）港口门座起重机是用于港口码头装卸作业且具有较高工作速度的门座起重机，具体包括以下几种：

①港口通用门座起重机：配备有可以更换的吊钩、抓斗等吊具，能满足港口装卸不同种类的件杂货、散料和集装箱要求的门座起重机。

②带斗门座起重机：门座上装有漏斗和带式输送机，用抓斗卸船的门座起重机。

③集装箱门座起重机：用于集装箱码头、堆场上的专用门座起重机。

2）船厂门座起重机是装在高门座上的门座起重机，用于船厂的吊装工作，具有较大的起重能力和较大的起升高度，通常备有两个或多个起重吊钩。

3）水利电力门座起重机是用于水利水电建设的门座起重机，具有较大的工作幅度和起重能力，且易于拆卸和拼装，便于转移工地。

2. 门座起重机的构造

门座起重机主要包括结构部分、机构部分、电气部分和安全防护装置。

（1）结构部分。结构部分包括门架、旋转平台、司机室、人字架和臂架系统等。

门架是主要的承载和受力结构，有转柱式门架（包括八杆门架和交叉门架）和大轴承式门架；旋转平台与转柱相连接，除了人字架和臂架，起升机构和旋转机构等机电设备都安放在旋转平台上；臂架系统分为单臂架系统和组合臂架系统；人字架支承在旋转平台上，用于支承臂架，变幅机构的推杆、组合臂架的拉杆及其对重杠杆等都与人字架相连。

（2）机构部分。机构部分包括起升机构、变幅机构、回转机构和运行机构。

变幅机构是工作性变幅机构，能在带载情况下改变幅度，因此具有载重升降补偿装置和臂架自重平衡系统。载重升降补偿装置使载荷在变幅过程中沿水平线或近似水平线的轨迹移动，臂架自重平衡系统在变幅时使臂架系统的重心高度保持不变或基本不变。

回转机构由回转支承装置和回转驱动装置组成。回转支承装置有柱式和转盘式。

运行机构由运行支承装置、运行驱动装置和运行安全装置组成。运行支承装置包括均衡梁、车轮、销轴等。运行驱动装置包括电动机、制动器、减速装置等。

（3）电气部分。电气部分包括电动机、中心集电器、变压器、电阻器、控制柜、操纵台、电线电缆和照明装置等。一般采用电缆卷筒或地沟滑线供电，电力直接驱动。无电力供应时采用蒸汽发电机或柴油发动机等复合驱动装置。

（4）安全防护装置。安全防护装置包括起重量限制器（额定起重量不随幅度变化）、起重力矩限制器、起升高度限位器、下降深度限位器（根据需要）、运行行程限位器、幅度限位器、幅度指示器、联锁保护安全装置、防止臂架向后倾翻的装置、极限力矩限制装置、回转锁定装置（必要时）、回转角度限制器（需要时）、缓冲器、抗风防滑装置、风速风级报警器、轨道清扫器、端部止挡、导电滑线防护板（采用滑线导电结构的）、作业报警装置（大车运行）、暴露的活动零部件的防护罩、电气设备的防雨罩（室外工作的防护等级不能满足要求时）、防碰撞装置（两台以上在同一轨道运行工作时）、集装箱吊具各动作与升降控制安全联锁、可编程序控制系统完善的故障显示功能，以及符合设计要求的故障诊断、数据管理系统等。

3. 门座起重机的工作环境条件要求

（1）起重机的电源为三相交流四线制或三相交流五线制，频率为 50 Hz 或 60 Hz，电压不高于 10 kV。供电系统在起重机馈电线接入处的电压波动应在额定电压的 ±10% 以内，起重机内部电压损失应符合《起重机设计规范》（GB/T 3811—2008）中 7.8.4.2 的规定。

（2）起重机轨道的安装及接地电阻应符合《门座起重机》（GB/T 29560—2013）的规定。

（3）起重机安装使用地点的海拔一般应不超过 1 000 m。超过 1 000 m 时，应按《起重机设计规范》（GB/T 3811—2008）中 7.7.2.4 的要求修正电动机的额定输出功率；超过 2 000 m 时，应按《低压开关设备和控制设备　第 1 部分：总则》（GB 14048.1—2012）中附录 B 的要求执行。

（4）起重机工作时的气候条件：

1）环境温度为 −25 ～ 40 ℃，在 24 h 的平均温度应不超过 35 ℃。

2）环境温度为 40 ℃时，其相对湿度应不超过 50%；在较低温度下可允许较大的相对湿度（如 20 ℃时为 90%）。应通过对电气设备进行适当的设计，或者在必要场所采用适当的附加设施（如内装加热器、空调器、排水孔等）来避免偶尔性凝露的有害影响。

3）工作状态计算风压或计算风速按《起重机设计规范》（GB/T 3811—2008）中表 15 的规定选取。

4）非工作状态计算风压或计算风速按《起重机设计规范》（GB/T 3811—2008）中表 18 的规定选取。

（5）电动机的运行条件应符合《旋转电机　定额和性能》（GB/T 755—2019）中第 6 章和第 7 章的规定。

（6）电器的正常使用安装和运输条件应符合《低压开关设备和控制设备　第 1 部分：总则》（GB 14048.1—2012）中第 6 章的规定。

二、固定式起重机

固定式起重机是固定在基础或其他静止不动的基座上的起重机，以下仅指港口固定式起重机。

典型的固定式起重机是固定式臂架起重机，常用型式如图 2-29 所示。

1. 典型固定式起重机的型式分类

（1）按取物装置，固定式起重机可分为吊钩式起重机、抓斗式起重机、电磁式起重机、集装箱起重机、两用起重机（电磁 + 抓斗、吊钩 + 抓斗或吊钩 + 电磁）、三用起重机（吊钩 + 可卸的起重电磁铁及可卸的马达抓斗）。

（2）按操纵方式，固定式起重机可分为司机室操纵起重机（司机室内联动台或控制器操作）、无线遥控操纵起重机（按键或摇杆式遥控器操作）、多点操纵起重机（采用司机室和遥控器分别操作）。

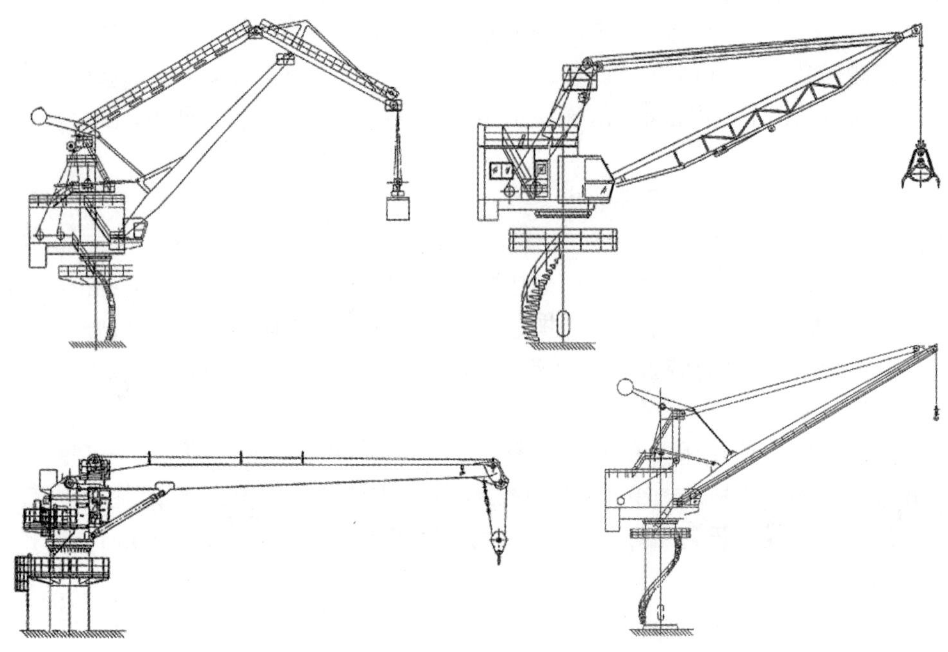

图 2–29　固定式臂架起重机常用型式

2. 固定式起重机的基本组成特点

固定式起重机由基础、支承底座、回转支承、回转平台、人字架、起重臂、机棚、驾驶室等组成。

固定式起重机的起升、旋转、变幅和运行机构一般采用交流变频传动控制系统。

固定式起重机的安全防护装置包括起重量限制器（额定起重量不随幅度变化）、起重力矩限制器、起升高度限位器、下降深度限位器（根据需要）、运行行程限位器、幅度限位器、幅度指示器、联锁保护安全装置、防止臂架向后倾翻的装置、极限力矩限制装置、回转锁定装置（必要时）、回转角度限制器（需要时）、风速风级报警器、端部止挡（在变幅机构）、暴露的活动零部件的防护罩、电气设备的防雨罩（室外工作的防护等级不能满足要求时）等。

3. 固定式起重机的工作环境条件要求

（1）起重机的电源为三相交流四线制或三相交流五线制，频率为 50 Hz 或 60 Hz，电压≤ 10 kV。供电系统在起重机馈电线接入处的电压波动应在额定电压的 ±10% 以内，起重机内部电压损失应符合《起重机设计规范》（GB/T 3811—2008）中 7.8.4.2 的规定。

（2）起重机安装使用地点的海拔一般应不超过 1 000 m。超过 1 000 m 时，应按《起重机设计规范》（GB/T 3811—2008）中 7.7.2.4 的要求修正电动机的额定输出功率；超过 2 000 m 时，应按《低压开关设备和控制设备　第 1 部分：总则》（GB 14048.1—2012）中附录 B 的要求执行。

（3）起重机工作时的气候条件：

1）环境温度为 −25 ～ 40 ℃，在 24 h 的平均温度不超过 35 ℃。

2）环境温度为 40 ℃时，其相对湿度应不超过 50%；在较低温度下可允许较大的相对湿度（如 20 ℃时为 90%）。应通过对电气设备进行适当的设计，或者在必要场所采用适当的附加设施（如内装加热器、空调器、排水孔等）来避免偶尔性凝露的有害影响。

3）工作状态计算风压或计算风速按《起重机设计规范》（GB/T 3811—2008）中表 15 的规定选取。

4）非工作状态计算风压或计算风速按《起重机设计规范》（GB/T 3811—2008）中表 18 的规定选取。

（4）电动机的运行条件应符合《旋转电机　定额和性能》（GB/T 755—2019）中第 6 章和第 7 章的规定。

（5）电器的正常使用安装和运输条件应符合《低压开关设备和控制设备　第 1 部分：总则》（GB 14048.1—2012）中第 6 章的规定。

（6）起重机的固定形式和要求如下：

1）钢筋混凝土基础平台固定：钢筋混凝土基础应符合《混凝土结构设计规范》（GB 50010—2010）的规定。埋置地脚螺栓的构件混凝土强度等级不宜低于 C20，平台的平面度应≤ 2 mm。

2）刚性法兰固定：刚性法兰的平面度应≤ 2 mm。

3）刚性圆筒对接固定：刚性圆筒的圆柱度应≤ 3 mm。圆筒对接焊缝应进行 100%UT（超声检测）检测，达到《起重机械无损检测　钢焊缝超声检测》（JB/T 10559—2018）中的 I 级焊缝标准。

（7）起重机安装用地脚螺栓应符合以下要求：

1）起重机安装用地脚螺栓的保证载荷应符合《紧固件机械性能　螺栓、螺钉和螺柱》（GB/T 3098.1—2010）的规定，其连接螺母的保证载荷应符合《紧固件机械性能　螺母》（GB/T 3098.2—2015）的规定。

2）地脚螺栓的预紧力推荐为螺栓屈服极限的 0.7，用测力矩扳手或定力矩扳手控制预紧力。

3）埋置的地脚螺栓宜作笼状分布，推荐用法兰圈固定其相对位置，混凝土基础上平面放置一只法兰圈，作为起重机支承圆筒法兰面的安装贴合面。

4）起重机吊装到位后应检查安装贴合的平面度，如有间隙，可以采用局部垫片充实，拧紧螺栓应在 180° 方向对称地连续进行，以保证圆筒上的螺栓有相同的预紧力。

5）为了保证螺栓连接的可靠性，宜在起重机工作 100 h 和 500 h 后，各检查一次地脚螺栓的预紧力矩，以后每工作 1 000 h 检查一次。

4. 固定式起重机的应用特点

固定式起重机用于港口岸与船之间的装卸工作，全回转可变幅式起重机具有效率高、稳定性好以及运转灵活等特点。采用两用、三用起重机，能够方便起吊不同的物品。配置钢丝绳滑轮补偿装置的起重机，可以实现变幅过程中吊物的水平位移。

三、臂架起重机的日常检查与维护

《起重机械　检查与维护规程　第 4 部分：臂架起重机》（GB/T 31052.4—2017）规定了臂架起重机在使用过程中应进行的检查与维护方面的基本要求，适用于固定式起重机、港口台架式起重机、门座起重机。

应根据每台起重机的具体特点确定日常检查项目和检查要求，且不应低于表 2-8 的标准。检查应记录。

表 2-8　　臂架起重机日常检查项目、方法、内容及要求

检查项目		检查方法、内容及要求	处置方式
整机	作业环境	目测检查起重机作业环境，应无影响作业安全的因素	按企业管理制度和操作规程处理
	外观	目测检查起重机各处，应无垃圾、杂物、遗漏的工具等	清洁
机构	起升机构	通过空载试验检查起升机构，应无异常声响、振动，运行平稳	维护
	运行机构	通过空载试验检查运行机构，应无异常声响、振动	维护
关键零部件	机具	目测检查抓斗的梨形接头和C形卸扣，应无裂纹、过度磨损，且应润滑充分	调整 / 修理 / 更换
		目测检查集装箱吊具上架和吊具连接转锁，应可靠	调整 / 更换
		目测检查集装箱吊具伸缩臂架滑动表面、滑轨的润滑状况，应润滑良好	润滑 / 更换
		目测检查集装箱吊具液压系统，应无漏油现象，油箱油位应正常	紧固 / 加油
		目测检查集装箱吊具导板，应无损坏	修理 / 更换
	钢丝绳	目测检查卷筒及滑轮上钢丝绳，应无跳槽或脱槽等现象	紧固 / 调整
电控系统	供电电源	目测检查供电电源，应工作正常	维护
	控制装置	目测检查各机构操纵手柄，应灵活、无卡阻，挡位手感明确，零位锁有效	调整 / 更换
	通信	通过功能试验，检查主机与中央控制室的通信，应畅通	维护
	照明	目测检查照明装置，应无缺损，工作和照度正常	修理 / 更换
	空调系统	目测检查空调，工作应正常	维护
液压系统		目测检查空滤器内干燥剂（若空滤器内含干燥剂）	检查 / 更换
气动系统		目测检查气动系统，应无泄漏	紧固 / 修理
安全防护装置	起升高度限位器	通过目测和功能试验，检查起升高度限位器，应固定可靠、功能有效	紧固 / 更换
	运行行程限位器	通过功能试验，检查运行行程限位器，应固定可靠、功能有效	紧固 / 更换
	起重量限制器	目测检查起重量限制器，应固定可靠、功能有效	紧固 / 更换
	联锁保护	目测检查联锁装置，应无缺损、短接、绑扎等现象	调整 / 更换
	安全监控管理系统	目测检查安全监控管理系统，应工作正常	调整 / 修理
	标记和安全标志	目测检查起重机铭牌、吨位牌、安全标志，应清晰、无缺失	清洁 / 更换
	消防器材	目测检查消防器材，存放位置应正确，灭火器在有效期内	调整 / 更换

第六节　升降机的品种及其使用

列入《特种设备目录》的升降机分为施工升降机和简易升降机两个品种。

一、施工升降机

施工升降机是用吊笼载人、载物沿导轨做上下运输的施工机械。

1. 施工升降机的分类

施工升降机按其传动方式分为齿轮齿条式、钢丝绳式、混合式 3 种。

（1）齿轮齿条式施工升降机是采用齿轮齿条传动的施工升降机。齿轮齿条式人货两用施工升降机如图 2–30 所示。

（2）钢丝绳式施工升降机是采用钢丝绳提升的施工升降机。

（3）混合式施工升降机是一个吊笼采用齿轮齿条传动，另一个吊笼采用钢丝绳提升的施工升降机。

用于运载货物，禁止运载人员的施工升降机是货用施工升降机；用于运载人员及货物的施工升降机是人货两用施工升降机。

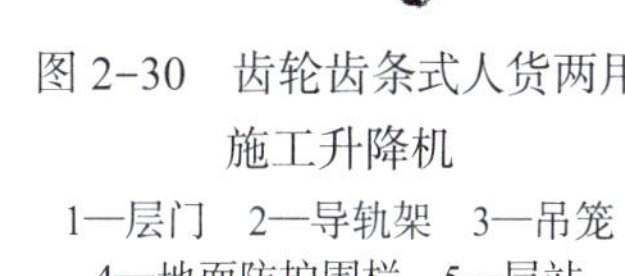

图 2–30　齿轮齿条式人货两用施工升降机

1—层门　2—导轨架　3—吊笼　4—地面防护围栏　5—层站

2. 施工升降机的结构组成

施工升降机主要由吊笼、底架、导轨、导轨架、导轨架节、附墙架、对重、地面防护围栏和安全防护装置等组成。

吊笼是用来运载人员或货物的笼形部件，以及用来运载物料的带有侧护栏的平台或斗状容器的总称。

底架是用来安装施工升降机导轨架及围栏等构件的机架。

导轨架是用以支承和引导吊笼、对重等装置运行的金属构架。

附墙架是按一定间距连接导轨架和建筑物或其他固定结构，从而支承导轨架的构件。

对重是对吊笼起平衡作用的重物。

地面防护围栏是地面上包围吊笼的防护围栏。

施工升降机的安全防护装置有防坠安全器、限速器、安全钳、缓冲器、安全钩等。

3. 施工升降机的相关技术要求

（1）施工升降机应能在环境温度为 −20 ～ 40 ℃条件下正常工作。

（2）施工升降机应能在顶部风速不大于 20 m/s 下正常工作，应能在风速不大于 13 m/s 条件下进行架设、接高和拆卸导轨架作业。

（3）施工升降机应能在电源电压值与额定电压值偏差为 ±5%、供电总功率不小于产品使用说明书额定值的条件下正常作业。

（4）施工升降机上的电动机及电气元件（电子元器件部分除外）的对地绝缘电阻应不小于 0.5 MΩ，电气线路的对地绝缘电阻应不小于 1 MΩ。施工升降机金属结构和电气设备金属外壳均应接地，接地电阻不大于 4 Ω。

（5）施工升降机的基础应能承受最不利工作条件下的全部载荷。

（6）施工升降机应装有超载保护装置，该装置应对吊笼内载荷、吊笼自重载荷、吊笼顶部载荷均有效。

（7）施工升降机应设置层楼联络装置。

4. 施工升降机的操作

只应授权熟悉该特定升降机且经过培训的操作者来操作该升降机。操作者应受过培训并有进行下列事项的技能：

（1）识别升降机的额定载荷。

（2）准确评估放置于升降机吊笼或运载装置的任何载荷的质量及分布的安全性。

（3）识别升降机及其载荷的任何风速限制。

（4）在电源等失效时，将停在空中的吊笼安全地下降到最近的层站（仅对载人升降机）。

（5）实施日常检查，确定和报告缺陷。

（6）实施每周检查，已安排他人进行这项工作的除外。

（7）使装有不同载荷的吊笼或运载装置在层站平层停止。

（8）打开和关闭层门（仅对载人升降机）。

5. 施工升降机的装载

施工升降机正常装载应确保升降机运送的载荷保持在吊笼或运载装置的界限范围内。必要时应将载荷固定于吊笼或载荷装置，或通过装箱、带子捆扎等措施来运送，以防载荷在运行中移动。此外，在运送表面积很大的载荷时，如石膏板、胶合板或装饰板，应考虑风的效应，并应咨询升降机供应单位。

当用机械式搬运设备加载升降机时，应将该类设备的选择和使用作为相关安全工作程序的一部分予以仔细考虑。使用机械式搬运设备时应采取下列预防措施：

（1）应避免机械式搬运设备碰撞升降机，因为碰撞会损伤升降机结构。

（2）载荷不应在吊笼或运载装置的底板上滑动，以避免在升降机上施加过大的载荷而造成损伤。

（3）避免载荷掉落在吊笼或运载装置的底板上，因为这可能在升降机上施加过大的载荷而造成损伤。

（4）用某些可施加很大集中载荷的托盘搬运装置在吊笼或运载装置上运载载荷，可能损伤层站、吊笼或运载装置的底板结构、坡道。如果打算使用托盘搬运装置，应咨询升降机供应单位责任人。

二、简易升降机

简易升降机是以曳引机、卷扬机、电动葫芦、液压泵站等作为驱动装置，通过钢丝绳、齿轮齿条、链条或液压油缸等部件带动货厢，在井道内沿垂直方向或垂直方向倾斜角小于15° 的刚性导向装置运行的仅用于运载货物的起重机械。

1. 简易升降机的分类

简易升降机按照传动方式分为以下 4 种：

（1）曳引式简易升降机：依靠摩擦力驱动的简易升降机。

（2）强制式简易升降机：采用链条、钢丝绳悬吊的非摩擦方式驱动的简易升降机。

（3）齿轮齿条式简易升降机：采用齿轮齿条传动的简易升降机。

（4）直接作用液压式简易升降机：液压缸与货厢直接连接，同步驱动货厢运行的简易升降机。

2. 简易升降机的基本组成特点

简易升降机的组成包括井道，货厢，层门系统，曳引式、强制式和齿轮齿条式简易升降机的电气系统，直接作用液压式简易升降机的液压系统，以及安全防护装置等。

井道是货厢升降和直接作用液压式简易升降机液压缸运动的空间，井道内安装有导轨、缓冲器等。

层门是层站封闭的供人员及货物出入的门，具有联锁装置。

简易升降机的安全防护装置有停层保护装置，防运行阻碍保护装置，下行超速保护装置，上、下行程限位开关，上、下极限开关，缓冲器，停止装置，检修运行装置，液压管路限流或切断装置，超载保护装置，机械设备的防护装置等。

此外，简易升降机每层站明显部位应设置“严禁载人运行”的警示标志、安全使用须知和额定起重量标志，机房门的外侧应设置“机房重地、闲人莫入”的警示标志，井道外检修门的近旁应设置“井道危险、未经许可禁止入内”的警示标志。

3. 简易升降机的工作特点

简易升降机的额定起重量是设计所规定的正常工作条件下货厢内允许承受的最大质量。对于强制式简易升降机，额定起重量应不大于 1 500 kg；其他类型简易升降机，额定起重量应不大于 1 000 kg。

简易升降机应采用自动平层的方式，操作装置必须设置在货厢外，货厢内不得设置任何操作按钮，不得载人运行。

4. 简易升降机的工作环境条件要求

（1）安装地点的海拔应不超过 1 000 m。

（2）机房内的空气温度保持在 5 ～ 40 ℃。

（3）运行地点的最湿月平均最大相对湿度不超过 90%，同时该月平均最低温度不高于 25 ℃。

（4）供电电压相对额定电压的波动在 ±10% 的范围内。

（5）环境空气中不应含有爆炸性气体、易燃性气体、腐蚀性气体、可燃性粉尘和导电性尘埃。

5. 简易升降机作业的注意事项

（1）每天投入使用前应进行空载试运行及层门、货厢门电气联锁和机械联锁的检查，确认状况良好后，方可投入正式运行。

（2）运行过程中不得推拉层门。

（3）层门开启后应确定货厢的位置，并确认停层保护装置作用到位后方可进入货厢。

（4）当确认货厢门和层门都可靠关闭后，方可启动升降机。不得以升降机的货厢门或层门的开闭作为升降机运行和停止的开关。

（5）装卸货物应轻放轻移，尽可能减少冲击。当有小车进入货厢时，应采取有效措施防止小车撞击货厢壁和门。货厢内的货物应放置稳妥，防止运行时发生移动或倾倒。

（6）严格控制装载货物的质量，不得超载运行。

（7）操作人员不得在货厢门与层门之间逗留，并尽可能减少进入货厢内的时间。

（8）每天清扫货厢内、地坎及层门入口，防止异物进入地坎。

（9）升降机使用完毕后，应将货厢停靠在基站。

三、升降机的日常检查与维护

《起重机械　检查与维护规程　第 9 部分：升降机》（GB/T 31052.9—2016）规定了升

降机在使用过程中应进行的检查与维护方面的基本要求，适用于升船机、启闭机、简易升降机、施工升降机、钢索式液压提升装置、电站提滑模装置。本部分仅介绍施工升降机和简易升降机相关内容。

根据升降机的具体使用情况，确定日常检查项目和检查要求，且应不低于表 2–9 或表 2–10 的标准。检查应有记录。

表 2–9　　施工升降机日常检查项目、方法、内容及要求

检查项目		检查方法、内容及要求	处置方式
整机	作业环境	目测检查施工升降机与相邻设备、障碍物、架空输电线等的安全距离，应符合相关规定	调整
		目测检查吊笼及对重运行通道空间，应无任何障碍物	
	层门	目测检查各停层处层门门锁装置，应符合《吊笼有垂直导向的人货两用施工升降机》（GB 26557—2011）中 5.5.5.1 和 5.5.5.2 的规定，层门未关，吊笼不能启动，且层门不能从楼层一侧打开	调整
	基础、底架、围栏	目测检查基础，应无积水、沉降、掩埋及异常变动	调整 / 维护
	导轨架	目测检查导轨架基础节、加强节、转换节、标准节拼装与使用，应符合设计要求或特殊安装方案要求	调整 / 更换
整机	导轨架	用经纬仪测量导轨架垂直度，应符合以下规定：当导轨架高度 $h \leqslant 70$ m 时，垂直度偏差应不大于架设高度的 1/1 000；当 70 m $< h \leqslant$ 100 m 时，垂直度偏差应不大于 70 mm；当 100 m $< h \leqslant$ 150 m 时，垂直度偏差应不大于 90 mm；当 150 m $< h \leqslant$ 200 m 时，垂直度偏差应不大于 110 mm；当 $h >$ 200 m 时，垂直度偏差应不大于 130 mm	调整
	吊笼	目测检查操作位置，司机视野应开阔，易于观察	维护
	连接螺栓	目测（必要时用扳手）检查各机构、电气设备处连接螺栓，应无缺失、松动失效	维护
	运行平稳性	目测检查吊笼空载上、下运行一次，应无异常晃动及异常声响	维护
金属结构	导轨、导轨架	通过空载试验，对重上下运行应平稳、无卡滞	维修
传动系统	减速器	通过试运行，减速器应无异常声响、过热等现象	维护
	传动板	目测检查传动板连接，应可靠、牢固，各传动部件应润滑良好	维护
关键零部件	随行电缆及滑车、电缆导向架	目测检查电缆，应完好，无严重扭曲变形、破损、老化等现象	更换
		通过空载试验，电缆滑车运行应平稳、无阻碍，导向架无损坏；无电缆滑车时应设置电缆储桶，电缆导向架应防止随行电缆缠绕，并引导电缆进入电缆储桶	维护
	制动器	目测检查制动器手动释放装置，应齐全有效	维护
		通过空载试验检查制动器，应灵敏可靠	更换
电控系统	供电电源、电源箱	目测检查供电电源总开关，应功能正常；目测检查电源箱仪表，应完好、功能正常，门、锁齐全	维护
	控制柜（台）	目测检查控制柜（台）操作指示和警告标志，应清楚，操作按钮、仪表功能应正常	维护

续表

检查项目		检查方法、内容及要求	处置方式
安全防护装置	限位开关	通过功能试验，检查上、下行程限位开关，应固定可靠，功能灵敏正常，且能自动复位，安装位置符合相关要求	维护
	极限开关	通过功能试验，触碰到极限开关时设备应能立即停机；极限开关必须是独立的、不能自动复位的，当手动复位后重新启动，设备应能向反方向正常运行；上、下极限开关的安装位置应保证吊笼在与其他机械停止装置接触前，切断动力供应，使吊笼停止	维护
	紧急停止开关	触动紧急停止开关（含便携式控制装置上的紧急停止开关），设备应能立即停机；紧急停止开关不应自动复位，手动复位后，重新启动，设备应能正常运行	维护
	声光电报警装置	通过功能试验，检查声、光、电等报警装置，应工作正常	维护

表 2-10　　简易升降机日常检查项目、方法、内容及要求

检查项目		检查方法、内容及要求	处置方式
整机	作业环境	目测检查简易升降机作业环境，应无影响作业安全的因素	按企业管理制度和操作规程处理
	标记、标牌与安全标志	目测检查简易升降机标记、标牌、安全标志、安全使用须知，应清晰、无缺失	清洁 / 更换
	外观	目测检查简易升降机各处，应无垃圾、杂物、遗漏的工具等	清洁
		目测检查简易升降机各部分表面，应无严重的锈蚀、脱漆、损伤等缺陷	防腐 / 修理
机房和检修平台	通道	目测检查通向机房、滑轮间和底坑的通道，应保持畅通，永久性照明应完好	清理 / 修理 / 更换
	检修空间和环境	目测检查机房和检修平台，不得用来作为升降机以外的其他用途，机房应通风良好，门窗无破损，机房门开闭灵活、锁定可靠	清理 / 修理 / 更换
	消防设施	目测检查消防设施，存放位置应正确，灭火器在有效期内	调整 / 更换
井道	封闭	目测检查除必要的开口外的井道，应完全封闭	封闭
	检修门和活板门	目测检查检修门和活板门，应无破损，相关的门锁应无缺损	紧固 / 修理 / 更换
金属结构	货厢和货厢门	目测检查货厢门关闭后，门扇之间及门扇与立柱、门框和地坎之间的间隙，应不大于 10 mm	调整
		目测检查货厢门，应开闭灵活，无卡阻、脱离轨道等现象	调整 / 修理
		目测检查货厢门机械锁定装置，应锁定可靠	修理 / 更换
驱动装置	电动葫芦	通过空载试验检查电动葫芦，应无异常声响、振动，运行平稳	维护 / 修理
	曳引机	通过功能试验检查曳引机，应无异常声响、振动，运行平稳	维护 / 修理
	液压泵站	通过空载试验检查液压泵站，应无异常声响、振动，运行平稳	维护 / 修理
关键零部件	层门	目测检查每个层门，应无明显变形、损坏等影响安全使用的缺陷	调整 / 修理 / 更换
		目测检查每个层门，应开闭灵活，无卡阻、脱离导轨等现象	调整 / 修理
		通过功能试验，检查每个层门的电气联锁装置，应工作正常，并符合《简易升降机安全规程》（GB 28755—2012）中的有关规定	调整 / 修理 / 更换
		目测检查每个层门的机械联锁装置，应锁定可靠、工作正常	调整 / 修理 / 更换
	制动器	通过空载试验检查制动器，应工作正常	维护

续表

检查项目		检查方法、内容及要求	处置方式
电控系统	供电电源	目测检查供电电源，应工作正常	维护
	声光报警装置	通过功能试验检查声光报警装置，应工作正常	调整 / 更换
	楼层召唤按钮	通过功能试验检查各召唤按钮及停止装置，应动作灵活、功能正确	调整 / 更换
	控制柜及电气设施	目测检查控制柜门开关，应灵活且门锁可靠	调整 / 更换
		目测检查控制柜内电气线路及元器件，应无过热、烧焦等痕迹，元器件外表应无破损，罩壳应无掉落	更换
液压系统	液压油箱	目测检查液压油箱，应固定可靠，无变形、漏油现象	紧固 / 修理 / 更换
	液压管道及管件	目测检查液压管道，应无变形、裂纹、渗油、漏油现象，管件应固定可靠	紧固 / 修理 / 更换

注：电动葫芦检查项目适用于强制式简易升降机，曳引机检查项目适用于曳引式简易升降机，液压泵站检查项目适用于直接作用液压式简易升降机。

第七节　缆索起重机及其使用

缆索起重机是以柔性钢索（承载索）作为架空支承构件，供悬吊重物的起重小车在承载索上往返运行，具有垂直运输（起升）和水平运输（牵引）功能的起重机，简称缆机。

一、缆索起重机的分类

1. 缆索起重机按承载索两端支架运动情况划分

（1）固定式缆索起重机：承载索两端支架固定不动。

（2）移动式缆索起重机可分为以下几种：

1）平移式：承载索支架带有运行机构，分别在两岸平行轨道上同步移动。

2）摇摆式：承载索支架带有摆动机构，分别在两岸同步摆动。

3）辐射式：承载索一端支架固定，另一端支架带有运行机构，在弧形轨道上移动。

4）弧动式：承载索支架带有运行机构，分别在两岸同圆心弧形轨道上同角速度移动。

5）索轨式：以架空钢索代替地面轨道，承载索支架运行情况与平移式或辐射式相同。

2. 缆索起重机按承载索数量划分

（1）单索缆索起重机：有一条承载索的缆索起重机。

（2）双索缆索起重机：有两条承载索的缆索起重机。

（3）四索缆索起重机：有四条承载索的缆索起重机。

二、缆索起重机的基本组成特点

1. 缆索起重机的主要构件和零部件

缆索起重机的主要构件和零部件包括主塔（车）、副塔（车）、摆动支架（摇腿）、承载索、滑轮及滑轮组、起升卷筒、制动器、载重小车、支索器（承马）、张紧装置、吊钩装置及大车轨道等。

主塔（车）是用于支承承载索一端，设有起升和牵引机构、电气控制装置等主要工作设备的支架总成，如图 2-31 所示。

副塔（车）是相对主塔（车）、用于支承承载索另一端的支架总成。

摆动支架（摇腿）是下端铰接于基础或行走台车上，上端向外倾斜，靠承载索的拉力与配重保持平衡的支架。

承载索是支承起重小车用的钢索。支索器（承马）是支承在承载索上，用于承托起升绳、牵引绳和辅助绳的装置。

张紧装置是使承载索具有一定张力的装置。

图 2-31　缆索起重机主塔

2. 缆索起重机的主要工作机构

缆索起重机的主要工作机构包括起升机构、牵引机构、大车运行机构、摆塔机构、承载索张紧机构、排绳机构、承载索系统和机房等。

3. 缆索起重机的电气控制系统

（1）缆索起重机控制电源由变压器（或带整流器的变压器）提供时，二次侧电压应不超过 250 V；各控制电源回路的接地端应采取一点式接地。可设置 UPS（不间断电源）作为后备控制电源。

（2）采用便携式无线遥控装置操作的缆索起重机，应具备在正常工作信号中断时各机构立即停止工作的功能，还应具有抗同频干扰信号的能力。若受同频干扰时，不允许出现误动作。

（3）在主、副塔（车）侧的电气柜或现地操作盒上宜分别设置单独操作主、副塔（车）的按钮或旋钮，现地操作与司机室操作应有联锁保护，并且现地操作为优先操作。

（4）司机室、主塔（车）和副塔（车）之间的控制及信号传输可采用以电缆或光纤为载体的数字式有线通信，并设有无线通信作为备用。如受到现场环境等因素的限制，不便采用有线通信时，可采用两套无线通信系统互为备用。采用无线通信的，应具有抗同频干扰信号的能力。若受同频干扰时，不允许出现误动作。不论是无线通信还是有线通信，在通信中断时缆索起重机应能自动停机，并具有通信中断的自诊断功能。

（5）司机室联动台各机构操作手柄零位挡应明显，其手柄的操纵方向应与相应机构运行方向一致。

（6）司机室内宜设置一台工业控制计算机，用于智能控制、故障诊断、运行状态显示和记录。工业控制计算机停止运行不应造成缆索起重机停机和误动作。工业控制计算机应显示起重小车位置、吊钩高度、起升速度、小车横移速度、大车运行速度、起重量、主副车位置及偏移量、相邻缆索起重机间的距离、故障、报警等。

（7）主、副塔（车）运行应设置自动纠偏功能。

4. 缆索起重机的安全防护装置

（1）缆索起重机应设置起重量限制器。当实际起重量超过 95% 的额定起重量时，起重量限制器应发出报警信号。当起重量为 100% ～ 110% 的额定起重量时，起重量限制器起作用，此时应自动切断起升动力电源，但应允许机构做下降动作。

（2）应设置起重小车横移的行程限位开关。当起重小车触发终端限位开关时，只能停车或向跨中运行，不能再向端部运行。起重小车牵引机构应设置行程检测装置。当起重小车处于非正常工作区域时，应以手动方式开启旁路开关，使起重小车继续往端部运行，同时对起重量和运行速度进行限制。

（3）应设置吊钩上、下极限位置的起升高度限位器。吊钩下极限位置应能根据用户要求调整。

（4）对轨道运行的缆索起重机，应在每个运行方向设置行程限位开关、缓冲器和端部止挡。当行程限位开关动作时，缆索起重机应能及时制动并在达到极限位置前停车。大车运行机构应设置行程检测装置。当缆索起重机在与端部止挡或同一轨道上其他缆索起重机相距约 5 m 时，应限制缆索起重机的运行速度。

（5）起升机构应设置超速保护装置，当下降速度超过额定值的 15% 时，应自动停机。

（6）各导向滑轮和起升卷筒均应设有钢丝绳防脱装置。滑轮、卷筒最外缘与防脱装置表面的间隙应不超过钢丝绳直径的 20%。

（7）应配备风速仪，风速仪可设于缆索起重机上部的迎风处。当风速超过工作允许风速时，风速仪应能发出停止作业的警报。

（8）对轨道运行的缆索起重机，台车架上应安装排障清轨板，清轨板与轨道之间的间隙为 5 ～ 10 mm。

（9）缆索起重机应设置偏斜保护装置。主、副塔（车）运行范围内应设置若干位置校准点，用于校准大车位置。当主、副塔（车）运行偏斜超限时应先报警，超过设计最大允许偏斜距离时应自动停机。

三、缆索起重机的工作特点和用途

缆索起重机的特点是可采用较高的起升、下降及小车运行速度（横移速度），工效比门式、塔式起重机高得多。无须架设施工栈桥，不占用直线工期，基坑开挖后即可形成生产能力浇筑混凝土，无施工度汛问题。

缆索起重机是基础设施建设工地常见的起重机，在水电站建设、公路铁路桥梁建设、森林采伐、采矿、堆料场装卸、水下疏浚、港口搬运和渡槽架设等方面都有广泛应用。

四、缆索起重机的工作条件要求

（1）工作环境温度为 −20 ～ 40 ℃，最大相对湿度为 90%。

（2）基准海拔不超过 1 000 m。

五、缆索起重机的安全操作

1. 作业前的准备

（1）检查各仪表盘指针位置及通信系统。

（2）检查各抱闸能否正常工作。

（3）寒冷季节时，滑轮和索道系统如有冰雪，应先用一挡速度牵引空载小车在主索全程往返两次，并用一挡速度提升和下降空钩若干距离，以碾除索道和滑轮上的冰雪。

2. 操作司机注意事项

（1）作业时，司机必须精力集中，不得做与操作无关的事，不得与他人闲谈。

（2）要密切注意吊钩位置指示和塔架的位置指示。

（3）应与信号工密切配合，严格按信号指挥操作。作业时，应经常注意仪表指示，发现吊钩位置有问题时，应停止动作，并积极与信号工取得联系，不得擅自进行与信号指挥不相容的动作。

（4）吊钩悬空时，严禁司机离开操作台。换人操作应在吊物已经下落放妥后进行。

（5）运转中途突然停电时，司机应立即将各操作杆置于零位。

（6）司机只有在操作技术达到十分熟练以后，才允许联合操作。联合操作时，要避免吊物振荡或撞击其他物件。

（7）尽量避免将起重机各机构开至极限位置。不允许采取碰撞限位开关的办法使某机构停止（检查限位开关动作可靠性时例外）。

3. 提升或下降

（1）提升或下降必须逐挡加速、逐挡减速，禁止越挡变速。操作要平稳。

（2）禁止从偏斜方向起吊重物。禁止起吊埋在地下或与地面冻结或被其他重物压住、卡住的物件。

（3）应经常注意吊钩上、下限位置，在接近极限位置时要及时减速。

（4）吊钩下落到最低位置时，缠绕在卷筒上的钢丝绳不得少于 3 圈。提升负荷时，钢丝绳在卷筒上要排列整齐，不得重叠。

（5）重物必须提升至高过障碍物顶点 3 m 以上后，方可水平跨越。

（6）一般情况下，应先减速，后制动，尽量避免急速下降、紧急制动。

4. 小车牵引

（1）牵引小车应逐挡加速或逐挡减速，然后推至零位。禁止越挡变速。

（2）小车在主索两端，距塔架 35 m（其他塔机一般为跨度的 1/10）范围内不允许吊重，以免牵引电机过载。空载小车靠近塔架时，应将吊钩升到最高位置，用一挡速度缓慢靠近。

（3）除进行维护保养及检修工作外，小车上严禁搭乘人员。

5. 塔架移行

（1）塔架移行前，司机应先发信号通知主、副塔移行助手，检查并排除轨道和基础平台上的各种障碍。

（2）司机应发移行信号，警告塔架附近人员注意安全。

（3）禁止吊物放在地面未经脱轨就移行塔架。

（4）塔架移行时，司机要经常向副塔瞭望，主、副塔移行助手要密切注视塔架移行前方轨道及基础平台上有无行人和障碍物。

（5）经常注意主、副塔架位差指示，当位差超过 13 m 时要及时调整。

（6）当塔架接近轨道尽头时，司机和助手应密切注意限位开关的动作。当限位开关已动作，而移行电机仍不停止工作时，要立即切断移行电机电源，使塔架停止移行。事后应查明原因，恢复正常。

（7）当多台缆索起重机立体布置，上层缆索起重机要跨越下层缆索起重机时，应先卸除负荷，将吊钩升至最高位置后方可移行跨越。

6. 停机注意事项

（1）停机前必须卸除负荷，升起大钩，并将小车牵引至主塔停靠。

（2）停机时应将各操纵杆置于零位。停机时间较长时，应断开主电机开关，使主电机停止运转。

（3）停机后若不再工作或无人接班，应将缆索起重机开到轨道最安全地段停放，并挂上锚定装置。

（4）停机后，司机和助手应共同做好台班保养和机器设备的清洁工作，助手应清理好工具、润滑油料及擦拭材料。

（5）下班前，机长应组织全机人员交换运转情况，讨论故障原因，对发现的问题要及时处理，做好运转记录，准备交班。

（6）当机上人员全部离开时，应断开隔离开关，将机器房、操作室、休息室、副塔开关房及配电室的门锁好。

六、缆索起重机的日常检查与维护

《起重机械　检查与维护规程　第6部分：缆索起重机》（GB/T 31052.6—2016）规定了缆索起重机在使用过程中应进行的检查与维护方面的基本要求，适用于固定式缆索起重机、摇摆式缆索起重机、平移式缆索起重机、辐射式缆索起重机。

缆索起重机日常检查应根据缆索起重机的特点和使用工况确定日常检查项目和检查要求，且应不低于表2-11的标准。检查应有记录。

表2-11　　缆索起重机日常检查项目、方法、内容及要求

<table>
<tr><th colspan="2">检查项目</th><th>检查方法、内容及要求</th><th>处置方式</th></tr>
<tr><td rowspan="2">整机</td><td>作业环境</td><td>目测检查缆索起重机作业环境，应无影响作业安全的因素</td><td>按企业管理制度和操作规程处理</td></tr>
<tr><td>外观</td><td>目测检查缆索起重机各处，应无垃圾、杂物、遗漏的工具等</td><td>清洁</td></tr>
<tr><td rowspan="3">机构</td><td>起升机构</td><td>检查起升机构，应无异常声响、振动，运行平稳</td><td>维护</td></tr>
<tr><td>牵引机构</td><td>检查牵引机构，应无异常声响、振动</td><td>维护</td></tr>
<tr><td>大车运行机构</td><td>检查大车运行机构，应无异常声响、振动现象</td><td>维护</td></tr>
<tr><td rowspan="4">关键零部件</td><td rowspan="4">承马</td><td>目测检查承马，应运行正常，行走轮及各托辊转动灵活，磨损正常</td><td>调整 / 更换</td></tr>
<tr><td>目测检查承马的开闭，应工作正常，各托辊转动灵活，磨损正常</td><td>调整 / 更换</td></tr>
<tr><td>目测检查承马在承载索上的固定，应完好，无相对滑移现象</td><td>调整</td></tr>
<tr><td>目测检查各承马，运行时应无较明显的打滑现象，检查各承马分布是否均匀</td><td>调整</td></tr>
<tr><td rowspan="6">电控系统</td><td>供电电源</td><td>检查供电电源电压是否正常，供电变压器工作是否正常</td><td>维护</td></tr>
<tr><td rowspan="2">操控装置</td><td>检查各按钮，应灵活有效</td><td>修理 / 更换</td></tr>
<tr><td>检查各机构操纵手柄，应灵活、无卡阻，零位锁有效</td><td>调整 / 更换</td></tr>
<tr><td>电动机</td><td>检查电动机，运转应正常，温升应正常</td><td>修理</td></tr>
<tr><td>通信</td><td>通过功能试验检查系统各部分间通信，工作应正常</td><td>维护</td></tr>
<tr><td>照明</td><td>目测检查照明装置，工作应正常</td><td>修理 / 更换</td></tr>
<tr><td colspan="2">液压系统</td><td>目测检查液压系统，应无泄漏</td><td>紧固 / 修理</td></tr>
</table>

续表

检查项目		检查方法、内容及要求	处置方式
安全防护装置	起升高度限位器	通过动载试验检查起升高度限位器，应固定可靠、功能正常有效	紧固 / 更换
	小车行程限位器	通过功能试验检查牵引小车行程限位器，应固定可靠、功能正常有效	紧固 / 更换
	大车行程限位器	通过功能试验检查大车行程限位器，应固定可靠、功能正常有效	紧固 / 更换
	位置编码器	通过功能试验检查各位置编码器，应显示准确、功能正常有效	紧固 / 更换
	排绳、挡绳装置接近开关	通过功能试验检查各接近开关，应动作准确、功能正常有效	紧固 / 更换
	各制动器行程开关	通过功能试验检查各制动器行程开关，应动作准确、功能正常有效	紧固 / 更换
	夹轨器保护	通过动载试验检查夹轨器保护功能，应正常有效	修理 / 更换
	主副车偏斜指示	通过功能试验检查偏斜指示，应正常、保护有效	紧固 / 更换
	重量传感器	通过功能试验检查重量传感器，应固定可靠、测量准确、保护功能正常	紧固 / 更换
	超速保护装置	目测检查超速保护装置，应无缺失	更换
	联锁保护	通过功能试验检查电气联锁装置，应无缺失	修理 / 更换
	接地保护	目测检查接地装置，应完好、功能有效	修理 / 更换
	安全监控管理系统	目测检查安全监控管理系统，各控制单元应工作正常	调整 / 修理
	紧急停止开关	按下紧急停止开关，缆索起重机应立即停机。紧急停止开关不应自动复位。手动复位后，再重新启动，缆索起重机应能恢复正常运行	修理 / 更换
	大车行走预警装置	通过功能试验检查大车行走预警装置，应工作正常	调整 / 更换
	标记和安全标志	目测检查缆索起重机铭牌、吨位牌、安全标志，应清晰、无缺失	清洁 / 更换
	避雷针	目测检查避雷针，连接应牢固，接线应无松动	紧固
	缓冲器与端部止挡	目测检查缓冲器，应无变形、损坏；端部止挡应无变形、开焊	紧固 / 修理 / 更换
	防护罩、防雨罩	目测检查各旋转部位的防护罩及防雨罩，应牢固、齐全、无破损	紧固 / 修理
	楼梯、阶梯、平台、走道、栏杆	目测检查楼梯、阶梯、平台、走道、栏杆，应完好且牢固	紧固 / 修理
	消防器材	目测检查消防器材，存放位置应正确，灭火器在有效期内	调整 / 更换

第八节　桅杆起重机及其使用

桅杆起重机是臂架铰接在上下两端均有支承的垂直桅杆下部的回转起重机。

一、桅杆起重机的分类

桅杆起重机分为固定式桅杆起重机和移动式桅杆起重机。

（1）固定式桅杆起重机是固定在基础或其他固定底座上的桅杆起重机，可分为以下两种：

1）缆绳式桅杆起重机：桅杆顶部用多条缆绳支承的桅杆起重机，如图 2-32 所示。

2）刚性斜撑式桅杆起重机：桅杆顶部用刚性斜撑结构件支承的起重机。

（2）移动式桅杆起重机是具有运行底架的桅杆起重机。

图 2-32　缆绳式桅杆起重机

二、桅杆起重机的基本组成

桅杆起重机的基本组成包括桅杆本体、起升系统、回转系统、稳定系统、动力系统及安全防护装置等。

（1）桅杆本体包括桅杆、基座及其附件。

桅杆是起重机中连接臂架的竖立支承构件；无臂架时，兼做臂架使用。

基座是起重机中固定在基础上的支承装置，用来承受桅杆、臂架、斜撑、动力机构所传递的载荷。

（2）起升系统包括臂架、钢丝绳、滑轮组和导向轮等。

臂架是借助于桅杆，使起重机具有一定的幅度和起升高度，用以悬挂物品的构件。

（3）回转系统包括回转盘、回转支承和顶部枢轴。

回转盘是与竖直桅杆底部相连接的构件，且能通过驱动机构驱动该部件使起重机摆动或旋转。

回转支承是安装于基础上、承受起重机全部载荷的部件，有轴承和环形轨道两类。通过动力装置驱动该部件使起重机摆动或旋转。

顶部枢轴是桅杆顶部与缆绳顶盖相连接、允许桅杆转动的枢轴。

（4）稳定系统包括地锚、地梁、系梁、斜撑、缆绳、牵引绳、张紧装置和缆绳顶盖等。

地锚是埋设于土壤、岩石、混凝土基础中或固定于有足够抗力的建筑物结构上，用以锚固缆绳、地梁或驱动机构的装置。在地面摩擦力足够的条件下，也可采用压置式地锚。

地梁是连接在桅杆基座与地锚之间，用于固定斜撑的水平结构件。地梁也是连接人字形桅杆、门式桅杆底部的构件。

系梁是连接在两地梁端部之间的紧固支承构件。

斜撑是在斜撑式桅杆起重机中，连接在桅杆顶部与地梁（或地锚）之间的刚性支承结构件。

缆绳是连接桅杆顶部与地锚间的钢丝绳，用以保持桅杆的稳定与竖直或调整桅杆的工作角度。

牵引绳是对于不变幅起重机，用以控制起升绳偏角，由动力牵引的绳索；用于拽引起重机回转盘使臂架进行转动，由动力牵引的绳索；在臂架上端两侧拽引臂架使其摆动，由动力牵引的绳索。

张紧装置是用以调整缆绳张紧力的装置。

缆绳顶盖是安装在桅杆顶部枢轴上，用以连接各条缆绳，并允许桅杆自由回转的盘状盖。

（5）动力系统主要是电动卷扬机，也有采用液压装置的。

（6）安全防护装置的设置及要求如下：

1）最大起重量大于 1 t 时，应装设额定起重量限制器；当额定起重量与工作幅度有关时，应装设额定起重力矩限制器。

2）超载保护装置在超载时应发出声光报警信号。对于电力驱动的起重机，应能立即停止起升运动，切断向外变幅控制回路电源，但可进行下降运动、向内变幅运动；对于发动机驱动的起重机，司机应及时停止起升和向外变幅的操作。具有多挡变速的起升机构，限制器应对各挡位具有防止超载的作用。

3）电力驱动的变幅机构、回转机构、运行机构应装设限位开关。发动机驱动的变幅机构、回转机构、运行机构到达极限位置前，应及时发出声光报警信号，使操作人员有足够的反应时间进行有效控制。

4）电力驱动的起重机应装设起升高度限位器；发动机直接驱动的起重机在吊具起升到臂架端下方设定的极限距离前，应发出声光报警信号。

5）电动机、发动机驱动的牵引机构，当操作不当使起升绳偏角有可能超出设计值偏角时，应装设起升偏角限制器。采用电动机提供动力的起重机，应自动切断起升机构电源并及时发出声光报警信号；采用发动机提供动力的起重机，应能及时发出声光报警信号。

6）起重机上有可能被踩踏的防护罩，应能承受至少 900 N 的集中载荷而仍然具有保护作用，并且不产生永久性变形。

7）运动绳在地面部分或靠近行人公共通道的位置、起重机上或起重机周围可能影响工作人员安全的危险警告信息，应以文字、图形和（或）标牌的形式给出，并固定在合适的位置。

此外，移动式桅杆起重机具有运行系统。

三、桅杆起重机的地锚、基座和基础及工作机构要求

1. 地锚、基座和基础的要求

（1）臂架、桅杆、斜撑、地梁、动力驱动系统的基座和缆绳应可靠锚固。对起重机的全部锚固点，设计和安装时，应保证规定的计算载荷在各相应锚固点的水平力、垂直力产生最不利组合的情况下，各锚固点不应有松动、滑移、沉陷现象。

（2）地锚与基座的形式应与起重机安装位置的场地情况、基础情况相适应。

（3）设置地锚的基础以及与臂架、桅杆、斜撑、地梁、动力驱动系统的基座底面接触的基础应平整坚实、无积水，基座应与基础良好接触。

（4）回填土宜每填高 300 mm 夯实一遍，并高出地面基础 400 mm 以上。

（5）确定埋置式地锚位置时，在其 2.5 倍坑深范围内不应有地沟、电缆、地下管网等。

（6）需要时，应在地锚的地下埋件和引出线（杆）的地下部分及露出地面以上不小于 1 000 mm 的范围做防腐处理。

（7）起重机安装后，竖直工作的桅杆对水平面的垂直度应小于桅杆全长的 1/500，最大不超过 100 mm；起重机工作载荷产生的桅杆顶部最大水平位移应不大于设计值。

2. 起升机构的要求

（1）动力驱动的起升机构应使载荷以可控制的速度上升或下降，不应有单独靠重力下降的运动。

（2）以人力或发动机驱动的起升机构、变幅机构，其制动器可采用人力控制的制动器，

但应在卷筒上装设停止器。

停止器在起升卷筒正常转动时，不应影响其工作。停止器宜设有与起升、变幅运行相关的联锁装置，当卷筒失去动力，联锁装置应使停止器立即进入工作状态。停止器应能承受110% 额定起重量作用下使卷筒反转所产生的冲击载荷。

3. 变幅机构的要求

（1）动力驱动的变幅机构应使臂架（或桅杆）和载荷以可控制的速度变幅，不应有单独靠重力下降的运动。

（2）应在变幅机构的最小极限位置设置带缓冲器的安全止挡。

4. 回转机构的要求

（1）静态制动力矩应使起重机回转部分在正常工作状态风力作用下保持不动。

（2）起重机可 360° 回转时，若采用常闭式制动器，非工作状态时起重机应可通过手动方式确保制动分离，使臂架能随风转动。不应使用自锁减速器。

（3）钢丝绳驱动的回转机构作业时，起重机回转驱动时钢丝绳应处于拉紧状态。

（4）在非全回转机构的回转极限位置，应设置带缓冲器的安全止挡。

（5）轨行式回转机构应可在特制的曲线轨道上运行，其运行机构应满足相关要求。

5. 牵引机构的要求

（1）在主操作人员不知情的情况下，牵引机构不能被操作。

（2）不应同时操作起升机构、牵引机构。

（3）牵引机构不应在起升绳偏角、牵引绳对水平面夹角的允许范围以外进行载荷牵引操作。

6. 运行机构的要求

（1）轨道设在工作面或地面上时，起重机车轮运行前方应设扫轨板，扫轨板距轨道面应不大于 10 mm；轨道运行端头应设置带缓冲器的安全止挡；轨道接头的高低差应≤ 2 mm，侧向错位应≤ 2 mm，接头间隙应≤ 4 mm。

（2）至少应在起重机底架的两个支脚上为运行机构提供驱动力，车轮直径和数量应满足各支脚承载要求。应设有即使在某一支承轮失效时也能防止起重机倾翻的装置。

（3）运行机构（或起重机底架）应装备有锚定装置。

7. 液压系统的要求

（1）液压系统应设有防止过载和液压冲击的安全装置。

（2）液压执行机构应运动平稳，不应出现爬行、振动等现象，不应出现不正常噪声。

8. 电气系统的要求

（1）宜采用 TN-S（三相五线制）接零保护系统供电。

（2）应设有过电流保护、错相与缺相保护、零位保护、失压保护、失电保护和超速开关。

（3）当起重机工作地点有雷击可能并造成人员伤害、设备损坏时，应设置避雷针。

（4）顶部或运动臂端高于 30 m 的起重机，其最高点及臂端应安装红色障碍指示灯。

（5）司机室（或操纵装置上）应装设总电源开合状态信号和超起重量、超起重力矩和机构运行极限位置的报警或信号指示装置。

（6）室外使用的电气设备应有防雨措施。

四、桅杆起重机的工作特点和用途

桅杆起重机是简易的起重设备，结构简单，起重量大，一般用于受到现场环境的限制、其他起重机无法进行吊装的场合。

桅杆起重机广泛应用在矿山、码头、船舶和建设工地。

五、桅杆起重机的工作环境条件要求

（1）工作环境温度为 -20 ～ 40 ℃。

（2）起重机在内陆地区的工作风压不大于 150 Pa，非工作状态最大风压为 600 Pa；在沿海地区的工作风压不大于 250 Pa，非工作状态最大风压为 800 Pa。

（3）无易燃和（或）易爆气体、粉尘等非危险场所。

（4）海拔 1 000 m 以下。

（5）电力驱动的起重机的工作电源应符合《机械电气安全　机械电气设备第 32 部分：起重机械技术条件》（GB/T 5226.32—2017）的相关规定。

（6）起重机工作级别不高于产品说明书的规定。

六、桅杆起重机的使用要求

（1）作业前应检查各结构、机构、电气系统、安全防护装置等是否合格，如有问题应处理解决后使用。其中，钢丝绳应与卷筒及吊笼连接牢固，排列整齐，不得与机架或地面摩擦，通过道路时，应设过路保护装置；在卷扬机制动操作杆的行程范围内，不得有障碍物或阻卡现象。

（2）作业中禁止任何人跨越正在作业的卷扬钢丝绳，吊物或吊笼下面禁止人员通过或逗留；卷筒上的钢丝绳重叠或斜绕时，应停机重新排列，严禁在转动中用手拉或脚踩钢丝绳；发现异响、制动不灵、制动带或轴承等温度剧烈上升等异常情况时，应立即停机检查，排除故障后方可使用；中途停电应切断电源，将吊物或吊笼降至地面。

（3）作业完毕应将提升吊笼或吊物降至地面，切断电源，锁好开关箱。

七、桅杆起重机的日常检查与维护

《起重机械　检查与维护规程　第 7 部分：桅杆起重机》（GB/T 31052.7—2016）规定了桅杆起重机在使用过程中应进行的检查与维护方面的基本要求，适用于固定式桅杆起重机、移动式桅杆起重机。

根据每台起重机的工作级别、工作环境及使用状态，桅杆起重机日常检查项目和检查要求应不低于表 2-12 的标准。检查应有记录。

表 2-12　　桅杆起重机日常检查项目、方法、内容及要求

检查项目		检查方法、内容及要求	处置方式
整机	作业环境	目测检查起重机作业环境，应无影响作业安全的因素	按企业管理制度和操作规程处理
	外观	目测检查起重机各处，应无垃圾、杂物、遗漏的工具等	清洁

续表

检查项目		检查方法、内容及要求	处置方式
机构	起升机构	通过空载试验检查起升机构，应无异常声响、振动，运行平稳	维护
	变幅机构	通过空载试验检查变幅机构，应无异常声响、振动，运行平稳	维护
	回转机构	通过空载试验检查回转机构，应无异常声响、振动	维护
	牵引机构	通过空载试验检查牵引机构，应无异常声响、振动	维护
关键零部件	吊具	目测检查吊具连接旋锁，应可靠	调整 / 更换
		目测检查集装箱吊具液压系统，应无漏油现象，油箱油位应正常	紧固 / 加油
		目测检查吊具其他零部件，应无损坏	修理 / 更换
	钢丝绳	目测检查卷筒上钢丝绳，应缠绕正常，无乱绳现象	调整
	制动器	空载试验检查制动器，应工作正常	维护
		起重机可 360° 回转时，检查非工作状态制动器，应分离可靠	调整
电控系统	供电电源	目测检查供电电源，应工作正常	维护
	控制装置	目测检查各按钮，应灵活有效，操纵杆下部绝缘保护应无破损	修理 / 更换
		目测检查各机构操纵手柄，应灵活、无卡阻，挡位手感明确，零位锁有效	调整 / 更换
		目测检查遥控装置及手电门，外壳应无破损，控制按钮应标识清晰、正确，功能正常	修理 / 更换
	通信	通过功能试验检查主机与中央控制室的通信，应畅通	维护
	照明、信号	目测检查照明、信号装置，应无缺损	修理 / 更换
液压系统		目测检查液压系统，应无泄漏	紧固 / 修理
燃油系统		目测检查燃油系统，应无泄漏	紧固 / 修理
安全防护装置	起升高度限位器	通过功能试验检查起升高度限位器，应固定可靠、功能有效	紧固 / 更换
	安全监控管理系统	目测检查安全监控管理系统，各控制单元应工作正常	调整 / 修理
	标记和安全标志	目测检查起重机铭牌、吨位牌、安全标志，应清晰、无缺失	清洁 / 更换
	消防器材	目测检查消防器材，存放位置应正确，灭火器在有效期内	调整 / 更换

第九节　机械式停车设备及其使用

机械式停车设备是用来存取储放车辆的机械或机械设备系统。

本节引用标准《机械式停车设备　通用安全要求》(GB 17907—2010)、《机械式停车设备　术语》(GB/T 26476—2011)、《机械式停车设备　分类》(GB/T 26559—2011)、《起重机械　检查与维护规程　第 11 部分：机械式停车设备》(GB/T 31052.11—2015)、《机械式停车设备　使用与操作安全要求》(GB/T 33082—2016)。

一、机械式停车设备分类

机械式停车设备根据工作原理分为 9 类。

（1）升降横移类机械式停车设备：利用载车板或其他载车装置升降和横向平移存取汽车的机械式停车设备，类别代号为 SH，如图 2-33 所示。

此停车设备一般为准无人方式，按载车装置的运动方式可分为设有升降载车装置及横移载车装置的机械式停车设备和设有升降载车装置、横移载车装置及升降横移载车装置的机械式停车设备。

（2）简易升降类机械式停车设备：使用升降或俯仰机构使汽车存入或取出的机械式停车设备，类别代号为 JS，如图 2-34 所示。

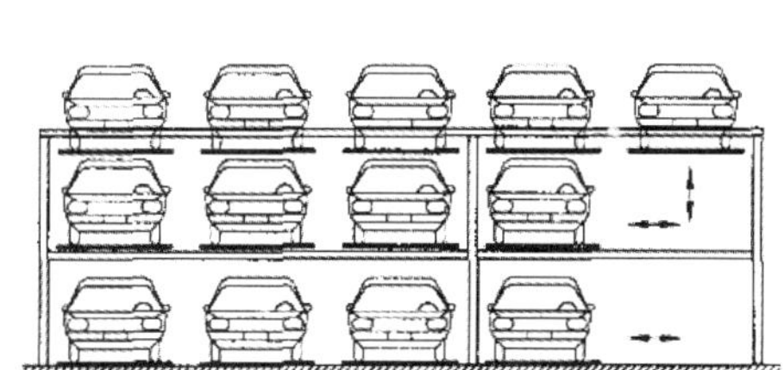

图 2-33　升降横移类机械式停车设备

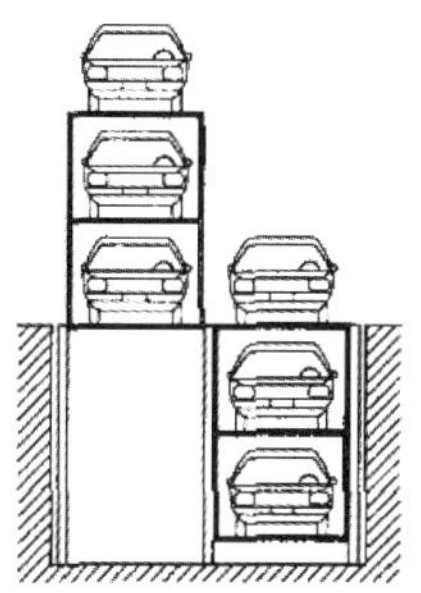

图 2-34　简易升降类机械式停车设备

此停车设备一般为准无人方式，按停车位排列层数分为地上两层式、两层式和多层式。

（3）平面移动类机械式停车设备：在同一水平层上用搬运器平面移动汽车或载车板，实现存取汽车的机械式停车设备，多层平面移动类机械式停车设备还需使用升降机来实现不同层间的升降。类别代号为 PY，如图 2-35 所示。

（4）巷道堆垛类机械式停车设备：使用巷道堆垛机，将汽车水平且垂直移动到停车位旁，并用存取交接机构存取汽车的机械式停车设备，类别代号为 XD，如图 2-36 所示。

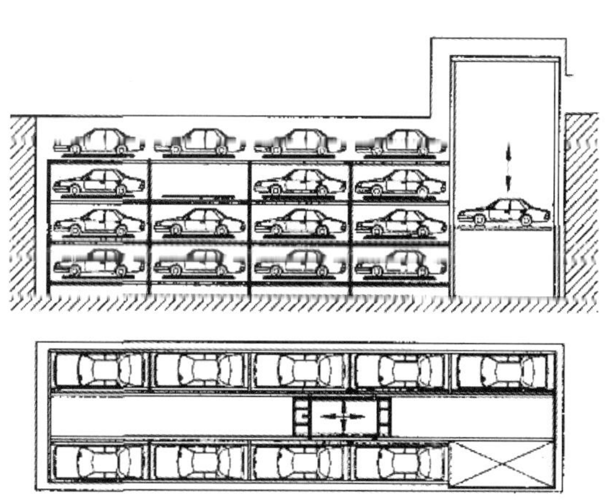

图 2-35　平面移动类机械式停车设备

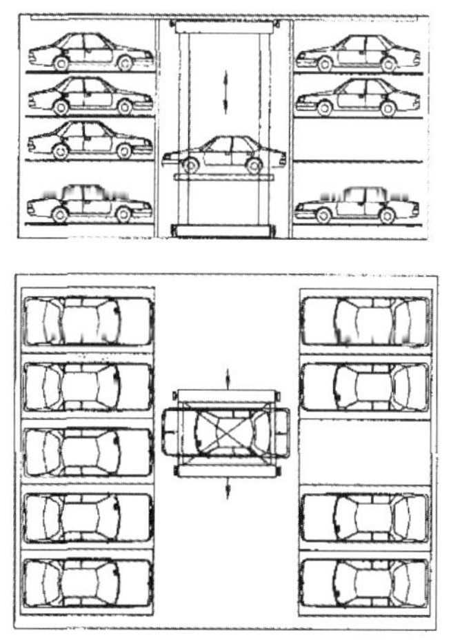

图 2-36　巷道堆垛类机械式停车设备

此停车设备按搬运机构可分为堆垛机式和起重小车式。

（5）垂直升降类机械式停车设备：使用升降机将汽车升降到指定层，并用存取交接机构存取汽车的机械式停车设备，类别代号为 CS，如图 2-37 所示。

（6）垂直循环类机械式停车设备：使用垂直循环机构使车位产生垂直循环运动到达出入口层而存取汽车的机械式停车设备，类别代号为 CX，如图 2-38 所示。

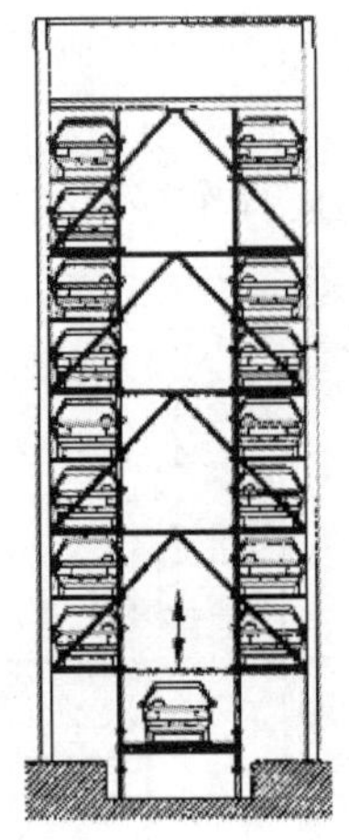

图 2-37 垂直升降类机械式停车设备

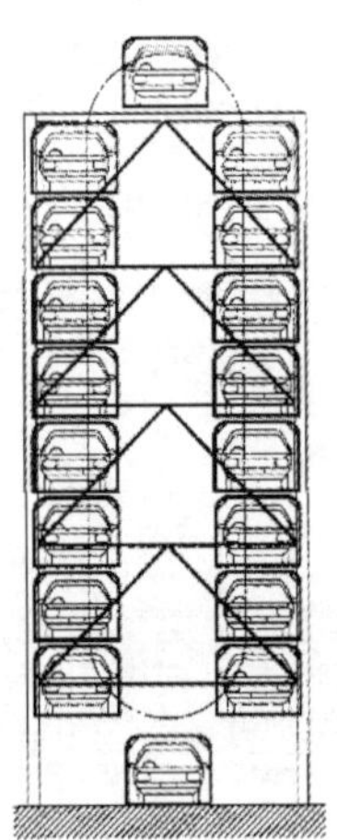

图 2-38 垂直循环类机械式停车设备

（7）水平循环类机械式停车设备：使用水平循环机构使车位产生水平循环运动到达升降机或出入口而存取汽车的机械式停车设备，类别代号为 SX，如图 2-39 所示。

此停车设备按循环方式可分为以下两类：

1）圆形循环：在设备两端，搬运器在水平面内以圆弧运动方式循环移动。

2）矩形循环：在设备两端，搬运器在水平面内以直线运动方式循环移动。

（8）多层循环类机械式停车设备：使用上下循环机构或升降机将汽车在不同层的车位之间进行循环换位来实现汽车存取的机械式停车设备，类别代号为 DX，如图 2-40 所示。

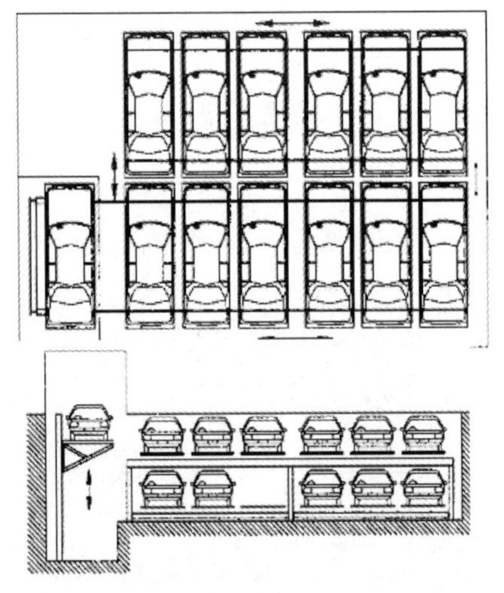

图 2-39 水平循环类机械式停车设备

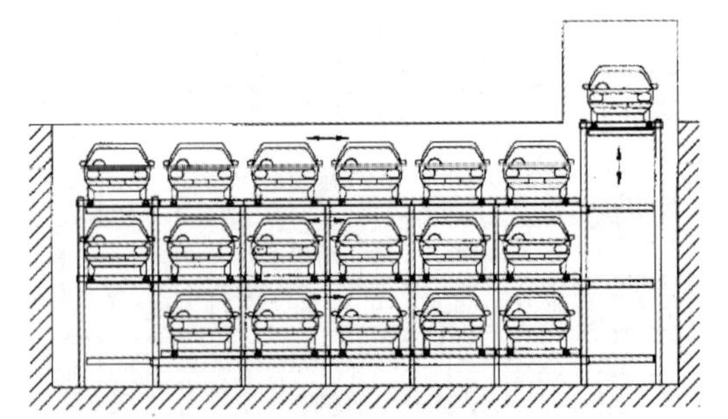

图 2-40 多层循环类机械式停车设备

此停车设备按循环方式可分为以下两类：

1）圆形循环：在设备两端，以圆弧运动方式来循环升降载车板。

2）矩形循环：在设备两端，以垂直升降方式来循环升降载车板。

（9）汽车专用升降机：用于停车库出入口至不同停车楼层间升降搬运汽车的机械设备，类别代号为 QS，如图 2-41 所示。

二、机械式停车设备的型式

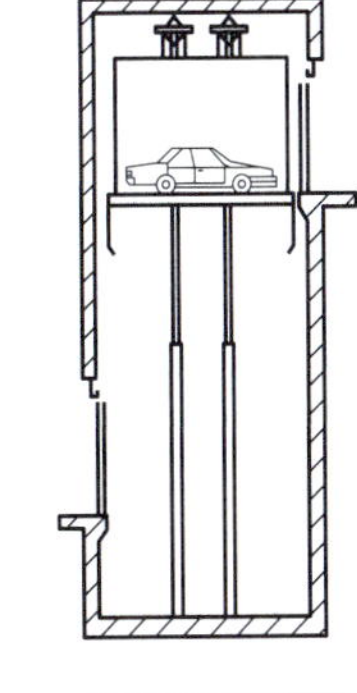

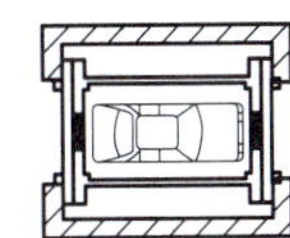

图 2-41　汽车专用升降机

1. 按人与停车设备关系划分

（1）无人式：驾驶员不进入工作区，由停车设备完成存车或取车功能。

（2）准无人式：驾驶员将汽车开进工作区，人离开后，由停车设备完成存车或取车功能。

（3）人车共乘式：人和汽车一同进入工作区，并一起移动。

2. 按停车位排列层数划分

（1）单层式：停车位只排在一个层上。

（2）二层式：停车位排列层为二层。

（3）多层式：停车位排列层为二层以上。

3. 按控制方式划分

（1）手动式：汽车搬运动作由人工进行控制操作。一般为附加控制方式，在调试与检修时使用。

（2）半自动化：汽车搬运动作某些环节可自动进行，某些由人工进行。

（3）全自动化：汽车搬运动作全部自动进行。

4. 按起升方式划分

（1）钢丝绳起升：通过钢丝绳运动升降载车板或其他载车装置进行汽车搬运的方式。

（2）链条起升：通过链条运动升降载车板或其他载车装置进行汽车搬运的方式。

（3）丝杠起升：通过丝杠运动升降载车板或其他载车装置进行汽车搬运的方式。

（4）液压起升：通过液压缸运动升降载车板或其他载车装置进行汽车搬运的方式。

（5）齿轮齿条起升：通过齿轮齿条啮合升降载车板或其他载车装置进行汽车搬运的方式。

（6）齿形带起升：通过齿形带运动升降载车板或其他载车装置进行汽车搬运的方式。

（7）其他起升：不包含以上六种的起升方式。

三、机械式停车设备的基本组成

机械式停车设备由机构、装置、结构、部件、电气设备、控制系统和安全防护装置等组成。

1. 机械式停车设备的主要机构和装置

（1）起升机构：停车设备中用以提升搬运器的升降机构。

（2）纵移机构：停车设备中沿巷道方向水平移动载车板的机构。

（3）横移机构：停车设备中垂直于巷道方向移动载车板的机构。

（4）水平循环机构：在水平方向上使停车设备载车板循环移动的机构。

（5）垂直循环机构：在垂直方向上使停车设备载车板循环移动的机构。

（6）存取交接机构：在停车设备中用于将汽车或载车板在汽车出入口、升降设备、搬运器、停车位之间交换的机构。

（7）搬运器：运送汽车的装置，具有独立的动力驱动装置。

（8）升降机：具有升降功能，可将汽车升降至所需位置的装置。

（9）有轨巷道堆垛机：沿着多层停车位车库巷道内轨道运行，向单元车位存取汽车，完成出入库作业的起重机。

（10）搬运台车：在巷道轨道上运行，用于运送汽车使之到达预定停车位置的搬运器。

2. 机械式停车设备的主要结构及部件

（1）升降搬运器：升降机中承载汽车的平台。

（2）回转盘：在机械式停车设备中，可将汽车水平回转一定角度以改变汽车方向的机械装置。

（3）载车板：在停车设备中，用于存放汽车的托板。

（4）梳齿架：在停车设备中，用于承载汽车的梳齿形支撑架。

（5）导轨：供升降平台、对重、平衡重等升降用的，不主要用来承受载荷的导向部件。

（6）轨道：供有轨堆垛机或搬运器水平方向运行时，承载重力并为其导向的部件。

（7）平衡重：为节能而设置的平衡全部或部分升降质量的装置。

（8）对重：由曳引绳经曳引轮与升降平台相连接，在运行过程中起平衡作用的装置。

3. 机械式停车设备的电气设备和控制系统

以平面移动类为例，升降用电动机宜选择连续工作制、有较大启动转矩倍数的电动机。

机械式停车设备的控制有半自动化和全自动化两种方式。为了调试、检修和应急需要附加手动控制方式。控制系统应有自动保护装置，动力电路须配有短路、过电流、欠电压、过电压、缺相和相序等保护电路。

4. 机械式停车设备的安全防护装置

各种类型的停车设备应按表 2–13 的要求设置安全防护装置，并在使用中及时检查、维护，使其保持正常工作性能。如发现性能异常，应立即进行修理或更换。

（1）紧急停止开关。紧急停止开关是停车设备运行过程中能断开动力及控制电源使设备停止运行的开关。

在便于操作的位置应设置紧急停止开关，以便在发生异常情况时能使停车设备立即停止运转。若停车设备由若干独立供电的部分组成，则每个部分都应分别设置紧急停止开关。若停车设备由转换区、工作区组成，则每个区域都应配备单独的紧急停止开关。

紧急停止开关在紧急情况下能迅速切断动力回路总电源，但不能切断电源插座、照明、通风、消防和警报电路的电源。

紧急停止开关的复位应是非自动复位，复位不得引发或重新启动任何危险状况。

（2）防止超限运行装置。当升降限位开关出现故障时，防止超限运行装置应使设备停止工作。

（3）汽车长、宽、高限制装置。对进入停车设备的汽车进行车长、车宽、车高的检测，超出适停汽车尺寸时，机械不得动作并应报警。

（4）阻车装置。阻车装置是在搬运器或载车板上沿汽车行进方向设置的起阻挡车轮作用的装置。

当出现以下情况时，应在汽车车轮停止的位置上设置阻车装置：

1）当搬运器沿汽车前进和后退方向运动时，汽车有可能跑到指定的停车范围之外时。

2）对于准无人方式，驾驶员在将汽车停放到搬运器或载车板上，可能导致汽车停到预定的停车范围之外时。

3）当汽车直接停在回转盘上时。

阻车装置的高度应不低于 25 mm，当采用其他有效措施阻车时，也可不再设置此阻车装置。

（5）人车误入检测装置。人车误入检测装置是在机械式停车设备出入口处设置的，用于设备运行时检测人员或汽车误入停车设备的保护装置。

不设库门或开门运转的停车设备应设人车误入检测装置，在设备运行过程中，如有其他汽车或人员进入时，应使机械立即停止动作。

（6）汽车位置检测装置。当汽车未停在搬运器或载车板上的正确位置时，停车设备不能运行，但操作人员确认安全的场合则不受限制。

（7）出入口门（栅栏门）联锁保护装置。出入口有门或围栏的停车设备应设置联锁保护装置，当搬运器没有停放到准确位置时，车位出入口的门等不能开启；当门处于开启状态时，搬运器不能运行。

（8）自动门防夹装置。自动门防夹装置是当自动门在关闭的过程中有汽车或障碍物出入门时而自动停止或自动开启的安全保护装置。

为防止汽车出入停车设备时自动门将汽车意外夹坏，应设置防夹装置。

（9）防重叠自动检测装置。为避免向已停放汽车的车位再存进汽车，应设置对车位状况（有无汽车）进行检测的装置，或采取其他防重叠措施。

（10）防坠落装置。防坠落装置是防止搬运器或载车板运行到位后处于空中静态位置时坠落的装置。

搬运器（或载车板）运行到位后，若出现意外，有可能使搬运器或载车板从高处坠落时，应设置防坠落装置。假如发生钢丝绳、链条等关键部件断裂的严重情况，防坠落装置必须保证搬运器（或载车板）不坠落。

准无人方式的汽车专用升降机应安装防坠落装置，但可不安装安全钳、限速器。人车共乘式的汽车专用升降机可不装防坠落装置，但必须安装安全钳、限速器。

（11）警示装置。停车设备应设有能发出声或光报警信号的警示装置，在停车设备运转时该警示装置应起作用。

（12）轨道端部止挡装置。为防止运行机构脱轨，在水平运行轨道的端部应设置止挡装置，并能承受运行机构以额定载荷、额定速度下运行产生的撞击。

（13）缓冲器。缓冲器是位于行程端部，用于吸收搬运器、平衡重、对重等动能的一种缓冲安全装置。

搬运器在其垂直升降的下端或水平运行的两端，应装设缓冲器。

（14）松绳（链）检测装置或载车板倾斜检测装置。为防止驱动绳（链）部分松动导致载车板（搬运器）倾斜或钢丝绳脱槽，应设置松绳（链）检测装置或载车板倾斜检测装置，当载车板（搬运器）运动过程中发生松绳（链）情况时，应立即使设备停止运行。

（15）安全钳。安全钳是搬运器在超速下降时，制动并控制搬运器使其停止运行的机械装置。

安全钳的选用与安装应符合《电梯制造与安装安全规范》（GB 7588—2003）的规定，无人方式、准无人方式、液压直顶式除外。

搬运器在运行过程中，在达到限位器动作速度时，甚至在悬挂装置断裂的情况下，安全钳应能夹紧导轨使装有额定载荷的搬运器制动停止并保持静止状态。

停车设备的安全钳释放应由专业人士操纵。

禁止将安全钳的夹爪或钳体充当导靴使用。

（16）限速器。限速器是当搬运器的运行速度超过额定速度一定值时，其动作能导致安全钳起作用的安全装置。限速器的选用与安装应符合《电梯制造与安装安全规范》（GB 7588—2003）的规定，无人方式、准无人方式、液压直顶方式除外。限速器的动作点应≥额定速度的 115%。

（17）紧急联络装置。对于人车共乘式的停车设备，在搬运器内必须设置紧急联络装置，以便在发生停电、设备故障等紧急情况时，与外部联络。

（18）运转限制装置。人员未出设备，设备不得启动。可通过激光扫描器、灵敏光电装置等自动检测在转换区里有无人员出入，当有管理人员确认安全的情况下，可不设置此安全装置。

（19）控制联锁功能。停车设备的汽车存取由几个控制点启动时，这些控制点应相互联锁，以使得仅能从所选择的控制点操作。

（20）超载限制器。当停车设备实际载荷超过额定载荷的 95% 时，超载限制器宜发出报警信号。当停车设备实际载荷超过额定载荷的 100% ～ 110% 时，超载限制器起作用，此时应自动切断起升动力电源。

（21）载车板锁定装置。为防止意外情况下载车板从停车位中滑出，应设置载车板锁定装置。在采取了有效措施的情况下，可不设此装置。

表 2-13　　机械类停车设备安全防护装置设置要求

安全防护装置	停车设备类别								
	升降横移类	简易升降类	垂直循环类	水平循环类	多层循环类	平面移动类	巷道堆垛类	垂直升降类	汽车专用升降机
紧急停止开关	应装	应装	应装	应装	应装	应装	应装	应装	应装
防止超限运行装置	应装	应装	—	应装	应装	应装	应装	应装	应装
汽车长、宽、高限制装置	应限长	宜限长	应限长	应装	应限长和限高	应装	应装	应装	应装
阻车装置	应装	应装	应装	应装	应装	应装	应装	应装	宜装
人车误入检测装置	应装	—	应装	—	—	—	—	—	—
汽车位置检测装置	—	—	—	应装	应检车长方向	应装	应装	应装	应检车长方向
出入口门、栅栏门联锁保护装置	应装	—	应装	应装	应装	应装	应装	应装	应装
自动门防夹装置	—	—	应装	应装	应装	应装	应装	应装	应装
防重叠自动检测装置	—	—	—	—	—	应装	应装	应装	—

续表

安全防护装置	停车设备类别								
	升降横移类	简易升降类	垂直循环类	水平循环类	多层循环类	平面移动类	巷道堆垛类	垂直升降类	汽车专用升降机
防坠落装置	应装	应装		应装	应装	应装	应装	应装	—
警示装置	应装	应装	应装	应装	应装	应装	应装	应装	应装
轨道端部止挡装置	应装	—	—	—	—	应装	应装	—	—
缓冲器	—	—	—	应装	应装	应装	应装	应装	应装
松绳（链）检测装置	应装	—	—	—	—	—	—	—	—
安全钳、限速器	—	—	—	—	—	—	—	—	应装
紧急联络装置	—	—	—	—	—	—	—	—	应装
运转限制装置	—	—	—	应装	应装	应装	应装	应装	—
控制联锁功能	应装	应装	应装	应装	应装	应装	应装	应装	应装
超载限制器	—	—	—	—	—	—	—	—	应装
载车板锁定装置	—	—	—	—	—	应装	应装	应装	—

四、机械式停车设备的驱动方式和工作原理

1. 驱动方式

机械式停车设备有 6 种基本起升方式，其驱动方式可归纳为强制驱动和液压驱动两种。

（1）强制驱动：用链条、钢丝绳、丝杠、齿轮齿条或齿形带等悬吊的非摩擦方式的驱动。

（2）液压驱动：依靠液压系统产生动力的驱动。

2. 工作原理

以垂直升降类为例，存车是用起升机构将车辆或载车板升到指定层，起升机构上的横移机构把车辆或载车板送入停车位；取车是横移机构将指定停车位上的车辆或载车板送入起升机构，起升机构降到车辆出入口处，回转台回转，打开车库门，驾驶员将车辆开走。

五、机械式停车设备的使用环境条件

1. 升降横移类机械式停车设备

（1）环境温度为 −5 ～ 40 ℃。

（2）最高温度 40 ℃下的相对湿度应不超过 50%。

（3）海拔应不超过 1 000 m。

（4）使用环境不应有爆炸、腐蚀、破坏绝缘和导电的介质。

（5）电源为三相五线制交流电源，频率为 50 Hz，电压为 380 V，供电系统在设备馈电线接入处的电压波动应在额定电压的 ±10% 以内，设备内部的电压损失应符合《起重机设计规范》（GB/T 3811—2008）中 7.8.4.2 的规定。

2. 简易升降类机械式停车设备

（1）环境温度为 −5 ～ 40 ℃。

（2）最高温度 40 ℃下的相对湿度应不超过 50%。

（3）海拔应不超过 1 000 m。

（4）使用环境不应有爆炸、腐蚀、破坏绝缘和导电的介质。

（5）电源为三相五线制交流电源，频率为 50 Hz，电压为 380 V，在特殊情况下，允许使用 220 V 的供电电源。供电系统在设备馈电线接入处的电压波动应在额定电压的 ±10% 以内，设备内部的电压损失应符合《起重机设计规范》（GB/T 3811—2008）中 7.8.4.2 的规定。

3. 巷道堆垛类机械式停车设备

（1）环境温度为 -5 ～ 40 ℃。

（2）当最高温度为 40 ℃时，相对湿度不超过 50%，电气设备应能正常工作。

（3）海拔应不超过 1 000 m，相应的大气压力为 86 ～ 110 kPa。

（4）使用环境中不应有爆炸、腐蚀、破坏绝缘和导电的介质。

（5）电源为三相四线制交流电源，频率为 50 Hz，电压为 380 V，供电系统在设备馈电线接入处的电压波动应在额定电压的 ±10% 以内，设备内部的电压损失应符合《起重机设计规范》（GB/T 3811—2008）中 7.8.4.2 的规定。

4. 垂直循环类机械式停车设备

（1）环境工作温度：室内型 -5 ～ 40 ℃；室外型 -15 ～ 40 ℃。

（2）最湿月的月平均相对湿度不大于 95%。

（3）海拔应在 2 000 m 以下，相应的大气压力为 86 ～ 110 kPa。

（4）使用环境无爆炸介质，不含有腐蚀金属、破坏绝缘的介质和导电的介质。

（5）电源为 380 V、50 Hz、三相四线制交流电源，在峰值电流时，从电网变压器至本设备总进电端的电压损失不大于 10%，电压正向波动量不大于 5%。

5. 水平循环类机械式停车设备

（1）环境温度为 -5 ～ 40 ℃。

（2）当最高温度为 40 ℃时，相对湿度不超过 50%，电气设备应能正常工作。

（3）海拔应不超过 1 000 m。海拔超过 1 000 m 时，应按《旋转电机　定额和性能》（GB/T 755—2019）的规定对电机进行容量校核；超过 2 000 m 时，应对用电器件进行容量校核。

（4）使用环境不应有爆炸、腐蚀、破坏绝缘和导电的介质。抗电磁干扰能力应符合《机械式停车设备　通用安全要求》（GB 17907—2010）中 5.6.8 的规定。

（5）电源为三相五线制交流电源，频率为 50 Hz，电压为 380 V。供电系统在设备馈电线接入处的电压波动应在额定电压的 ±10% 以内，设备内部的电压损失应符合《起重机设计规范》（GB/T 3811—2008）中 7.8.4.2 的规定。

6. 垂直升降类机械式停车设备

（1）环境温度为 -5 ～ 40 ℃。

（2）当最高温度为 40 ℃时，相对湿度不超过 50%，电气设备应能正常工作。

（3）海拔应不超过 1 000 m。

（4）使用环境不应有爆炸、腐蚀、破坏绝缘和导电的介质。

（5）电源为三相五线制交流电源，频率为 50 Hz，电压为 380 V，供电系统在设备馈电线接入处的电压波动应在额定电压的 ±10% 以内，设备内部的电压损失应符合《起重机设计规范》（GB/T 3811—2008）中 7.8.4.2 的规定。

7. 平面移动类机械式停车设备

（1）环境温度为 −5 ～ 40 ℃。

（2）当最高温度为 40 ℃时，相对湿度不超过 50%，电气设备应能正常工作。

（3）海拔应不超过 1 000 m。

（4）使用环境不应有爆炸、腐蚀、破坏绝缘和导电的介质。

（5）电源为三相五线制交流电源，频率为 50 Hz，电压为 380 V，供电系统在设备馈电线接入处的电压波动应在额定电压的 ±10% 以内，设备内部的电压降应不超过 5%。

六、机械式停车设备操作安全要求和应急措施

1. 操作安全要求

（1）除规定的操作人员外，其他人员不应擅自操作停车设备。

（2）每个工作班次开始操作前应对停车设备进行日常检查，检查项目应符合《起重机械　检查与维护规程　第 11 部分：机械式停车设备》（GB/T 31052.11—2015）的规定。

（3）操作人员应严格按使用说明书要求的操作规程作业。

（4）操作人员不应允许非适停汽车进入转换区或工作区。

（5）在操作停车设备前，操作人员应确认停车设备内部及辅助设备没有可能引起意外事故的人和物，以及其他不安全的因素存在。

（6）设备运行过程中，操作人员应监视设备运行情况，不应擅离操作现场。

（7）不应在故障状态下强行运行停车设备。

（8）操作时，不应允许任何人通过或站在升降机（载车板）等其他起升或运动部件的下方。

（9）车内乘客不应进入转换区或工作区。

（10）非人车共乘式停车设备，汽车停放到位后，存车人应立即离开。

2. 应急措施

（1）停车设备出现异常情况时，操作人员应立即按下紧急停止开关。排除异常情况、确认安全、紧急停止开关手动复位后，才能重新启动设备。

（2）在作业过程中发现事故隐患或者其他不安全因素时，应立即向运营使用单位有关负责人报告。

（3）当发生紧急状况时，操作人员应以人员的安全为第一，采取恰当的处理措施。

（4）设备发生故障无法使用时，应立即通知维护人员，由维护人员排除故障。

（5）人车共乘式停车设备在运行过程中突然停止时，存车人应使用搬运器内的紧急联络装置与操作人员联系，等待救助，不应自行走出车外，以免发生事故。

（6）停车设备一旦发生事故，应立即停止设备运行，采取有效的应急措施，保护好事故现场，并报告安全管理人员及有关部门。停车设备重新运转时，应按《起重机械　检查与维护规程　第 11 部分：机械式停车设备》（GB/T 31052.11—2015）的规定进行检查和试运行。

七、机械式停车设备日常检查与维护要求

《起重机械　检查与维护规程　第 11 部分：机械式停车设备》（GB/T 31052.11—2015）

规定了停车设备的检查与维护要求，适用于升降横移类机械式停车设备、垂直循环类机械式停车设备、水平循环类机械式停车设备、多层循环类机械式停车设备、平面移动类机械式停车设备、巷道堆垛类机械式停车设备、垂直升降类机械式停车设备、简易升降类机械式停车设备、汽车专用升降机类停车设备。

应根据各类机械式停车设备的具体特点和使用程度确定日常检查项目和检查要求，且应不低于表 2-14 的标准。检查应有记录。

表 2-14　　机械式停车设备日常检查项目、方法、内容及要求

项目		检查方法、内容及要求	处置方式
整机	安全标志	目测检查铭牌、安全标志，应齐全、清晰	更换 / 维护
	可靠性	空载试验，每套控制单元完成一次存取车，应无异常振动、噪声	停机调整
	照明	检查设备照明，应符合《机械式停车设备　通用安全要求》（GB 17907—2010）中 B.2 的规定	更换 / 维修
关键零部件	搬运器、载车板	目测检查搬运器、载车板，应清洁	保养
	钢丝绳	按照《起重机　钢丝绳保养、维护、检验和报废》（GB/T 5972—2016）规定的方法检查钢丝绳，并应符合要求	保养或更换
	链条	目测检查防脱措施，应有效	维修
	工作区栅栏	目测检查，应完整，无损坏，连接处无松动	维修
电控系统	供电电源	目测检查供电电源，应工作正常	维修
	操作装置	目测检查操作装置，应整洁，按钮及指示灯应无缺损，指示信号和开关应正常，应无失灵、失控现象	维护
安全防护装置	紧急停止开关	触动紧急停止开关，设备应立即停机。紧急停止开关不应自动复位，手动复位后，重新启动，设备应能恢复正常运行	维修
	警示装置	通过功能试验检查警示装置，应能发出声或光报警信号	维修
	紧急联络装置	通过功能试验检查人车共乘式汽车专用升降机的升降搬运器内设有的紧急联络装置，应有效	维修

第三章　起重吊具与索具

本章共三节，内容包括起重吊具与索具概述、起重吊具、起重索具。

第一节　起重吊具与索具概述

一、起重吊具与索具的术语与定义

1. 形式类术语与定义

（1）起重吊具：在起重机械作业中，用于吊运物品的装置。

（2）起重索具：指起重作业中绑挂起重物品的用具，如金属索具、合成纤维索具等。

（3）夹持类起重吊具：通过吊具夹持部分对被吊物品侧面施加正压力，由正压力的作用效果克服被吊物品重力的起重吊具。

（4）吊挂类起重吊具：通过悬挂方式支撑被吊物品，且被吊物品质心位于吊具与被吊物品受力面下方的起重吊具。

（5）托叉类起重吊具：通过货叉叉取载荷或通过托架支撑载荷，且载荷支撑点在货叉或托架上。

（6）吸附类起重吊具：通过真空负压或磁力吸持被吊物品的起重吊具。

（7）可分吊具：能够方便地从起重机械上拆下的起重吊具。

（8）固定吊具：能吊挂净起重量，并永久固定在起重挠性件下端的起重吊具。

（9）吊索：起重机械吊卸、移动物品时，系结在物品上承受载荷的挠性部件（含上、下端配件）。

（10）环形吊索：由一根链条或绳索（含纤维织带）首尾两端连接在一起，形成的环形索套。

（11）端部配件：吊索主环、中间主环、连接环、中间环、下端部配件的统称。

（12）主环：直接连接到起重机吊钩上的端部配件。

（13）中间主环：用于将两个或更多吊索分肢连接到主环上的链环。

（14）连接环：装在链条端部的链环，直接或通过中间环将链条连接在端部配件上。

（15）中间环：用于端部配件与装在链条上的连接环之间起连接作用的链环。

（16）下端部：装在吊索肢端的链环、环眼吊钩或其他装置（此肢端远离主环或上端部）。

（17）索眼：吊索端部的索套。

（18）硬索眼：镶嵌索具套环的索眼。

（19）软索眼：不镶嵌索具套环的索眼。

（20）接缝：将织带一端与自身或将数层织带结合在一起时，用线穿透织带形成针迹的缝合固定连接。

（21）非承载接缝：将数层织带结合在一起的接缝，不影响吊带的强度。

（22）承接接缝：在织带端部形成软索眼的缝合固定连接，以及环形吊带对头搭接缝合固定连接时的接缝，该接缝直接承受载荷并影响吊带的强度。

2. 载荷类术语与定义

（1）额定起重量：吊具在一般使用条件下，垂直悬挂时允许承受物品的最大质量。

（2）极限工作载荷：单肢吊索在一般使用条件下，垂直悬挂时，允许承受物品的最大质量。

（3）安全工作载荷：吊索在一般使用条件下，由特定吊挂方式允许承受的最大质量。

（4）最小破断力：链条、钢丝绳等在静拉力破断试验过程中所能承受的最小破断拉力。

（5）吊挂方式系数：在一般使用条件下，由吊挂方式（多肢吊索分肢数、肢间夹角、单肢吊索不同吊挂方式）所确定的吊索安全工作载荷与性能完全相同的单肢吊索极限工作载荷的比值。

3. 尺寸类术语与定义

（1）吊索公称长度：尚未使用的吊索在无载荷状态下，上、下端承载点间的距离。

（2）总极限伸长率：以计量长度的百分比表示链条、端部配件在破断时的总伸长与原长之比。

（3）与铅垂线夹角：吊索起吊物品时，分肢与铅垂线所构成的夹角 β。

（4）肢间夹角：吊索起吊物品时对应二分肢间呈现的夹角 α。

（5）链环的内长度：链条节距 P。

二、起重吊具与索具的基本要求

《起重机械吊具与索具安全规程》（LD 48—1993）对起重机械吊具与索具的设计、制造、检验、使用、报废、维护、管理等方面的安全要求作了最基本的规定。

1. 吊具与索具安全作业的共同要求

（1）吊具与索具应与吊重种类、吊运具体要求以及环境条件相适应。

（2）作业前应对吊具（含控制、制动系统和安全防护装置）与索具进行检查，当确认完好、功能正常时方可投入使用。

（3）拴挂前，应确认吊重上设置的起重拴挂连接点是否牢固，提升前应确认连接是否可靠。

（4）吊具承载时不得超过额定起重量，吊索（含各分肢）不得超过安全工作载荷（含高低温、腐蚀等特殊工况）。

（5）作业时不得损坏吊件、吊具与索具，必要时应在吊件与吊索的接触处加保护衬垫。

（6）起重机吊钩的吊点，应力求与吊重重心在同一条铅垂线上，使吊重处于稳定平衡状态，否则提升前应做试吊试验，直到使吊重获得平衡为止，防止提升时产生滑动或滚动。

2. 吊索安全作业的一般要求

（1）应防止吊重在吊运中产生倾覆或滑动，当吊重重心在吊索拴挂点之上时，吊索分肢与水平线的夹角应大于吊重重心与拴挂点边线和水平线相交形成的夹角，否则应将吊索分肢拴挂点移至吊重重心上方。

（2）为防止吊重在吊运中产生摇摆或转动，宜采用一根牵引索在地面加以控制。

（3）当对吊重采用吊篮式、穿套式结索法拴挂仍有倾覆或滑落危险时，应使用吊索横梁进行拴挂连接。

（4）吊索应宽松地稳挂于起重机吊钩上，且应有防止滑出措施，绝对不能挂在钩尖上或插入吊钩的开口处。

（5）与环眼吊钩连接的吊耳、柱销等应能挂入钩底。

（6）吊重不宜在吊索上摩擦滚动，当吊索在吊重下面受阻不能直接取出时，除特殊情况，一般不得硬性拉拽。

（7）不得利用物体捆带作为吊点提升物体，但专为提升用设计的捆带除外。

（8）吊索挠性部件不得打结，索眼绳端固定连接部位不得作为拴挂连接点。

（9）当用两根以上单肢吊索提升同一个物体时，各根吊索的材质、结构尺寸、索眼端部固定连接、端部配件等性能应相同。

（10）吊索提升吊重时，应力求各分肢受力均匀，肢间夹角一般应不超过90°，最大时不得超过120°。

（11）吊索卸载后，空载重新提升或承载多肢吊索有未使用的自由分肢，一般应将下端部反钩到（如果可行时）起重机吊钩上或上端部配件上，防止起重机运行时因摆动意外伤人或钩挂到其他物品上。

（12）钢丝绳、纤维绳吊索不得用插接、打结或绳卡固定连接方法缩短或加长。

（13）当吊索未达到报废标准，而在个别部位出现异常时，宜在该处做出明显标记，作为继续检查的重点。

（14）不得将吊索不必要地暴露于腐蚀性介质中。

3. 吊具的报废标准

（1）主要受力构件的报废规定。

1）主要受力构件失去整体稳定性时应报废。

2）主要受力构件断面腐蚀、磨损达原厚度的10%，如不能修复应报废。

3）当主要受力构件产生裂纹时，在不改变构件原设计性能的情况下，可根据受力和裂纹状况，采取加强或改变应力分布的措施阻止裂纹扩展；如不能修复应报废。

4）当主要受力构件产生永久变形超过原状态的10%或使吊具不能正常安全作业时，如不能修复应报废。

（2）主要零部件的报废规定。

1）螺纹连接紧固件出现下列情况之一时，应报废：

①塑性变形。

②裂纹。

③螺纹倒牙、脱扣。

2）吊耳与耳轴出现下列情况之一时，应报废：

①塑性变形。

②裂纹。

③吊耳、耳轴或耳轴套磨损减少原尺寸的5%。

3）铸件出现下列情况之一时，应报废：

①塑性变形或缺陷经过焊补。

②危险断面磨损减少原尺寸的 5%。

③沟槽磨损超出允许磨损范围不能修复时。

④冶金加料起重机的挑杆、夹钳臂有横向裂纹。

⑤其他影响安全使用的内部开裂与表面裂纹。

4）铰接连接的销轴与轴套出现下列情况之一时，应报废：

①塑性变形。

②裂纹。

③销轴与轴套配合间隙增大，不能满足构件相对运动需要。

④销轴断面磨损达原尺寸的 5%，应报废销轴。

4. 索具的报废标准

吊索端部配件和短环链出现下列情况之一时，应更换或报废：

（1）链环发生塑性变形，伸长达原长度的 5%。

（2）链环之间以及链环与端部配件连接接触部位磨损减少到原公称直径的 80%，其他部位磨损减少到原公称直径的 90%。

（3）裂纹或高拉应力区的深凹痕、锐利横向凹痕。

（4）链环修复后未能平滑过渡，或直径减小大于原公称直径的 10%。

（5）扭曲、严重锈蚀以及积垢不能加以排除。

（6）端部配件的危险断面磨损减少达原尺寸的 10%。

（7）有开口度的端部配件，开口度比原尺寸增加 10%。

（8）卸扣不能闭锁。

5. 吊具与索具的贮存要求

吊具与索具闲置时，应有相应的保护贮存措施，不得受锈蚀、腐蚀或潮湿、高温等有害影响。保护措施应符合下列要求：

（1）易锈蚀的机械部件，如活塞杆外露部分，应涂上黄甘油再用碎布等物品包好。

（2）回转、摇动部位的轴承、销轴应注满润滑脂。

（3）吊链、钢丝绳吊索应清洗，干燥后再擦上油脂。

（4）纤维制品吊索应存放在远离热源、通风干燥、无腐蚀性化学物品的场所。

（5）重物不得压在吊具与索具上。

（6）不得受横向载荷作用的吊具，当直接着地放置会产生横向载荷或变形时，应放置在专用吊具框架上。

（7）抓斗应呈开口状态，爪子或刃口与地面接触处应垫上橡胶板或方木料。

第二节　起重吊具

起重吊具按照与起重机械的连接方式分为可分吊具和固定吊具，按照取物方式分为夹持类、吊挂类、托叉类、吸附类、抓斗及上述种类的组合。

夹持类起重吊具按照工作原理可分为重力式夹持起重吊具、动力式夹持起重吊具及重力与动力结合使用的混合式夹持起重吊具，按照夹持物品的形状可分为板坯夹持起重吊具、方坯夹持起重吊具、立卷夹持起重吊具、圆棒夹持起重吊具等。

吊挂类起重吊具可分为吊钩、挂梁、集装箱吊具、卧卷吊具、C 形钩和其中几种起重吊具的组合。

托叉类起重吊具可分为起重叉和板垛吊具。

吸附类起重吊具可分为起重真空吸盘和起重磁铁。

一、吊钩

起重机使用的吊钩，主要是锻造吊钩和叠片式吊钩。

1. 锻造吊钩

《起重吊钩　第 1 部分：力学性能、起重量、应力及材料》（GB/T 10051.1—2010）规定了起重吊钩的力学性能、起重量、应力及材料，适用于钩号为 006 至 250 的起重机械锻造吊钩。该标准规定了吊钩按其力学性能可分为 5 个强度等级，规定了在不同的强度等级和机构工作级别下各吊钩的起重量，吊钩材料采用 Q345qD、Q420qD、35CrMo、34Cr2Ni2Mo 等。

锻造吊钩分为直柄单钩和直柄双钩，如图 3-1、图 3-2 所示。

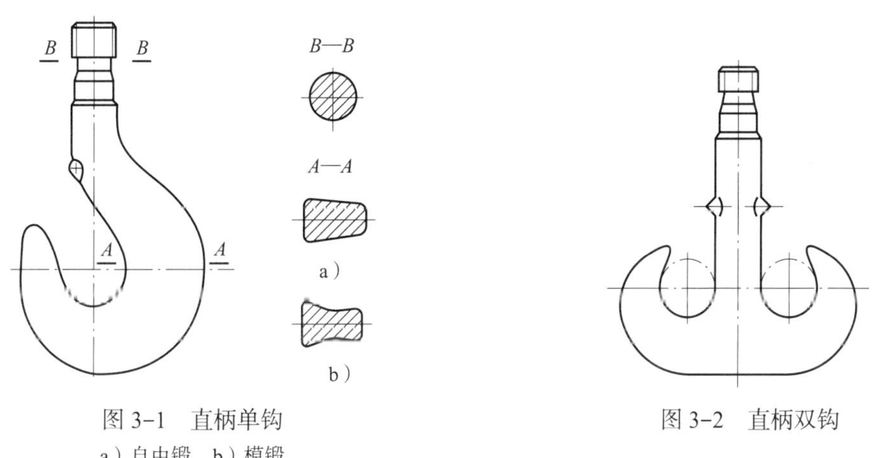

图 3-1　直柄单钩

a）自由锻　b）模锻

图 3-2　直柄双钩

图 3-1 中 A—A 是吊钩的主弯曲截面，有自由锻和模锻两种形状；B—B 是吊钩柄部最小截面，承受拉应力；吊钩柄部螺纹承受剪切应力。

此外，在起重作业时，吊钩与吊索具垂直连接的部位承受剪切应力，其截面与上述截面通常统称为吊钩的危险断面。

吊钩的使用检查及报废标准如下：

（1）吊钩的表面不应有裂纹，如有裂纹，则应报废。

（2）钩号 006 ～ 5 的吊钩应检查开口尺寸 a_2，其余钩号的吊钩应检查测量长度 y 或 y_1 及 y_2，其值超过使用前基本尺寸的 10% 时，吊钩应报废。单、双钩使用检查测量如图 3-3 所示。

图中标志 2 为测量长度值，单钩为 y，双钩为 y_1 及 y_2。

（3）检查吊钩的扭转变形，当钩身的扭转角 α 超过 10° 时，吊钩应报废。

（4）吊钩的钩柄不应有塑性变形，否则应报废。

（5）吊钩的磨损量 Δs 应不超过基本尺寸［单钩见《起重吊钩　第 4 部分：直柄单钩毛

坯件》(GB/T 10051.4—2010)表 1 中 h_2，双钩见《起重吊钩　第 6 部分：直柄双钩毛坯件》(GB/T 10051.6—2010)表 1 中 h] 的 5%，否则应报废。

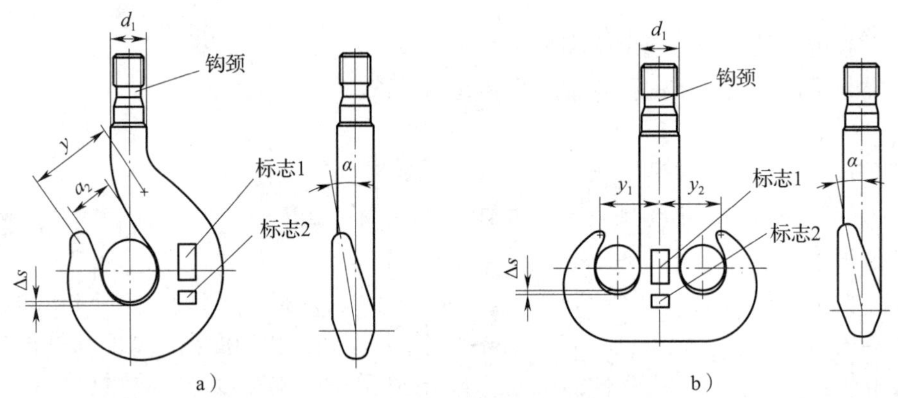

图 3–3　单、双钩使用检查测量图示

a）单钩　b）双钩

(6) 钩柄直径 d_1 腐蚀的尺寸应不大于基本尺寸的 5% [单钩见《起重吊钩　第 4 部分：直柄单钩毛坯件》(GB/T 10051.4—2010)，双钩见《起重吊钩　第 6 部分：直柄双钩毛坯件》(GB/T 10051.6—2010)]，否则吊钩应报废。

(7) 吊钩的螺纹不得腐蚀。

(8) 吊钩的所有缺陷不允许焊补。

(9) 吊钩的检查分为经常性检查和定期检查，定期检查应做好记录并归档。

1) 经常性检查周期按机构工作级别，M3 ～ M5 为 30 天，M6 ～ M7 为 7 ～ 30 天，M8 为 1 ～ 7 天。

2) 定期检查周期按机构工作级别，M3 ～ M6 为 1 年，M7 ～ M8 为 3 个月。

上述机构工作级别 M3 ～ M8 是按《起重机设计规范》(GB/T 3811—2008) 规定的机构工作级别。

2. 叠片式吊钩

《起重吊钩　第 13 部分：叠片式吊钩技术条件》(GB/T 10051.13—2010) 适用于起重机械吊运熔融金属（盛钢桶）的叠片式吊钩。叠片式吊钩如图 3–4 所示。

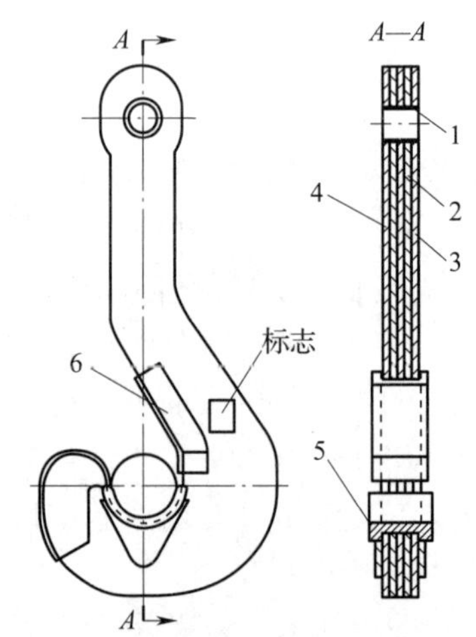

图 3–4　叠片式吊钩

1—轴套　2—内钩片　3—右外钩片

4—左外钩片　5—钩口护板及左右夹板

6—防碰护板及左右夹板

吊钩的使用检查及报废标准如下：

(1) 使用前应按《起重吊钩　第 13 部分：叠片式吊钩技术条件》(GB/T 10051.13—2010) 中 6.2 的规定检查吊钩的标志，应与制造商的合格证明书相一致。

(2) 吊钩的表面不应有裂纹，特别要检查吊钩的吊孔部位，如有裂纹，则应更换。

(3) 如果观察到吊钩的危险断面及钩颈处有变形，或当侧向变形的弯曲半径小于板厚的 10 倍时，则应更换该吊钩。

(4) 检查吊钩轴套和钩口护板、防碰护板，其磨损量不允许超过《起重吊钩　第15部分：叠片式单钩》（GB/T 10051.15—2010）规定的基本尺寸的5%。

（5）吊钩的缺陷不允许焊补。

（6）吊钩的检查分为经常性检查和定期检查，定期检查应做好记录并归档。

1）经常性检查周期按机构工作级别，M3～M5为30天，M6～M7为7～30天，M8为7天。

2）定期检查周期按机构工作级别，M3～M6为3年，M7～M8为1年。

3. 各类吊钩使用的通用规定

（1）起重机不应使用铸造吊钩。

（2）吊钩不得超负荷使用。

（3）当使用条件或操作方法会导致重物意外脱钩时，应采用防脱绳带闭锁装置的吊钩；当吊钩起升过程中有被其他物品钩住的危险时，应采用安全吊钩或采取其他有效措施。

（4）吊钩的吊点应力求与吊重重心在同一条铅垂线上，使吊重处于稳定平衡状态，否则提升前应做试吊试验，直到使吊重获得平衡为止，防止提升时产生滑动或滚动。

（5）挂吊索时要将吊索挂至吊钩底部，如需将吊钩直接挂在构件的吊环中，不能硬别，以免使钩身受侧向力产生扭曲变形。

二、抓斗

抓斗是依靠斗瓣的闭合和张开，抓取和卸出物料的起重吊具。

《起重机用抓斗》（JB/T 13481—2018）适用于一般环境使用的起重机用抓斗，不适用于易燃易爆、可燃性气体、粉尘及有腐蚀性气体环境和核辐射环境、有毒气体环境。

1. 抓斗的术语和定义

（1）机械驱动抓斗：以钢丝绳控制斗瓣开闭的机械式抓斗。

（2）电动抓斗：由固定在抓斗上的电驱动装置驱动钢丝绳控制斗瓣开闭的抓斗。

（3）电动液压抓斗：由固定在抓斗上的电驱动液压系统控制斗瓣开闭的抓斗。

（4）抓斗额定吨位：抓斗抓取物料最大重量与自重之和。

2. 抓斗的型式

（1）抓斗按控制抓斗开闭方式，分为机械驱动抓斗、电动抓斗、电动液压抓斗。

（2）抓斗按斗体结构型式，分为双瓣抓斗、多瓣抓斗。

（3）抓斗按抓取物料容重，分为特轻型抓斗（物料容重 $<0.8\ t/m^3$）、轻型抓斗（物料容重为 $0.8\sim1.2\ t/m^3$）、中型抓斗［物料容重为1.2（不含）～ $2.0\ t/m^3$］、重型抓斗［物料容重为2.0（不含）～ $2.8\ t/m^3$］、特重型抓斗（物料容重 $>2.8\ t/m^3$）。

电动双瓣抓斗典型结构型式如图3-5所示。

3. 抓斗的工作环境条件

（1）环境温度为 −20～40 ℃（电动液压抓斗环境温度为 −10～40 ℃）。

（2）对于电动抓斗和电动液压抓斗，最高温度为40 ℃时，空气的相对湿度不超过50%。在较低温度下可允许较高的相对湿度，如20 ℃时相对湿度为90%。

（3）对于电动抓斗和电动液压抓斗，海拔应不超过1 000 m。

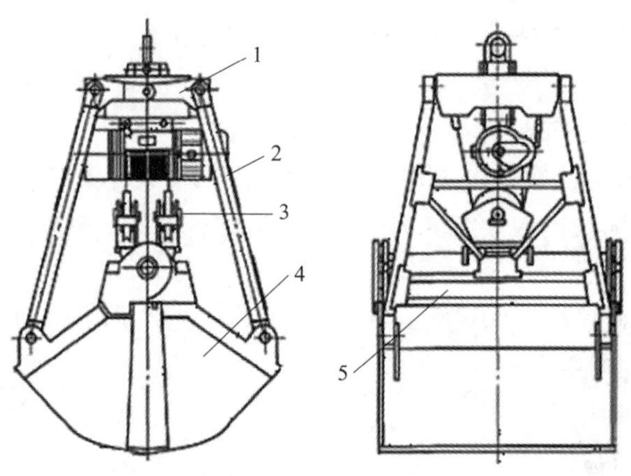

图 3-5　电动双瓣抓斗典型结构型式

1—上承梁　2—撑杆　3—滑轮　4—斗体　5—下承梁

4. 抓斗的基本参数

抓斗的基本参数包括抓斗额定吨位、物料容重、物料堆积角、物料粒度、理论斗容、钢丝绳直径、滑轮直径、电动机功率、抓斗自重。

5. 抓斗的使用

（1）抓斗的升降应保持平衡，确保垂直抓取，快慢适宜，防止因碰撞而造成转动。

（2）抓满物料的抓斗，不应悬吊 10 min 以上，以防开斗伤人。

（3）禁止用抓斗砸撞地面物体、物料。

（4）禁止同时进行两种以上的动作，禁止在提升的同时旋转。

6. 抓斗的维护检查及报废标准

（1）抓斗应每周检查一次，工作繁重的抓斗更应重视检查。检查的重点：钢丝绳的固接情况、磨损情况；滑轮轴磨损和轮缘的磨损情况；螺栓、螺母的紧固情况及损坏情况；刃口的磨损情况以及润滑情况。

（2）检查发现达到报废标准的零部件要及时更新报废，刃口板出现裂纹的应停止使用，刃口板变形和磨损超差的应修理或更新，铰链销轴磨损超过原直径的 10% 应更换，衬套磨损超过原厚度的 20% 应更换。

（3）更换零部件时应遵从互换性原则，尽量避免破坏其原来的装配方式。对新更换的刃口板，应严格检查焊缝质量。

（4）要保证润滑及时和充分。

三、起重电磁铁

起重电磁铁是通过电磁力吸持并搬运如废钢、钢板、型材等钢材类磁性物料的设备，或用作机械手。

起重电磁铁按照结构不同分为圆形起重电磁铁、矩形起重电磁铁、椭圆形起重电磁铁、多边形起重电磁铁。MW 产品系列圆形起重电磁铁如图 3-6 所示，由外壳、线圈、内磁极、外磁极等构成。

1. 起重电磁铁的术语和定义

（1）常温起重电磁铁：能吸运温度在 150 ℃及以下磁性物料的起重电磁铁。

（2）高温起重电磁铁：能吸运温度为 150 ～ 650 ℃磁性物料的起重电磁铁。

（3）特高温起重电磁铁：能吸运温度为 650 ～ 700 ℃磁性物料的起重电磁铁。

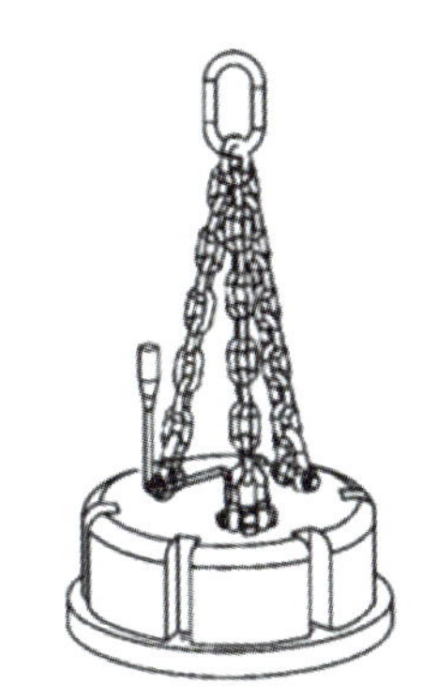

图 3–6　圆形起重电磁铁

2. 起重电磁铁的正常工作条件

（1）工作环境温度：常温起重电磁铁，–40 ～ 40 ℃；高温、特高温起重电磁铁，–40 ～ 60 ℃。

（2）工作环境：户内、户外均可使用。

（3）海拔：安装地点的海拔应不超过 2 000m。

（4）污染等级：周围工作环境污染等级为 3 级。

（5）安装类别（过电压类别）为Ⅲ（负载水平级）。

3. 起重电磁铁的使用

（1）起重电磁铁作业时 2 m 以内不得有人和车辆，接触吊重后方可通电或按使用说明书规定的安全要求进行作业。

（2）接通电源的起重电磁铁，待电流完全升高后方可起升。起升离地后，应短时静止暂停，在确认吊重与电磁铁之间无间隙、无异物、吊重已可靠吸牢后，方可继续起升吊运。

（3）应按通电持续率要求作业，当停止使用或休息时，应切断起重电磁铁电源。

（4）电磁铁操作中不允许碰到固体障碍物，不得受冲击，下降时不得坠放，严禁当重锤使用。

（5）吊运废钢时，应尽量使电磁铁在废钢上放平，并注意竖着或突出电磁铁的废钢随时有可能落下的危险。

（6）使用中应尽可能使载荷的重心对称。吊运长钢材时，一般重心偏移应不大于钢材长度的 10%；使用悬挂两块起重电磁铁的横梁时，重心偏移应不大于两块电磁铁重心间距的 10%。

（7）电磁铁吊链环或吊具在工作过程中不应发生变形、裂纹。

4. 起重电磁铁的养护和停用及报废标准

（1）起重电磁铁及控制柜应贮存在干燥的库房中，每贮存一年应进行一次养护。

（2）起重电磁铁零部件、配套件出现下列情况之一时，应停止使用：

1）磁极磨损至焊缝。

2）电磁铁表面有裂纹。

3）电缆供电的起重电磁铁端子箱盖缺失。

4）供电电缆破损、绝缘破坏。

5）永磁式起重电磁铁卸载系统失灵，或机械卸载机构塑性变形、裂纹、断裂。

6）电磁吸盘横梁连接的电磁铁，因短环链或磁极磨损，在吸运长钢材时，个别电磁铁链条不起承载作用。

7）声光报警装置失灵。

8）蓄电池电压、电流出现异常，达不到技术要求。

9）吸运钢板、型钢的专用起重电磁铁起重能力低于原设计要求。

10）链条达到第一节中规定的索具更换或报废的标准。

四、起重真空吸盘

起重真空吸盘是利用真空原理，通过吸盘与物体表面接触密封产生负压，从而实现吊运物体的专用吊具，如图 3–7 所示。

真空吸盘用来吸取表面平整的物体，被吸的物体不受有无导磁性的限制，如钢板、玻璃、塑料、水泥制品和木材等。真空吸盘特别适用于对吊物表面要求高的无损搬运，具有低噪声、高安全性等优点。

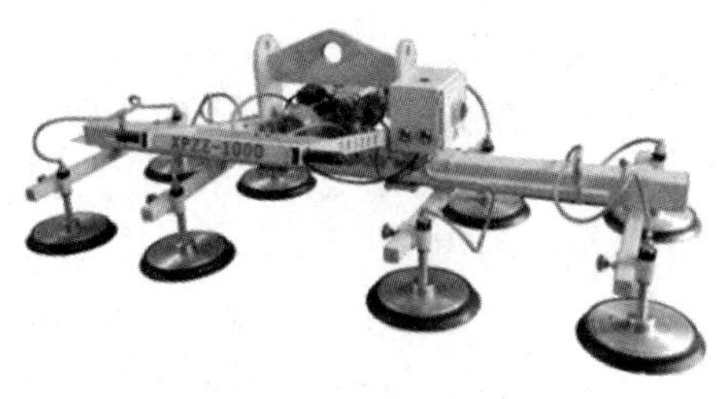

图 3–7　起重真空吸盘

1. 起重真空吸盘的使用

（1）吸附件应与吸盘真空衬垫及吸力相适应。在吸力作用下，吸附件表面不得受损或变形。

（2）应使吸附表面无渗透性的负载，且吸附表面应平整、光滑、洁净，不得凸凹不平或有杂物。

（3）吊运前，应核实吸盘真空度，当仪表显示真空度不足时不得起吊；在吊运中，当真空度减少到警戒线位置时，应及时妥善降落并将吊重放下。

（4）吸附件的重心应与吸盘提升连接点尽量在同一条铅垂线上，不得在吸附件边缘拉拽或滑动。

（5）应在确认吸牢后提升，在吊运中吸附件不得受严重振动或碰撞，不得敲打或冲击吊物和吊具。

（6）设有软管或供电电缆的吸盘，吸吊时应避免绞缠。

2. 起重真空吸盘的报废标准

起重真空吸盘零部件出现下列情况之一时，应停止使用，如不能修复应报废：

（1）承载结构塑性变形、有裂纹、断裂。

（2）链环应更换或报废时。

（3）真空系统密封损坏，软管压扁，真空度（或最大吸引能力）小于原设计要求。

（4）压力真空表和超载报警器失灵。

五、手动起重用夹钳

手动起重用夹钳是通过钳口之间的夹紧力夹持，或借助钳口的形状支承重物的取物装置。《手动起重用夹钳》（JB/T 7333—2013）适用于起吊钢板、圆钢、钢轨及工字钢等一般用途的手动起重用夹钳。

1. 夹钳的分类及代号

典型结构的手动夹钳按用途可划分为以下几类：

（1）竖吊钢板手动夹钳，代号为 DSQ，如图 3–8 所示。

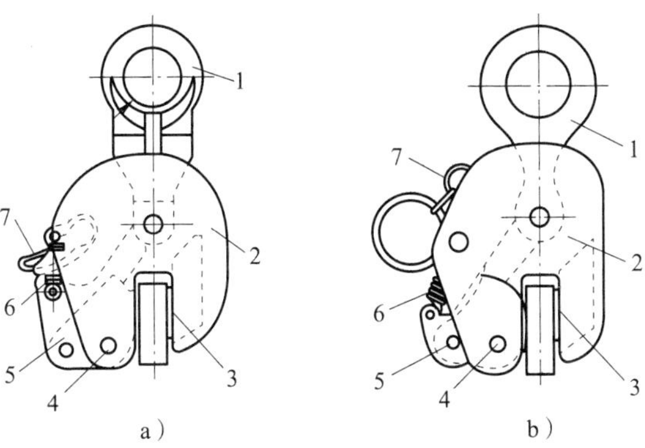

图 3-8　竖吊钢板手动夹钳

a）扳手结构　b）拉环结构

1—吊环　2—钳体　3—钳口垫板　4—钳轴　5—钳舌　6—弹簧　7—扳手（拉环）

（2）横吊钢板手动夹钳（成对使用），代号为 DHQ/2，如图 3-9 所示。

（3）圆钢手动夹钳，代号为 DYQ，如图 3-10 所示。

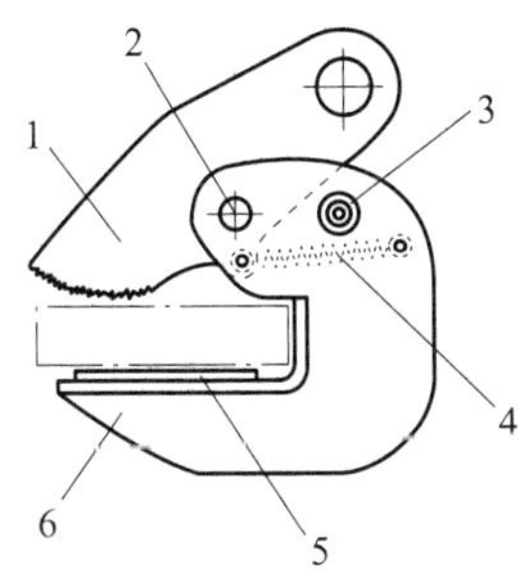

图 3-9　横吊钢板手动夹钳

1—钳舌　2—钳轴　3—定位装置

4—弹簧　5—钳口垫板　6—钳体

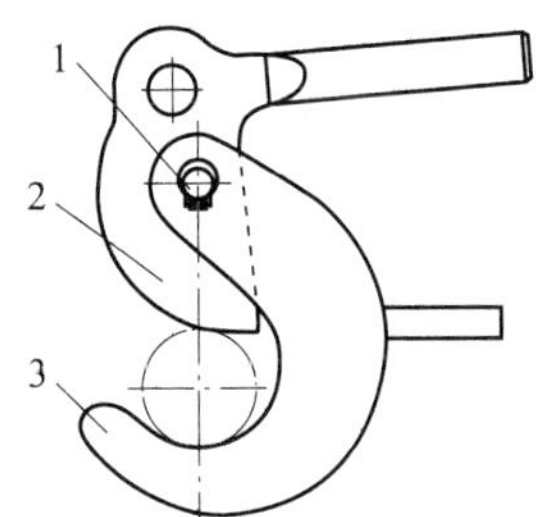

图 3-10　圆钢手动夹钳

1—钳轴　2—钳舌　3—钳体

（4）钢轨手动夹钳，代号为 DGQ，如图 3-11 所示。

（5）工字钢手动夹钳（成对使用），代号为 DZQ/2，如图 3-12 所示。

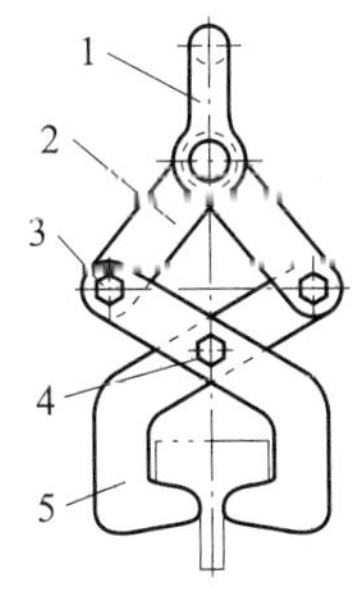

图 3-11　钢轨手动夹钳

1—吊环　2—拉板　3—连接轴　4—钳轴　5—钳板

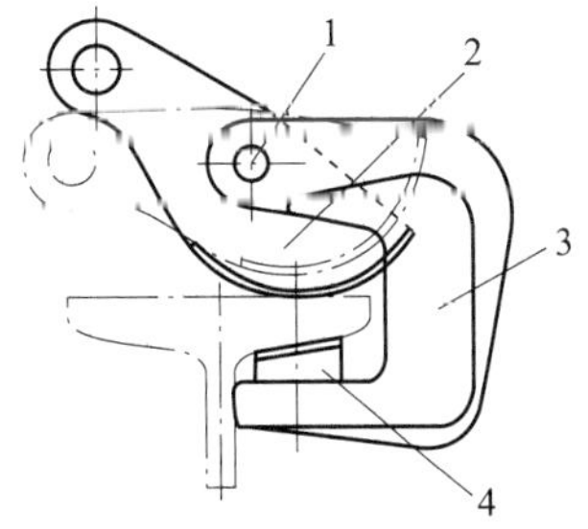

图 3-12　工字钢手动夹钳

1—钳轴　2—钳舌　3—钳体　4—钳口垫板

2. 夹钳的制造、外观和性能要求

（1）夹钳锻件不应有裂纹或其他可能降低其强度的缺陷，主要受力构件上的缺陷不应以焊补方式修复。

（2）各零部件不应有影响使用和外观的伤痕、毛刺等缺陷，表面不应有锈蚀现象。

（3）在无载状态下，手动夹钳各动作应灵活、可靠，活动部位不应有卡阻等现象。

3. 夹钳的使用

（1）被吊物品夹持部位的尺寸应符合相应用途手动夹钳规定的范围。

（2）被吊物品夹持部位的硬度应不大于 37HRC，且其表面不应黏附可能降低夹持摩擦力的介质，如油脂、附着物等。

（3）手动夹钳使用时，应匀速起吊，不应有明显的冲击性提速或降落，同时应避免碰触。

（4）起吊板材时，除非有能保证安全使用的专门工装，否则不应叠加吊运。

（5）成对使用的手动夹钳，吊点夹角应不大于 60°。当吊点夹角大于 60° 时，其极限工作载荷应按《手动起重用夹钳》（JB/T 7333—2013）附录 A 中 A2 进行相应的折算。

（6）两对手动夹钳同时使用时，应采用平衡梁装置且应使每对手动夹钳受力均匀。

4. 夹钳的报废标准

手动夹钳出现下列情况之一时，应报废：

（1）开口尺寸增量达到原尺寸的 5%。

（2）钳轴直径磨损量达到原直径的 5%。

（3）钳轴孔直径磨损量达到原直径的 10%。

（4）钳舌、钳口垫板等零件的齿形磨损量达到原齿高的 20%。

（5）钳轴弯曲变形达到原长度的 0.25%。

六、冶金吊具

《冶金吊具》（YB/T 089—2013）适用于冶金行业专用成台非吸盘类吊具，包括钢锭吊具、板坯吊具、方坯吊具、钢板吊具、钢卷吊具、型材吊具、轧辊吊具、设备吊具等。

1. 术语和定义

（1）吊具额定起重量：吊具允许夹取或托起重物的最大质量。

（2）可分吊具：与起重机可方便拆分的吊具。吊具本身质量作为起重机负荷的一部分，计入起重机负荷。

（3）固定吊具：永久固定在特定的起重机上使用的吊具，与起重机连接部位不易拆分。吊具本身质量作为起重机质量的一部分，不计入起重机负荷。

（4）钳口开口度：两点及两点以上夹或托的吊具，相对钳口或钳脚内侧间的水平距离值，包括钳口最大开口尺寸和钳口最小开口尺寸。钳口最大开口尺寸为吊具于空中停留时钳口的最大开口尺寸。

2. 冶金吊具的分类

冶金吊具按用途分类，可分为钢锭吊具、板坯吊具、方坯吊具等，具体类别及代号见表 3–1。冶金吊具简图举例如图 3–13 所示。

冶金吊具的分类方式，还有按钳口开闭方式分类、按取物方式分类、按被吊物品表面温度分类、按有无独立绕垂直方向旋转功能分类等。

表 3-1　　冶金吊具的类别及代号

类别			代号	说明
钢锭吊具	钢锭夹钳		DC	用于吊运钢锭及钢渣锭
	脱锭提升钳		DT	用于脱锭过程中吊运锭模、钢锭
板坯吊具	板坯夹钳		PB	用于吊运水平放置的板坯
	板坯倾翻夹钳		PQ	用于将立式放置的板坯夹取后水平放置，或将水平放置的板坯夹取后立式放置
方坯吊具	方坯夹钳		FP	用于吊运多根并排放置的方坯
	方坯链式吊具		FL	用于吊运多根方坯
	方坯 C 形吊具		FC	用于吊运多根并排放置的方坯
钢板吊具	板垛提升钳		BD	用于吊运堆垛状态的板垛
	中厚板吊具		BH	用于吊运单块中厚板或宽厚板
钢卷吊具	立卷吊具	内外夹立卷夹钳	LN	用于吊运立卷
		单边夹立卷夹钳	LD	用于吊运立卷
	卧卷吊具	卧卷提升钳	JW	用于吊运卧卷
		卧卷 C 形钩	JC	用于吊运卧卷
	钢卷翻转夹钳		JF	用于吊运立卷或卧卷，并可完成立卷和卧卷的互相翻转
型材吊具	圆钢吊具	圆钢夹钳	YG	用于吊运水平放置的圆钢或钢管
		圆钢翻转夹钳	YF	用于吊运立式放置的圆钢或钢管，并将其水平放置
	钢轨夹钳		GG	用于吊运成排放置的钢轨
轧辊吊具	轧辊夹钳		GJ	用于吊运轧辊（含带轴承座的轧辊）
	轧辊提升钳		GT	用于吊运带轴承座的轧辊
设备吊具	罩式炉三爪夹钳		SZ	用于吊运罩式炉对流板及内罩
	中间罐吊具		ZG	用于吊运连铸机中间罐
	门形吊钩		LM	用于吊运钢水包
	底板立柱夹钳		ZL	用于吊运环形炉底板和立柱
	台车吊具		CT	用于吊运环形炉的上下台车

3. 冶金吊具的工作环境条件要求

（1）电动吊具的电源为三相交流电源，频率为 50 Hz，电压为 380 V，电源电压波动应在额定电压的 ±10% 以内。

（2）装有电动机的吊具，正常使用地点的海拔应不超过 1 000 m，电气元件正常使用地点的海拔应不超过 2 000 m。超过正常海拔时应进行修正。

（3）吊具正常使用地点的环境温度为 −10 ～ 60 ℃，相对湿度在 40 ℃时不超过 50%，较低温度下允许较高的湿度，如在 20 ℃的温度下相对湿度不超过 90%。

（4）装有电动机及电气元件的吊具，安装使用环境中不应有爆炸性、可燃性、腐蚀性粉尘和气体。

（5）电动机运行条件应符合《旋转电机　定额和性能》（GB/T 755—2019）中第 6 章和第 7 章的规定。

（6）电气设备的正常使用、安装和运输条件应符合《低压开关设备和控制设备 第1部分：总则》（GB 14048.1—2012）中第6章的规定。

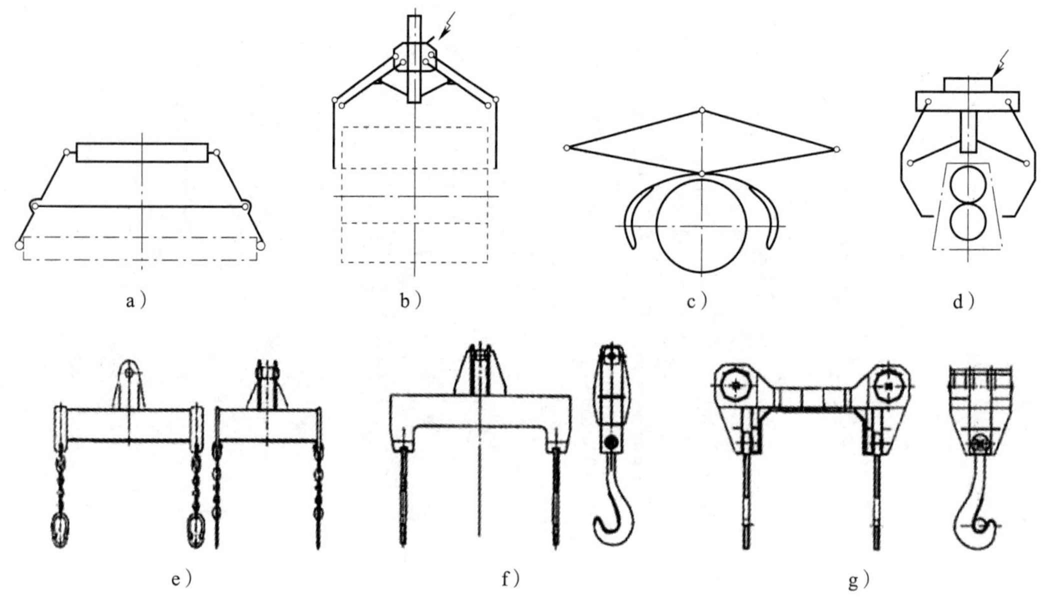

图 3-13 冶金吊具简图举例

a）液压杠杆式板坯夹钳 b）电动杠杆式卧卷提升钳 c）机械杠杆式钢管夹钳 d）电动杠杆式轧辊提升钳 e）中间罐吊具（吊链式） f）门形吊钩（吊耳式） g）门形吊钩（滑轮组式）

4. 冶金吊具安全与防护的相关要求

（1）吊具应与起重机起升机构的工作级别、载荷状态级别、使用等级相匹配。

（2）吊具制动装置的摩擦表面不得有油污等异物。

（3）钳臂、钳腿的开闭动作应在无负荷状态下进行并完成。

（4）吊具上的滑轮应有防止钢丝绳跳出滑轮绳槽的装置，滑轮槽应光滑，不应有损伤钢丝绳的缺陷。

（5）在吊具升降过程中，吊具的供电电缆不应与起重机钢丝绳发生接触与摩擦。

5. 专用夹钳的维护保养、检查及更新和报废标准

（1）专用夹钳应当按照使用说明书的要求进行维护保养和检查。

（2）夹钳主要受力构件出现以下情况应更新或报废：

1）裂纹（铸造钳臂横向裂纹）。

2）严重扭曲变形和弯曲。

3）杆件断面磨损、腐蚀达原尺寸的10%。

4）钳爪（钳口）、吊牙磨损、损坏不能满足安全吊运要求。

5）脱锭、钢锭夹钳钳架滑槽磨损严重影响夹紧。

七、梁式吊具

梁式吊具是以梁体为主体，用于悬挂负载且满足负载吊运要求，并能够与起重机吊钩连接的装置。

《梁式吊具》(GB/T 26079—2010）适用于起重机吊钩下的吊运用梁式吊具。

1. 梁式吊具的分类和代号

（1）分类。

1）梁式吊具按吊具结构可分为一字型吊具、工字型吊具、双层型吊具、门型吊具、C型吊具、多翼型吊具和井字型吊具等。梁式吊具简图举例如图 3-14 所示。

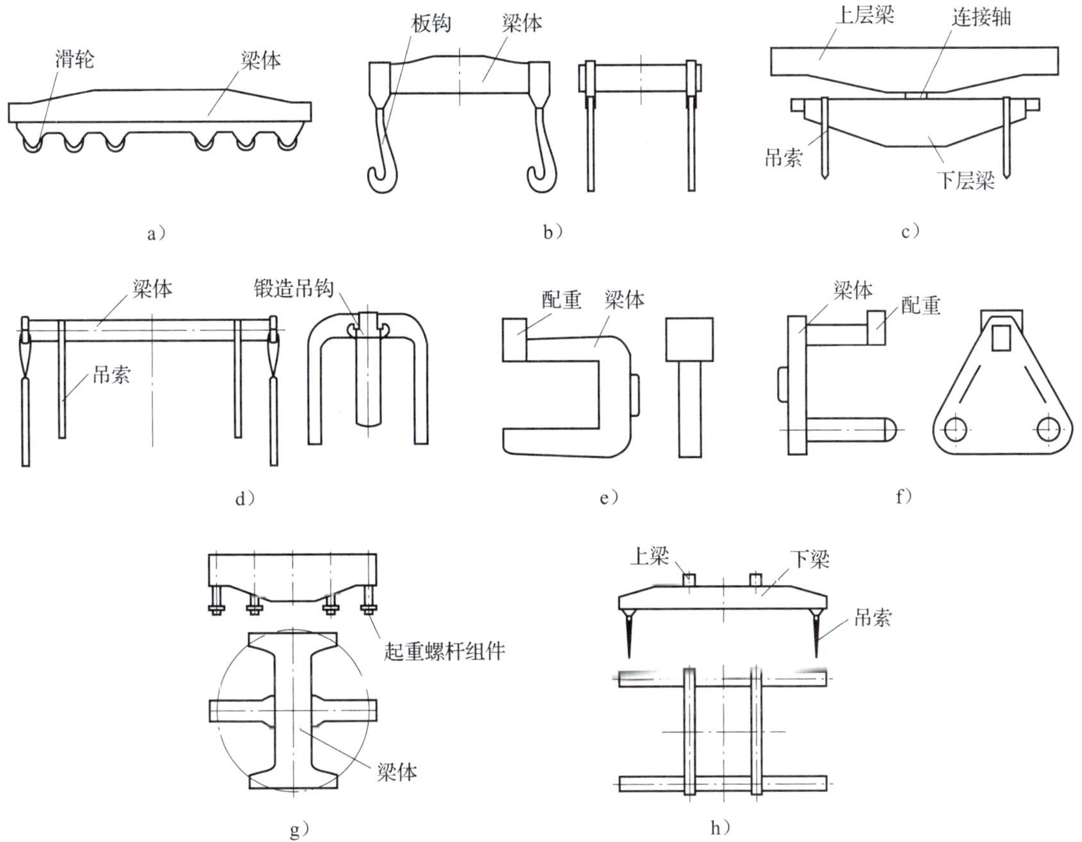

图 3-14　梁式吊具简图举例

a）一字型吊具　b）工字型吊具　c）双层型吊具　d）门型吊具　e）C 型吊具（单卷吊具）
f）C 型吊具（双卷吊具）　g）多翼型吊具　h）井字型吊具（单卷吊具）

2）梁式吊具按梁体截面可分为箱形截面吊具、单腹板截面吊具和圆环截面吊具等。

（2）代号。代号由“横梁”的汉语拼音字母 HL 和类别代号组成。

类别代号：一字型吊具为 Y，工字型吊具为 G，双层型吊具为 S，门型吊具为 M，C 型单卷吊具为 C_D，C 型双卷吊具为 C_S，多翼型吊具为 D_n（角标 n 表示翼梁个数），井字型吊具为 J。

2. 梁式吊具的维护保养、检查及报废标准

（1）应当按照吊具的使用说明书进行维护保养和检查。

（2）当梁体产生裂纹、永久变形、磨损和腐蚀严重时，应按吊具主要受力构件报废标准规定报废。

（3）梁式吊具的零部件应按吊具通用标准规定更新或报废。

八、集装箱吊具

集装箱吊具是一种通过起重机械和起重设备承上启下的吊运工具，它具有与集装箱箱体相适应的结构，通过位于角部的转锁与箱体的角件连接，进行集装箱起吊作业。

1. 集装箱吊具的类型

集装箱吊具有固定式和伸缩式两种基本类型。

（1）固定式集装箱吊具：无专用伸缩动力装置，集装箱吊具几何尺寸不变。

固定式集装箱吊具通过钢丝绳的升降带动棘轮机构驱动旋锁转动，从而以钢丝绳机械运动的方式实现自动开闭旋锁。其结构简单，适用起吊一定尺寸的集装箱，如图 3–15 所示。

（2）伸缩式集装箱吊具：装有机械式或液压式伸缩机构，能在≥ 6.10 m（20 ft）相关范围内进行伸缩调节。

伸缩式集装箱吊具一般通过液压传动驱动伸缩链条或油缸改变吊具长度，以适应装卸不同规格的集装箱。其通用性强，效率高，如图 3–16 所示。

图 3–15　固定式集装箱吊具

图 3–16　伸缩式集装箱吊具

2. 集装箱吊具的使用

（1）集装箱的装卸方法应符合相关标准的规定。

（2）除叉装作业外，吊具必须通过集装箱同一水平面的四个角件与集装箱连接，否则不得起吊。

（3）当手动、半自动挂摘转锁或吊钩作业时，起吊前应逐个检查确认是否满足了挂摘要求；当使用联锁安全保护装置吊具作业时，应目视指示装置，当确认全部挂牢或解锁时方能起吊。

（4）当用框架环眼吊钩起吊 25 t 以上载荷时，集装箱在任何方向的倾角不得超过 10°。

（5）应明确区分集装箱是重箱还是空箱，如无法查明，则应按重箱处理。

（6）单点起吊时，应特别注意因集装箱重心偏离造成倾斜所带来的危险性。

（7）在起吊重心易于移动或重心偏离的集装箱时，应谨慎操作，如罐式集装箱、干散货集装箱、装有液体散装袋的集装箱、装有悬挂货物的集装箱或有制冷装置的温控集装箱（整体式或外置式）。

（8）集装箱在着地时要注意轻放。不应在任何表面上拖推集装箱。在场地上，集装箱应仅由四个底角件支承。堆码时，上、下集装箱的底角件与顶角件应充分接触。

3. 集装箱吊具的维护保养及报废标准

（1）集装箱吊具的维护保养应当遵守使用说明书的要求。

（2）吊具零部件出现下列情况之一时应停止使用，如不能修复，应报废：

1）转锁、搭钩变形或有裂纹。

2）单个转锁与集装箱角件的承接面积小于 800 mm^2。

3）结构件扭曲变形或焊缝开裂，子母式吊具连接销轴变形或有裂纹。

4）转锁、搭钩斜对角中心距超差。

5）转锁、搭钩的开闭指示装置、安全保护（联锁）装置失灵。

第三节　起重索具

起重索具主要有金属索具和合成纤维索具两大类。

金属索具主要有钢丝绳吊索类、链条吊索类等，合成纤维索具主要有以锦纶、丙纶、涤纶等为材料生产的绳类和带类索具等。

一、吊链

吊链是包括一根或数根链条和连带其上、下端配件的链条组合件，用于把起吊重物连接到起重机或其他起重机械的吊钩上。

1. 吊链的术语和定义

（1）链环节距：链环内长度的测量值。

（2）链条极限工作载荷：在一般起重设备上，链条垂直悬挂时承受的最大公称质量。

（3）主环：为一侧边平行的环，是吊钩的上端配件，通过它连接到起重机或其他起重机械的吊钩上。

（4）中间主环：用于将两个或者两个以上链肢连接到主环的链环。

（5）连接环：装在链条端部的链环，直接或通过中间环将链条连接到上端或下端配件上。

（6）中间环：用于端部配件和装在链条上的连接环之间起连接作用的链环。

（7）下端部：装在肢端的链环、吊钩或其他装置，此肢端远离主环或上端部。

（8）极限工作载荷：在通常情况下，设计吊链能承受的最大质量。

（9）工作载荷：在特殊工况下吊链能承受的最大质量。

2. 吊链的结构

吊链的典型结构如图 3–17 所示。

3. 吊链的使用、维护和报废

（1）选用吊链尺寸与等级，可依次升高，即由 M 级到 S 级再到 T 级，从而获得强度相同而尺寸较小的吊链。

（2）吊链在高（低）温环境里作业时，根据吊链等级、温度环境，吊链允许的极限工作载荷用常温时极限工作载荷的百分率表示。

1）吊链等级为 M（4）时，吊链允许的极限工作载荷如下：

温度 –30 ℃$<t\leqslant$ 300 ℃，极限工作载荷的 100%。

温度 300 ℃$<t\leqslant$ 350 ℃，极限工作载荷的 85%。

温度 350 ℃$<t\leqslant$ 400 ℃，极限工作载荷的 75%。

温度 400 ℃$<t\leqslant$ 475 ℃，极限工作载荷的 50%。

温度 $t>$475 ℃，不允许使用。

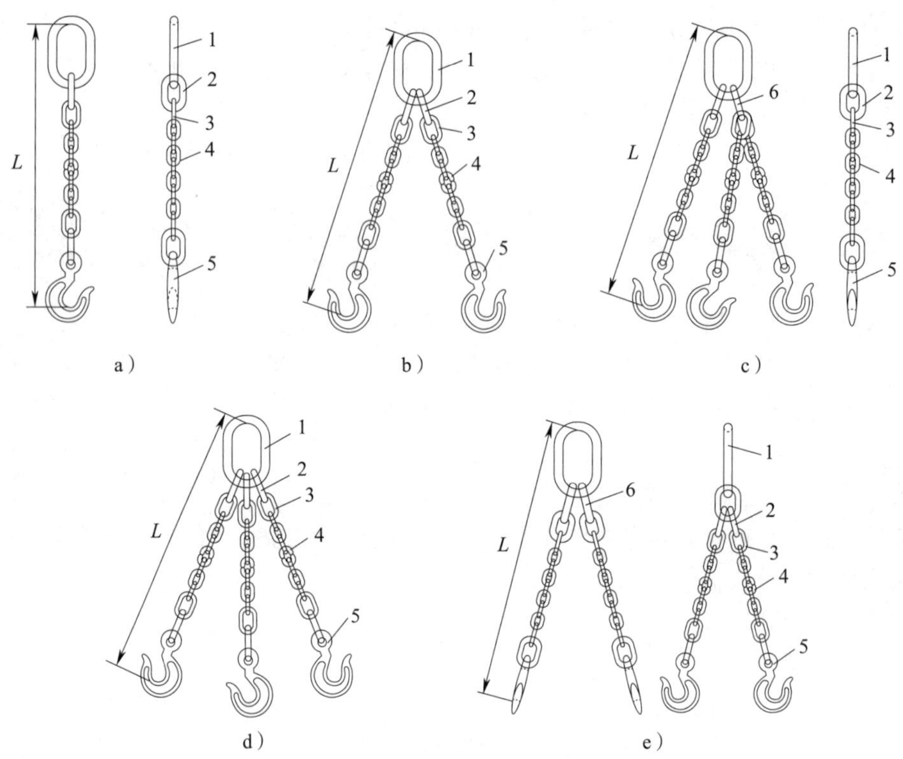

图 3-17 吊链的典型结构

a）单肢吊链 b）双肢吊链 c）三肢吊链 d）三肢吊链（结构可变） e）四肢吊链

1—主环 2—中间环 3—连接环 4—链条 5—链钩或其他端部零件 6—中间主环 L—名义长度

2）吊链等级为 S（6）时，吊链允许的极限工作载荷如下：

温度 −30 ℃< t ≤ 200 ℃，极限工作载荷的 100%。

温度 200 ℃< t ≤ 300 ℃，极限工作载荷的 90%。

温度 300 ℃< t ≤ 400 ℃，极限工作载荷的 75%。

温度 t > 400 ℃，不允许使用。

3）吊链等级为 T（8）时，吊链允许的极限工作载荷如下：

温度 −30 ℃< t ≤ 200 ℃，极限工作载荷的 100%。

温度 200 ℃< t ≤ 300 ℃，极限工作载荷的 90%。

温度 300 ℃< t ≤ 400 ℃，极限工作载荷的 75%。

温度 t > 400 ℃，不允许使用。

（3）S（6）、T（8）级吊链不应在酸性溶液、酸性蒸气中使用。M（4）级吊链在酸性介质中使用时，应采用下列保护措施：

1）此时该吊链的极限工作载荷应不大于原极限工作载荷的 50%。

2）吊链每天使用之前，应进行全面检查。吊链在其他腐蚀性环境里使用时，应与制造商协商。

3）吊链使用后，应立刻用清水彻底冲洗。

（4）吊链准备提升时，链条松弛部分应小心地收紧，链条应伸直，不得扭曲、打结或弯折。

（5）当用多肢吊链通过载荷吊耳、环孔连接时，一般肢间夹角应不超过 60°（与铅垂线夹角 30°）。

（6）使用吊链提升物品时，应禁止出现下列情况：

1）长环链、提升链用作吊链。

2）链条拉长后继续使用。

3）使用比链条等级低的上、下端配件。

4）使用已断裂或变形的吊链。

5）用螺栓或金属丝连接链条的链环。

6）链条围绕起重吊钩重复缠绕，如图 3-18a）所示。

7）承载链条挂在起重机吊钩的钩尖上，如图 3-18b）所示。

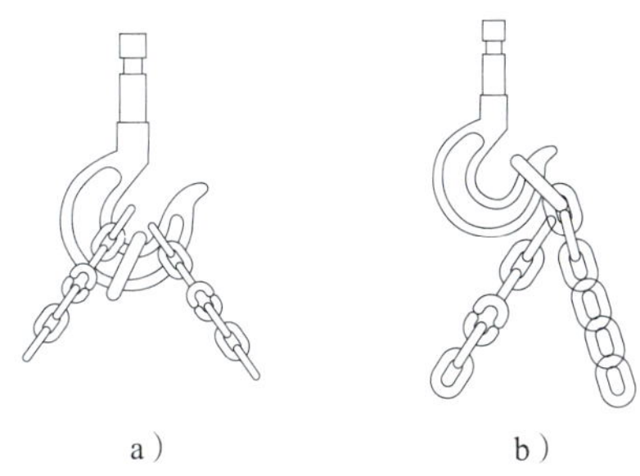

图 3-18　链条在吊钩上的禁止挂法

a）链条重复缠绕　b）链条挂在钩尖

8）链环之间连接不灵活。

（7）吊链的更换或报废应符合索具报废标准的规定。

二、纤维绳吊索

1. 综合性规定

《起重机械吊具与索具安全规程》（LD 48—1993）对纤维绳吊索作出了综合性的规定。

（1）天然和人造纤维绳吊索的要求如下：

1）大麻、椰子皮纤维绳不得制作吊索，人造纤维绳应由聚酰胺、聚酯、聚丙烯制作。

2）绳索必须由未变质的新原料制成，各绳股含纱量相等，捻距必须均匀，且为绳径的 3.5 ～ 4.0 倍。

3）绳索表面应光滑平整，无扭股、划破、严重起毛等缺陷。

4）三股绳，各股应为“Z”向捻，且三股应为“S”向捻合成绳。

5）八股编绞绳应由 4 对股组成，两条“S”捻向股和两条“Z”捻向股分别组成交替对。

6）直径小于 16 mm 的细绳不得用作吊索，直径大于 48 mm 的粗绳不宜用作吊索。

7）绳端固定，不允许用绳夹或打结方法代替插接连接。

8）吊索两端插接连接索眼之间的最小净长度，不得小于绳索公称直径的 10 倍。

9）当索眼与端部配件连接时，宜镶嵌相应的索具套环，且应符合《索具套环》（GB/T 33—1999）的规定。不镶嵌套环时，端部配件与软索眼接触连接部位的曲率半径不得小于绳的公称直径。

10）吊索除索眼端部、环形吊索接头处固定连接外，其他部位不得进行插接连接。

11）当纤维吊索出现下列情况之一时，应报废：

①绳被切割、断股、严重擦伤、绳股松散或局部破裂。

②绳表面纤维严重磨损，局部绳径变细，或任一绳股磨损达原绳股的 1/3。

③绳索捻距增大。

④绳索内部绳股间出现破断，有残存碎纤维或纤维颗粒。

⑤纤维出现软化或老化，表面粗糙纤维极易剥落，弹性变小、强度减弱。

⑥严重折弯或扭曲。

⑦绳索发霉变质、酸碱烧伤、热熔化或烧焦。

⑧绳索表面有过多的点状疏松、腐蚀。

⑨插接处破损、绳股拉出、索眼损坏。

⑩端部配件出现本章第一节索具报废标准中的情况。

⑪已报废的绳索不得修补重新使用。

（2）人造纤维吊带的要求如下：

1）不得由聚乙烯材料制作，其材质应分别是聚酰胺、聚酯、聚丙烯。

2）织带应为耐磨性好、优质的高强度人造纤维经机器编织而成。

3）带保护套吊带的芯部纤维丝，应为优质高强度人造丝连续纤维丝。

4）织带端头不得绽裂，当织带边一根纱线断裂时，应不引起“破边”。

5）织带经染色、浸渍或涂柔性耐磨涂料、防老化剂后应对人无毒，且应不降低织带原有强度与柔性。

6）当织带承受吊带极限工作载荷时，幅宽的减少应不超过原幅宽的10%。

7）带保护套的吊带，其保护套与芯部之间的配合应松紧适度，不得使芯部松散，芯部纤维丝不得有断裂、交错与折弯，且各股粗细应均匀一致，其连接应采用拴扣扎结方法。

8）环形吊带，当采用对头搭接连接时，只允许有一处接头；单肢吊带或多肢吊带各分肢的织带均不得有拼接接头。

9）当数条织带重合在一起制作吊带时，其材质、结构、幅度应相同，且应采用接缝方式缝合在一起。

10）吊带索眼端部固定连接、环形吊带对头搭接固定连接，应采用接缝缝合方法。

11）当吊带出现下列情况之一时，应报废：

①织带（含保护套）严重磨损、穿孔、切口、撕断。

②承载接缝绽开、缝线磨断。

③吊带纤维软化、老化、弹性变小、强度减弱。

④纤维表面粗糙且易于剥落。

⑤吊带出现死结。

⑥吊带表面有过多的点状疏松、腐蚀，酸碱烧损以及热熔化或烧焦状况。

⑦带有红色警戒线吊带的警戒线裸露。

⑧端部配件达到本章第一节中索具报废标准。

（3）纤维吊索和吊带的使用与维护要求如下：

1）应防止纤维受到机械损伤，避免与吊重的锐边、粗糙表面接触或摩擦生热。

2）在使用中，纤维绳吊索软索眼两绳间夹角不得超过30°，吊带软索眼连接处夹角不得超过20°。

3）纤维吊索、吊带不得在地面拖拽摩擦，其表面不得沾污泥砂等锐利颗粒杂物。

4）吊索或吊带受腐蚀性介质污染后，应及时用清水冲洗；潮湿后不得加热烘干，只能在自然循环空气中晾干。

5）当使用潮湿聚酰胺纤维绳吊索、吊带时，其极限工作载荷应减少15%。

6）各类纤维吊索、吊带应与使用环境相适应，防止受到环境腐蚀作用。天然纤维不得接触酸、碱等腐蚀介质。人造纤维一般不得接触有机溶剂，聚酰胺纤维不得接触酸性溶液或气体，聚酯纤维不得接触碱性溶液以及使用说明书中所规定的不可接触的物质。

7）当纤维绳穿过滑轮使用时，轮槽宽应不小于绳径，且滑轮直径与绳径比应不小于5∶1。

8）纤维吊索、吊带不得在产品使用说明书所规定温度以外的环境中使用，且不得在有热源、焊接作业场所使用。

2. 编织吊索的一般用途合成纤维扁平吊装带

扁平吊装带是柔性吊装带，由缝制织带部件组成，带或不带端配件，用于将载荷连接到起重机的吊钩或其他起重设备上。

《编织吊索　安全性　第1部分：一般用途合成纤维扁平吊装带》（JB/T 8521.1—2007）规定了宽度为25～320 mm由聚酰胺、聚酯和聚丙烯合成纤维材料制成的扁平吊装带，以及单肢、两肢、三肢、四肢和环形吊装带（带或不带端配件）的定级和试验方法。该标准适用于一般材料和物品提升作业，未涉及的提升作业包括提升人或有潜在危险的物品，如熔融的金属、酸、玻璃板、易碎物品、核反应堆以及特殊环境下的提升作业。该标准不适用于以下类型的吊装带：袋状吊装带、网状吊装带（由数个织带交叉缝制在一起组成）；单纤维织带制成的吊装带；用于试验不再使用的吊装带。

（1）吊装带可分为以下3类：

A类：环形吊装带，分为环形扁平单层吊装带和环形扁平双层吊装带。

B类：带有加强软环眼的单肢吊装带，分为带有加强软环眼的单层吊装带和带有加强软环眼的双层吊装带。

C类：带有金属端配件的单肢吊装带（端配件若为可再连接型的，则为Cr类），由一层、两层、三层或四层组成，如图3–19所示。

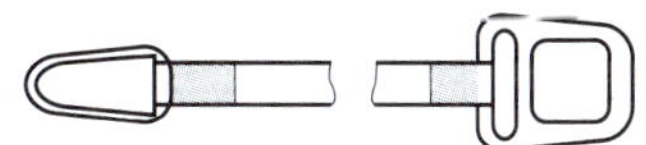

图3–19　带有金属端配件的单肢吊装带

（2）吊装带的使用与维护要求如下：

1）吊装带使用的材料对部分化学物品有抗蚀性。聚酯（PES）能抵抗大多数无机酸，但不耐碱；聚酰胺（PA）耐碱，但易受无机酸的侵蚀；聚丙烯（PP）几乎不受酸、碱侵蚀，除需使用化学溶剂的情况外，聚丙烯适合在强化学腐蚀的环境下使用。

无害酸或碱溶液经过蒸发而充分浓缩，会对吊装带造成伤害。被污染的吊装带应立即停止使用，在冷水中浸泡，自然风干后送交检验人员进行检测。

带8级端配件的吊装带及带8级主链环的多肢吊装带不应在酸性环境中使用。8级材料与酸雾或碱雾接触会产生氢脆。如果吊装带在可能暴露于化学物质的环境下使用，应向制造商或供货方咨询。

2）吊装带应在以下温度内使用和贮存：

①聚酯及聚酰胺为 −40～100 ℃。

②聚丙烯为 −40～80 ℃。

在上述规定的温度范围内，允许采用限定的非直接加热的方法对吊装带进行烘干。

3）吊装带使用的合成纤维暴露于紫外线辐射下时容易降级，因此不应将吊装带贮存在受阳光直射或有紫外线辐射源的地方。

4）吊装带首次使用前，应确保吊装带的规格与订单上的要求一致，并取得制造商提供的证书，吊装带上标识的名称和极限工作载荷应与证书上的内容一致。

一般用途合成纤维扁平吊装带的极限工作载荷和颜色代号见表 3–2。

表 3–2　　一般用途合成纤维扁平吊装带的极限工作载荷和颜色代号

吊装带垂直提升时的极限工作载荷 /t	缝制织带部件颜色	极限工作载荷 /t								
		垂直提升	扼圈式提升	吊篮式提升			双肢吊索		三肢和四肢吊索	
				平行	β 为 0° ～ 45°	β 为 5° ～ 60°	β 为 0° ～ 45°	β 为 5° ～ 60°	β 为 0° ～ 45°	β 为 45° ～ 60°
		$M = 1$	$M = 0.8$	$M = 2$	$M = 1.4$	$M = 1$	$M = 1.4$	$M = 1$	$M = 2.1$	$M = 1.5$
1.0	紫色	1.0	0.8	2.0	1.4	1.0	1.4	1.0	2.1	1.5
2.0	绿色	2.0	1.6	4.0	2.8	2.0	2.8	2.0	4.2	3.0
3.0	黄色	3.0	2.4	6.0	4.2	3.0	4.2	3.0	6.3	4.5
4.0	灰色	4.0	3.2	8.0	5.6	4.0	5.6	4.0	8.4	6.0
5.0	红色	5.0	4.0.	10.0	7.0	5.0	7.0	5.0	10.5	7.5
6.0	棕色	6.0	4.8	12.0	8.4	6.0	8.4	6.0	12.6	9.0
8.0	蓝色	10.0	6.4	16.0	11.2	8.0	11.2	8.0	16.8	12.0
10.0	橙色	8.0	8.0	20.0	14.0	10.0	14.0	10.0	21.0	16.0
大于 10.0	橙色	—	—	—	—	—	—	—	—	—

注：M 为对称承载的方式系数；吊装带或吊装带零件的安装公差：垂直方向为 6°。

5）每次使用前，应检查吊装带是否有缺陷，并确保吊装带的名称和规格正确。不应使用没有标识或存在缺陷的吊装带。

6）吊装带使用期间，应经常检查吊装带是否有缺陷或损伤，包括被污垢掩盖的损伤。应对任何与吊装带相连的端配件和提升零件进行上述检查。如果有任何影响使用的状况发生，或所需标识已经丢失或不可辨识，应立即停止使用并送检。

影响吊装带继续安全使用的缺陷或损伤如下：

①表面擦伤。正常使用时，表面纤维会有擦伤，这些属于正常擦伤，几乎不会对吊装带的性能造成影响。但是这种影响是会变化的，因此继续使用时，应减轻一些承重。应重视所

有严重的擦伤，尤其是边缘的擦伤。局部磨损不同于一般磨损，可能是在吊装带受力拉直时，被尖锐的边缘划伤造成的，并且可能造成承重减小。

②割口。横向或纵向的割口、织边的割口或损坏、针脚或环眼的割口。

③化学侵蚀。化学侵蚀会导致吊装带局部削弱或织带材料软化，表现为表面纤维脱落或擦掉。

④热损伤或摩擦损伤。纤维材料外观非常光滑，极端情况下纤维材料可能会熔合在一起。

⑤端配件损伤或变形。

7）尺寸、形状、质量及使用方式、工作环境和物品的性质都会影响吊装带的正确选择。选择的吊装带必须有足够的强度和使用长度。使用一肢以上的吊装带提升物品时，每肢吊装带的规格都应完全相同。吊装带的材料不应受环境或物品的不利影响。端配件和提升装置应当与吊装带相匹配，应考虑吊装带的终端是否需要端配件或软环眼。

8）使用带有软环眼的吊装带时，用于与吊钩相连的吊装带环眼的最小长度应不小于吊钩受力点处最大厚度的 3.5 倍。同时无论何种情况，吊装带环眼形成的角度应不超过 20°。

将带有软环眼的吊装带连接至提升装置时，提升装置中与吊装带发生作用力的部分应保证基本平直，除非吊装带受力部分的宽度小于 75 mm。在这种情况下，提升装置连接件的曲率半径至少是吊装带受力部分宽度的 0.75。吊钩的弯曲部分使吊装带在宽度方向不能均匀承载，因此宽的织带可能会受到吊钩内径的影响。

9）吊装带不应过载，应使用正确的方式系数。在使用多肢吊装带时，索肢与垂直方向的夹角不应超过规定的最大值。

10）提升物品前，应对悬挂、提升和下降操作制定方案。

11）吊装带应正确放置，以安全的方式连接到物品，并保证吊装带宽度方向均匀承载。吊装带不应打结或弯曲。

12）针脚缝合处不应越过吊钩或其他提升装置，应一直在吊装带的固定部分。

13）为了防止吊装带上的标签受到损伤，应使其远离物品、吊钩和扼圈。

14）应防止吊装带被物品或提升装置的锐边割破、摩擦及磨损。防护锐边和（或）磨损损伤的保护及加固的零件应为吊装带的一部分，并应正确安排其位置。必要时对该零件进行额外的保护。

15）物品在吊装带上的固定应保证提升时物品不会倾倒或掉落。使用吊篮式连接时，在提升时吊装带会沿吊点滚动，应确保提升安全。成对使用的吊装带，建议使用隔离装置，使索肢尽可能竖直，从而确保物品在索肢间均匀分布。吊装带使用扼圈式连接时，应确保自然形成 120° 角，避免产生摩擦热。不应强行安装一根吊装带或试图用一根吊装带拉紧。固定物品的正确方法是使用双匝扼圈连接。

16）提升物品时，应确保提升区域中人员的人身安全。应警告在提升作业区的人员提升操作将要开始，或让其立即离开此区域。手或身体的其他部位应远离吊装带，以防吊装带拉紧时造成伤害。

17）应进行试提升。吊装带张紧后，再将吊装带与物品连接处松弛的部分拉紧。先将物品稍微提起，然后检查物品是否牢固、是否在预定位置。当使用摩擦力固定物品时，吊篮式或其他结套式连接，尤其要注意。如果被吊物品有倾斜的迹象，应将其放下，并重新捆扎。应重复进行试提升，直至物品平稳。

18）提升时，应确保物品在控制之下，即防止物品旋转或与其他物体碰撞。应避免瞬间或冲击加载，以免增加吊装带的受力。

19）吊装物品或吊装带本身不应在地面或粗糙表面拖拉。

20）物品下降时，应采用与提升相同的控制方式，应避免吊装带被挂住，不应将物品压在吊装带上。

21）提升作业完成，应将吊装带正确放置。

22）吊装带贮存应当按照以下要求：

①吊装带贮存前应检查其在使用期间是否受到任何损坏。吊装带如果受到损坏，不能放回贮存。

②如果提升用吊装带已经接触了酸或碱，建议在贮存前用水稀释或使用适当物质进行中和。

③使用中浸湿或清洗过的吊装带，应悬挂起来自然风干。

④应将吊装带贮存在清洁、干燥、通风良好的地方和放在架子上，并使其远离热源，避免与化学品、烟雾、腐蚀性表面接触，避免阳光直射或其他紫外线辐射源。

23）吊装带的检查和维修应由检验人员根据使用情况、使用环境、使用频率及此类实际应用因素决定检修周期。但是无论何种情况，应保证至少每年由检验人员用目测方法对吊装带进行检查，以确定其是否能够继续使用并应保留一份此类检测的记录。

24）损坏的吊装带不应再使用，不要自行维修。

3. 编织吊索的一般用途合成纤维圆形吊装带

圆形吊装带是无接头柔性吊装带，由承载芯、全封闭编织护套构成，带或不带端配件。

《编织吊索　安全性　第 2 部分：一般用途合成纤维圆形吊装带》（JB/T 8521.2—2007）规定了由聚酰胺、聚酯和聚丙烯合成纤维材料制成的圆形吊装带，最大极限工作载荷可达 100 t，垂直提升时以及两肢、三肢、四肢吊装带（带或不带端配件）的定级和试验方法。该标准适用于一般材料和物品提升作业，未涉及的提升作业包括提升人或有潜在危险的物品，如熔融的金属、酸、玻璃板、易碎物品、核反应堆以及特殊环境下的提升作业。该标准规定的吊装带适用于在以下温度范围内使用和贮存：聚酯、聚酰胺为 −40 ～ 100 ℃，聚丙烯为 −40 ～ 80 ℃。该标准不适用于在托台和平台上或车辆中将货物固定或捆扎在一起的吊装带和无填充物的管状吊装带。

吊装带的选择和使用要求如下：

（1）应根据方式系数和提升物品的性质选择所需的极限工作载荷。选择的吊装带必须有足够的强度和使用长度。使用一肢以上的吊装带提升物品时，每肢吊装带的规格都应完全相同。吊装带的材料不应受环境或物品的不利影响。端配件和提升装置应当与吊装带相匹配。

一般用途合成纤维圆形吊装带的极限工作载荷和颜色代号见表 3-3。

（2）吊装带不应超载使用，应使用正确的方式系数。在使用多肢吊装带时，索肢与垂直方向的夹角不应超过规定的最大值。

（3）提升物品前，应对悬挂、提升和下降操作制定方案。

（4）吊装带应正确放置，以安全的方式连接到物品上，并保证吊装带与物品连接的地方伸平，以便吊装带在宽度方向均匀承载。吊装带不应打结或弯曲。为了防止吊装带上的标签受到损伤，应使其远离物品、吊钩和扼圈。

表 3-3　　一般用途合成纤维圆形吊装带的极限工作载荷和颜色代号

吊装带垂直提升时的极限工作载荷 /t	缝制织带部件颜色	极限工作载荷 /t								
		垂直提升	扼圈式提升	吊篮式提升			双肢吊索		三肢和四肢吊索	
				平行	β 为 0° ～ 45°	β 为 5° ～ 60°	β 为 0° ～ 45°	β 为 5° ～ 60°	β 为 0° ～ 45°	β 为 45° ～ 60°
		$M = 1$	$M = 0.8$	$M = 2$	$M = 1.4$	$M = 1$	$M = 1.4$	$M = 1$	$M = 2.1$	$M = 1.5$
1.0	紫色	1.0	0.8	2.0	1.4	1.0	1.4	1.0	2.1	1.5
2.0	绿色	2.0	1.6	4.0	2.8	2.0	2.8	2.0	4.2	3.0
3.0	黄色	3.0	2.4	6.0	4.2	3.0	4.2	3.0	6.3	4.5
4.0	灰色	4.0	3.2	8.0	5.6	4.0	5.6	4.0	8.4	6.0
5.0	红色	5.0	4.0.	10.0	7.0	5.0	7.0	5.0	10.5	7.5
6.0	棕色	6.0	4.8	12.0	8.4	6.0	8.4	6.0	12.6	9.0
8.0	蓝色	8.0	6.4	16.0	11.2	8.0	11.2	8.0	16.8	12.0
10.0	橙色	10.0	8.0	20.0	14.0	10.0	14.0	10.0	21.0	16.0
12.0	橙色	12.0	9.6	24.0	16.8	12.0	16.8	12.0	25.2	18.0
15.0	橙色	15.0	12.0	30.0	21.0	15.0	21.0	15.0	31.5	22.5
20.0	橙色	20.0	16.0	40.0	28.0	20.0	28.0	20.0	30.0	30.0
25.0	橙色	25.0	20.0	50.0	35.0	25.0	35.0	25.0	52.5	37.5
30.0	橙色	30.0	24.0	60.0	42.0	30.0	42.0	30.0	63.0	45.0
40.0	橙色	40.0	32.0	80.0	56.0	40.0	56.0	40.0	84.0	60.0
50.0	橙色	50.0	40.0	100.0	70.0	50.0	70.0	50.0	105.0	75.0
60.0	橙色	60.0	48.0	120.0	84.0	60.0	84.0	60.0	126.0	90.0
80.0	橙色	80.0	64.0	160.0	112.0	80.0	112.0	80.0	168.0	120.0
100.0	橙色	100.0	80.0	200.0	140.0	100.0	140.0	100.0	210.0	150.0

注：M 为对称承载的方式系数；吊装带或吊装带零件的安装公差：垂直方向为 6°。

多肢吊装带的极限工作载荷值是基于组合多肢吊装带在对称承载的情况下得出的，即提升载荷时各索肢按设计对称分布，相对应的索肢与竖直方向的夹角相同。

对于三肢吊装带，如果索肢不能按设计对称布置，则在设计角度之和与相邻索肢夹角最大的索肢上拉力最大。同样的情况也会发生在四肢索具上，除非载荷为刚性物品。当提升刚性物品时，只有三肢，甚至两肢受力，其余索肢只用来平衡物品。

（5）应防止吊装带被物品或提升装置的锐边割破、摩擦及磨损。防护锐边和（或）磨损损伤的保护及加固的零件应为吊装带的一部分，并应正确安排其位置，必要时对该零件进行额外的保护。

（6）物品在吊装带上的固定应保证提升时物品不会倾倒或掉落。吊装带的吊点应在物品重心的正上方，并确保物品平衡、稳定。如果物品的重心不在吊点之下，提升时，吊装带可能会在吊点上移动。

使用吊篮式连接时，在提升时吊装带会沿吊点滚动，应确保提升安全。成对使用的吊装带，建议使用隔离装置，使索肢尽可能竖直，从而确保物品在索肢间均匀分布。

当吊装带使用扼圈式连接时，应确保自然形成120°角，避免产生摩擦热。不应强行安装一根吊装带或试图用一根吊装带拉紧。

（7）提升物品时，应确保提升区域中人员的人身安全。应警告在提升作业区的人员提升操作将要开始，或让其立即离开此区域。手或身体的其他部位应远离吊装带，以防吊装带拉紧时造成伤害。

（8）应进行试提升。吊装带张紧时，再将吊装带与物品连接处松弛的部分拉紧。先将物品稍微提起，然后检查物品是否牢固、是否在预定位置。当使用摩擦力固定物品时，吊篮式或其他结套式连接，尤其要注意。如果被吊物品有倾斜的迹象，应将其放下，并重新捆扎。应重复进行试提升，直至物品平稳。

（9）提升时，应确保物品在控制之下，即防止物品旋转或与其他物体碰撞。应避免瞬间或冲击加载，以免增加吊装带的受力。吊装物品或吊装带本身不应在地面或粗糙表面拖拉。

（10）物品下降时，应采用与提升相同的控制方式，应避免吊装带被挂住，不应将物品压在吊装带上。

（11）提升作业完成，应将吊装带正确贮存。不使用时，应将吊装带贮存在清洁、干燥、通风良好的地方和放在架子上，并使其远离热源，避免与化学品、烟雾、腐蚀性表面接触，避免阳光直射或其他紫外线辐射源。

（12）吊装带贮存前，应检查其在使用期间是否受到损坏。吊装带如果受到损坏，不能放回贮存。

（13）如果提升用吊装带已经接触了酸或碱，建议在贮存前用水稀释或使用适当物质进行中和。使用中浸湿或清洗过的吊装带，应悬挂起来自然风干。

（14）应由检验人员根据使用情况、使用环境、使用频率及此类实际应用因素决定检修周期。但是无论任何情况，应保证至少每年由检验人员用目测方法对吊装带进行检查，以确定其是否能够继续使用，并应保留一份此类检测的记录。

（15）损坏的吊装带不应再使用，不要自行维修。

第四章　钢丝绳及其应用

本章共三节，内容包括钢丝绳概述、起重机用钢丝绳、钢丝绳吊索。

第一节　钢丝绳概述

钢丝绳是至少有两层钢丝围绕一个中心钢丝或多个股围绕一个绳芯螺旋捻制而成的结构，分为多股钢丝绳和单捻钢丝绳。

《钢丝绳　术语、标记和分类》（GB/T 8706—2017）规定了钢丝绳的术语与定义、标记和分类。

一、钢丝绳的类型及其术语与定义

钢丝绳的类型及其术语与定义见表 4–1。

表 4–1　　钢丝绳的类型及其术语与定义

术语		定义	图示
多股钢丝绳系	多股钢丝绳	多个股围绕一个绳芯（单层股钢丝绳）或一个中心（阻旋转或平行捻密实钢丝绳）螺旋捻制一层或多层的钢丝绳（由 3 个或 4 个股组成的多股钢丝绳也有可能没有绳芯）	
	单层股钢丝绳	由一层股围绕一个芯螺旋捻制而成的多股钢丝绳	
	阻旋转钢丝绳	当承受载荷时能减小扭矩或旋转程度的多股钢丝绳，根据提升载荷为 20% 钢丝绳最小破断拉力时的旋转特性分为 3 个类别（阻旋转钢丝绳通常至少由两层股围绕一钢丝股芯或纤维绳芯螺旋捻制而成，外层股与相邻内层股捻向相反，然而一些特别设计和制造的交互捻 3 股和 4 股钢丝绳，也可以称为阻旋转钢丝绳）	
	平行捻密实钢丝绳	由两层及两层以上的股围绕一个股芯或纤维芯一次平行捻制而成的多股钢丝绳	
	压实股钢丝绳	成绳之前，股经过模拔、轧制或锻打等压实加工的多股钢丝绳	
	压实（锻打）钢丝绳	成绳之后，经过压实（通常是锻打）加工使钢丝绳直径减小的多股钢丝绳	

续表

术语		定义	图示
多股钢丝绳系	缆式钢丝绳	由多个（一般6个）作为独立单元的圆股钢丝绳围绕一个绳芯紧密螺旋捻制而成的钢丝绳	
	编织钢丝绳	由多个圆股成对编制而成的钢丝绳	
	光纤光缆钢丝绳	带有光纤光缆的单捻或多股钢丝绳	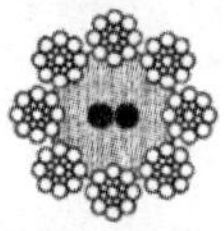
	电力钢丝绳	带有电导线的单捻或多股钢丝绳	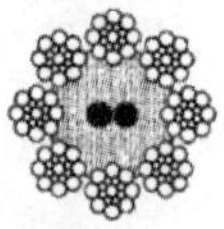
	扁钢丝绳	由被称作“子绳”（每条子绳由4股组成）的单元钢丝绳制成。通常为6条、8条或10条子绳，左向捻和右向捻交替并排排列，并用缝合线如钢丝、股缝合或铆钉铆接 图示由上至下分别为单线缝合、双线缝合和铆钉铆接3种形式	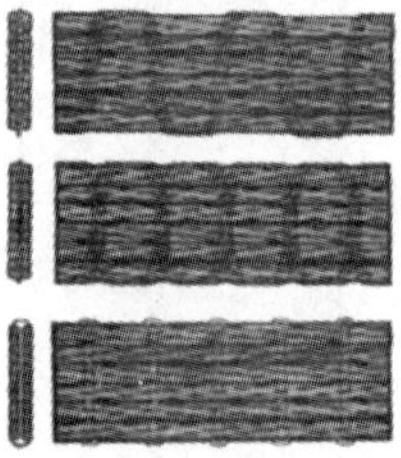
单捻钢丝绳系	单捻钢丝绳	由至少两层钢丝围绕一中心圆钢丝、组合股芯或平行捻股螺旋捻制而成的钢丝绳。其中至少有一层钢丝沿相反方向捻制，即至少有一层钢丝与外层反向捻制	
	单股钢丝绳	仅由圆钢丝捻制而成的单捻钢丝绳	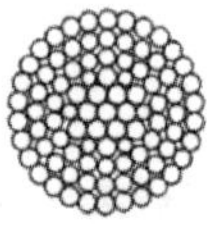
	半密封钢丝绳	外层由半密封钢丝（如H形）和圆钢丝相间捻制而成的单捻钢丝绳	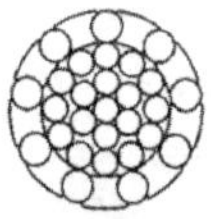
	全密封钢丝绳	外层由全密封钢丝（Z形）捻制而成的单捻钢丝绳	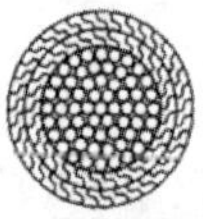
包覆和（或）填充钢丝绳系	固态聚合物包覆钢丝绳	外部包覆（涂）有固态聚合物的钢丝绳	
	固态聚合物填充钢丝绳	固态聚合物填充到钢丝绳的间隙中，并延伸到或稍微超出钢丝绳外接圆的钢丝绳	
	固态聚合物包覆和填充钢丝绳	包覆（涂）和填充固态聚合物的钢丝绳	

续表

术语		定义	图示
包覆和（或）填充钢丝绳系	衬垫芯钢丝绳	绳芯用固态聚合物包覆（涂），或填充和包覆（涂）的钢丝绳	
	衬垫钢丝绳	在钢丝绳内层、内层股或股芯上包覆聚合物或纤维，在同层股或相邻股之间形成衬垫的钢丝绳	

二、钢丝绳标记系列

钢丝绳标记系列应由下列内容组成：尺寸、钢丝绳结构、芯结构、钢丝绳级别（适用时）、钢丝表面状态、捻制类型及方向。钢丝绳标记系列示例如图 4-1 所示。

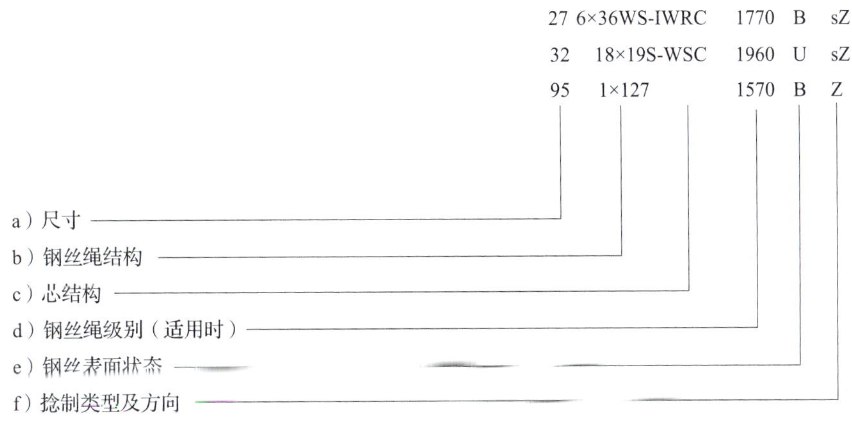

图 4-1　钢丝绳标记系列示例

第二节　起重机用钢丝绳

起重机用钢丝绳是用于梁式、桥式、门式、半门式、固定式、台梁式、塔式、流动式、浮式、门座、半门座、装卸桥、铁路、甲板、桅杆、悬臂起重机的钢丝绳。

《起重机　钢丝绳　保养、维护、检验和报废》（GB/T 5972—2016）规定了起重机和电动葫芦用钢丝绳的保养与维护、检验和报废的一般要求。

《钢丝绳　安全　使用和维护》（GB/T 29086—2012）规定了应由钢丝绳制造商提供的钢丝绳使用和维护信息的种类。当钢丝绳为机器、设备或装置的一部分时，制造商的使用手册中应包含钢丝绳使用和维护信息的种类。该标准不适用于钢丝绳吊索。

起重机用钢丝绳应视为易损件。

一、钢丝绳的日常检查

当缺少起重机制造商和（或）钢丝绳制造商或供货商提供的有关钢丝绳的使用说明书

时，钢丝绳应按以下要求进行日常检查：

（1）至少应在特定的日期与预期的钢丝绳工作区段进行外观检查，目的是发现一般的劣化现象或机械损伤。此项检查还应包括检查钢丝绳与起重机的连接部位。钢丝绳缺陷的典型实例如图 4-2 所示。

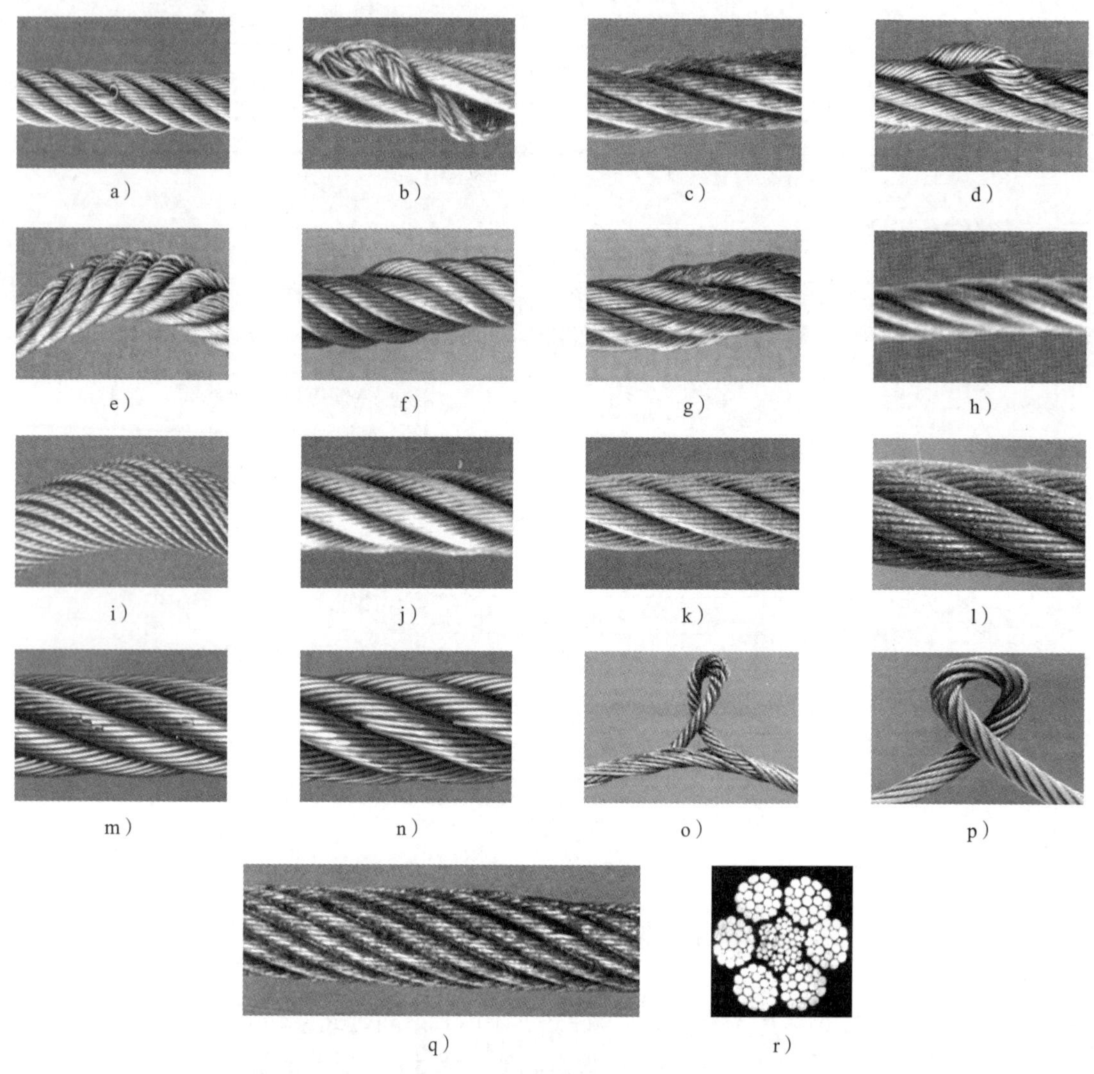

图 4-2　钢丝绳缺陷的典型实例

a）钢丝突出　b）单层钢丝绳绳芯突出　c）钢丝绳直径局部减小（绳股凹陷）　d）绳股突出或扭曲　e）局部扁平　f）扭结（正向）　g）扭结（反向）　h）波浪形　i）笼状畸形　j）外部磨损　k）外部腐蚀　l）外部腐蚀的局部放大　m）股顶断丝　n）股沟断丝　o）阻旋转钢丝绳的内绳突出　p）扭结　q）绳芯扭曲引起的钢丝绳直径局部增大　r）内部腐蚀

（2）对钢丝绳在卷筒和滑轮上的正确位置也宜检查确认，确保钢丝绳没有脱离正确的工作位置。

（3）所有观察到的状态都应报告，并且由主管人员根据定期检查规定对钢丝绳进行进一步的检查。

（4）无论何时，只要索具安装发生变动，如当起重机移动作业现场及重新安装索具后，都应按规定对钢丝绳进行外观检查。

可以指定起重机司机或操作员在其培训合格和能力所及的范围内承担日常检查工作。

二、钢丝绳的报废基准

1. 钢丝绳的劣化模式和报废基准

当缺少起重机制造商和（或）钢丝绳制造商或供货商提供的有关钢丝绳的使用要求时，钢丝绳的报废基准应符合表 4–2 的规定。

表 4–2　　钢丝绳的劣化模式和报废基准

<table>
<tr><th>劣化模式</th><th>报废基准</th><th>劣化模式说明</th></tr>
<tr><td>断丝随机地分布在单层缠绕的钢丝绳经过一个或多个钢制滑轮的区段和进出卷筒的区段，或者多层缠绕的钢丝绳位于交叉重叠区域的区段</td><td>如果局部聚集集中在一个或两个相邻的绳股，即使 6 倍的钢丝绳公称直径范围内的断丝数低于表 4–3 和表 4–5 的规定值，可能也要报废钢丝绳</td><td rowspan="2">在单层股（如六股和八股钢丝绳）和平行捻密实钢丝绳经过钢制滑轮的情况下，断丝通常沿钢丝绳随机地出现在绳股的顶部，即外层股的外表面，这种断丝常常与外部磨损区域有关。在阻旋转钢丝绳的情况下，大部分断丝可能出现在内部
钢丝绳在卷筒上多层缠绕的起重设备，预期的主要劣化模式为发生在交叉重叠区域的断丝和畸形。当断丝呈现区域性分布或集中出现在某一绳段时，很难给出允许断丝数的准确数值。有时，区域性断丝会以捻距为间隔重复出现，起始点通常是在局部磨损的情况下。在这种情况下，允许断丝数由主管人员确定，但应小于表 4–3 和表 4–4 规定的数值</td></tr>
<tr><td>在不进出卷筒的钢丝绳区段出现呈局部聚集状态的断丝</td><td>单层和平行捻密实钢丝绳按表 4–3 的规定报废，阻旋转钢丝绳按表 4–4 的规定报废</td></tr>
<tr><td>股沟断丝</td><td>在一个钢丝绳捻距（大约为 6 倍的钢丝绳公称直径的长度）内出现两个或更多断丝</td><td>一根股沟断丝有可能是内部劣化的征兆。如果一个捻距内出现一根以上的股沟断丝，就应认为绳芯或钢丝绳中心已经不能充分地支持外层绳股</td></tr>
<tr><td>钢丝绳直径沿钢丝绳长度等值减小</td><td>在卷筒上单层缠绕和（或）经过钢制滑轮的钢丝绳区段，报废基准值见表 4–5 中的粗体字</td><td rowspan="2">外部磨损是导致钢丝绳直径减小的原因之一。外部磨损可能在整体或局部，通常是由钢丝绳与滑轮或卷筒的接触或上下钢丝绳之间的压力引起的，如钢丝绳在卷筒上缠绕时交叉重叠区域的磨损，磨损可能沿着或围绕钢丝绳表面均匀分布，也可能沿钢丝绳的一侧发生
更显著的磨损通常出现在载荷加速或减速时与滑轮绳槽和卷筒绳槽相接触的钢丝绳区段
润滑不足或不正确以及具有腐蚀作用的灰尘和沙土的存在也可能导致钢丝绳直径减小
可能导致钢丝绳直径减小的原因还有内部磨损和钢丝凹痕，由钢丝绳内部相邻绳股和钢丝之间的摩擦导致的内部磨损（特别是钢丝绳受弯时），纤维芯的劣化或钢芯的断裂，阻旋转钢丝绳内层股的断裂</td></tr>
<tr><td>钢丝绳直径局部减小</td><td>如果发现直径有明显的局部减小，如由绳芯或钢丝绳中心区损伤导致的直径局部减小，应报废钢丝绳</td></tr>
<tr><td>绳端固定装置处的断丝</td><td>两个或更多断丝</td><td></td></tr>
<tr><td>断股</td><td>如果钢丝绳发生整股断裂，则应立即报废</td><td></td></tr>
</table>

续表

劣化模式	报废基准	劣化模式说明
腐蚀	报废基准和腐蚀严重程度分级见表 4-6	腐蚀特别容易发生在海洋环境和工业污染的大气环境中。腐蚀不仅会减小金属截面积，导致钢丝绳的强度降低，还会引起不规则表面使应力裂纹扩展，进而加速疲劳。严重腐蚀还会导致钢丝绳的弹性降低 内部腐蚀比外部腐蚀更难发现，但是它们常常同时发生 评估腐蚀范围时，重要的是区分钢丝腐蚀和由于外来颗粒氧化而产生的钢丝绳表面腐蚀 在评估前，应将钢丝绳的拟检测区段擦净或刷净，但不宜使用溶剂清洗 外部腐蚀或摩擦腐蚀能够导致直径增大
波浪形	在任何条件下，只要出现以下情况之一，钢丝绳就应报废： （1）在从未经过、绕进滑轮或缠绕在卷筒上的钢丝绳直线区段上，直尺和螺旋面下侧之间的间隙 $g \geqslant 1/3 \times d$（钢丝绳公称直径） （2）在经过滑轮或缠绕在卷筒上的钢丝绳区段上，直尺和螺旋面下侧之间的间隙 $g \geqslant 1/10 \times d$（钢丝绳公称直径）	波浪形是钢丝绳在有载荷或无载荷作用时，其纵向轴线呈螺旋状的一种畸形。波浪形会导致钢丝绳强度降低，产生不正常的附加应力，增加不正常的磨损和过早地出现断丝。严重时，波浪形还会影响与钢丝绳相关部件（如滑轮轴承、滑轮绳槽、导向装置和卷筒）的工作条件
笼状畸形	出现篮形或灯笼状畸形的钢丝绳应立即报废，或者将受影响的区段去掉，但应保证余下的钢丝绳能够满足使用要求	笼状或灯笼状畸形，也称鸟笼状畸形，是由于钢丝绳绳芯和外层绳股之间的长度差异而产生的。能够形成这种畸形的原因有多种： （1）当钢丝绳以很大的偏角经过滑轮或进出卷筒时，首先与滑轮或卷筒绳槽的边缘接触，然后滚进绳槽底部。这个过程会使绳股松散，而外层绳股的松散程度要比钢丝绳绳芯大，造成了它们之间的长度差异 （2）当滑轮绳槽的槽底直径过小时，钢丝绳经过滑轮时就会受到挤压。在受到挤压的钢丝绳直径变小的同时，钢丝绳的长度就会增加。由于钢丝绳外层绳股的压缩和伸长程度都比绳芯大，这种作用过程也会造成它们之间的长度差异 在以上两种情况下，滑轮和卷筒会改变松散外层股的位置，将这种长度差异“赶”到缠绕系统内钢丝绳的某一位置，形成笼状畸形
绳芯或绳股突出或扭曲	发生绳芯或绳股突出的钢丝绳应立即报废，或者将受影响的区段去掉，但应保证余下的钢丝绳能够满足使用要求	这是篮形或灯笼状畸形的一种特殊类型，其表征为绳芯或钢丝绳外层股之间中心部分突出，或者外层股或股芯突出

续表

劣化模式	报废基准	劣化模式说明
钢丝环状突出	钢丝突出通常成组出现在钢丝绳与滑轮槽接触面的背面，发生钢丝突出的钢丝绳应立即报废 钢丝绳外层股之间突出的单根绳芯钢丝，如果能够除掉或在工作时不会影响钢丝绳的其他部分，可以不必将其作为报废钢丝绳的理由	钢丝突出是指分散或聚集的钢丝从钢丝绳中突出，通常是以钢丝环的形式突出
绳径局部增大	钢芯钢丝绳直径增大5%及以上，纤维芯钢丝绳直径增大10%及以上，应查明其原因并考虑报废钢丝绳	钢丝绳直径增大可能会影响到相当长的一段钢丝绳。例如，纤维绳芯吸收了过多的潮气膨胀或钢丝绳内腐蚀碎屑聚集引起的直径增大，会使外层绳股受力不均衡而不能保持正确的旋向。这种现象常常与绳芯的状态变化有关
局部扁平	钢丝绳的扁平区段经过滑轮时，可能会加速劣化并出现断丝。此时，不必根据扁平程度就可考虑报废钢丝绳 在标准索具中的钢丝绳扁平区段可能会比正常绳段遭受更大程度的腐蚀，尤其是当外层绳股散开使湿气进入时，如果继续使用，就应对其进行更频繁的检查，否则应考虑报废钢丝绳 由于多层缠绕而导致钢丝绳的局部扁平，如果伴随扁平出现的断丝数不超过表4-5和表4-6规定的数值，可不报废	钢丝绳扁平区段经过滑轮对滑轮构成潜在危害
扭结	发生扭结的钢丝绳应立即报废	扭结是一段环状钢丝绳在不能绕其自身轴线旋转的状态下被拉紧而产生的一种畸形。扭结使钢丝绳捻距不均导致过度磨损，严重的扭结会使钢丝绳强度大幅降低
折弯	折弯严重的钢丝绳区段经过滑轮时可能会很快劣化并出现断丝，应立即报废钢丝绳 如果折弯程度并不严重，钢丝绳需要继续使用时，应对其进行更频繁的检查，否则宜考虑报废钢丝绳	折弯是钢丝绳由外部原因导致的一种角度畸形 通过主观判断确定钢丝绳的折弯程度是否严重。如果在折弯部位的底面伴随有折痕，无论其是否经过滑轮，均宜看作严重折弯

续表

劣化模式	报废基准	劣化模式说明
热和电弧引起的损伤	通常在常温下工作的钢丝绳，受到异常高温的影响，外观能够看出钢丝被加热过后颜色的变化或钢丝绳上润滑脂的异常消失，应立即报废 如果钢丝绳的两根或更多的钢丝局部受到电弧影响（如焊接引线不正确接地所导致的电弧），应报废	电弧影响情况会出现在钢丝绳上的电流进出点上

表 4-3　单层股钢丝绳和平行捻密实钢丝绳中达到报废程度的最少可见断丝数

钢丝绳类别编号 RGN	外层股中承载钢丝的总数[①] n	可见外部断丝的数量[②]					
		在钢制滑轮上工作和（或）单层缠绕在卷筒上的钢丝绳区段（钢丝绳断丝随机分布）				多层缠绕在卷筒上的钢丝绳区段[③]	
		工作级别 M1 ～ M4 或未知级别[④]				所有工作级别	
		交互捻		同向捻		交互捻和同向捻	
		$6d$[⑤]长度范围内	$30d$[⑤]长度范围内	$6d$[⑤]长度范围内	$30d$[⑤]长度范围内	$6d$[⑤]长度范围内	$30d$[⑤]长度范围内
01	$n \leqslant 50$	2	4	1	2	4	8
02	$51 \leqslant n \leqslant 75$	3	5	2	3	6	12
03	$76 \leqslant n \leqslant 100$	4	8	2	4	8	16
04	$101 \leqslant n \leqslant 120$	5	10	2	5	10	20
05	$121 \leqslant n \leqslant 140$	6	11	3	6	12	22
06	$141 \leqslant n \leqslant 160$	6	13	3	6	12	24
07	$161 \leqslant n \leqslant 180$	7	14	4	7	14	28
08	$181 \leqslant n \leqslant 200$	8	16	4	8	16	32
09	$201 \leqslant n \leqslant 220$	9	18	4	9	18	36
10	$221 \leqslant n \leqslant 240$	10	19	5	10	20	38
11	$241 \leqslant n \leqslant 260$	10	21	5	10	20	42
12	$261 \leqslant n \leqslant 280$	11	22	6	11	22	44
13	$281 \leqslant n \leqslant 300$	12	24	6	12	24	48
	$n > 300$	$0.04n$	$0.08n$	$0.02n$	$0.04n$	$0.08n$	$0.14n$

注：对于外股为西鲁式结构且每股的钢丝数≤ 19 的钢丝绳（如 6 × 19Senle），在表中的取值位置为其“外层股中承载钢丝的总数”所在行之上的第二行。

①填充钢丝不作为承载钢丝，因而不包括在 n 值之中。

②一根断丝有两个断头（按一根断丝计数）。

③这些数值适用于交叉重叠区域和由于钢丝绳偏角影响的缠绕绳圈之间干涉引起的劣化（不适用于只在滑轮上工作而不在卷筒上缠绕的区段）。

④机构的工作级别为 M5 ～ M8 时，断丝数可取表中数值的两倍。

⑤ d 为钢丝绳公称直径。

表 4-4　　　　阻旋转钢丝绳中达到报废程度的最少可见断丝数

钢丝绳类别编号 RGN	钢丝绳外层股数和外层股中承载钢丝的总数[①] n	可见外部断丝的数量[②]			
		在钢制滑轮上工作和（或）单层缠绕在卷筒上的钢丝绳区段		多层缠绕在卷筒上的钢丝绳区段[③]	
		$6d$[④]长度范围内	$30d$[④]长度范围内	$6d$[④]长度范围内	$30d$[④]长度范围内
21	4 股 $n \leqslant 100$	2	4	2	4
22	3 股或 4 股 $n \geqslant 100$	2	4	4	8
	至少 11 个外层数				
23-1	$71 \leqslant n \leqslant 100$	2	4	4	8
23-2	$101 \leqslant n \leqslant 120$	3	5	5	10
23-3	$121 \leqslant n \leqslant 140$	3	5	6	11
24	$141 \leqslant n \leqslant 160$	3	5	6	11
25	$161 \leqslant n \leqslant 180$	4	7	7	14
26	$181 \leqslant n \leqslant 200$	4	8	8	16
27	$201 \leqslant n \leqslant 220$	4	9	9	18
28	$221 \leqslant n \leqslant 240$	5	10	10	19
29	$241 \leqslant n \leqslant 260$	5	10	10	21
30	$261 \leqslant n \leqslant 280$	5	11	11	22
31	$281 \leqslant n \leqslant 300$	5	12	12	14
	$n > 300$	6	12	12	24

注：对于外股为西鲁式结构且每股的钢丝数≤ 19 的钢丝绳（如 18 × 19Senle-WSC），在表中的取值位置为其“外层股中承载钢丝的总数”所在行之上的第二行。

①填充钢丝不作为承载钢丝，因而不包括在 n 值之中。

②一根断丝有两个断头（按一根断丝计数）。

③这些数值适用于交叉重叠区域和由于钢丝绳偏角影响的缠绕绳圈之间干涉引起的劣化（不适用于只在滑轮上工作而不在卷筒上缠绕的区段）。

④ d 为钢丝绳公称直径。

除以上劣化模式外，钢丝绳还有一种情况是弹性降低。在某些情况下，常常与工作环境有关，钢丝绳会经受实质性的弹性降低，致使不能继续使用。这种情况通常很难被发现，但会伴随下列情况发生：

（1）钢丝绳直径减小。

（2）钢丝绳的长度增加。

（3）绳股之间、钢丝之间的间隙减小。

（4）绳股之间、钢丝之间的凹处出现褐色的细粉末（摩擦腐蚀的迹象）。

（5）钢丝绳在使用时有明显的僵硬感，即使还没有可见断丝，直径减小量也比钢丝间的单纯磨损产生的直径减小量大。

表 4-5 是直径等值减小的报废基准——单层缠绕卷筒和钢制滑轮上的钢丝绳。在卷筒

上单层缠绕和（或）经过钢制滑轮的钢丝绳区段，直径等值减小的报废基准值见表中的粗体字。这些数值不适用于交叉重叠区域或其他由于多层缠绕导致类似变形的区段。

表 4-5　直径等值减小的报废基准——单层缠绕卷筒和钢制滑轮上的钢丝绳

钢丝绳类型	直径的等值减小量 Q（用公称直径的百分比表示）	严重程度分级	
		程度	%
纤维芯单层股钢丝绳	$Q < 6\%$	—	0
	$6\% \leqslant Q < 7\%$	轻度	20
	$7\% \leqslant Q < 8\%$	中度	40
	$8\% \leqslant Q < 9\%$	重度	60
	$9\% \leqslant Q < 10\%$	严重	80
	$\boldsymbol{Q \geqslant 10\%}$	**报废**	**100**
钢芯单层股钢丝绳或平行捻密实钢丝绳	$Q < 3.5\%$	—	0
	$3.5\% \leqslant Q < 4.5\%$	轻度	20
	$4.5\% \leqslant Q < 5.5\%$	中度	40
	$5.5\% \leqslant Q < 6.5\%$	重度	60
	$6.5\% \leqslant Q < 7.5\%$	严重	80
	$\boldsymbol{Q \geqslant 7.5\%}$	**报废**	**100**
阻旋转钢丝绳	$Q < 1\%$	—	0
	$1\% \leqslant Q < 2\%$	轻度	20
	$2\% \leqslant Q < 3\%$	中度	40
	$3\% \leqslant Q < 4\%$	重度	60
	$4\% \leqslant Q < 5\%$	严重	80
	$\boldsymbol{Q \geqslant 5\%}$	**报废**	**100**

表 4-5 给出了直径等值减小的等效值，用钢丝绳公称直径的百分比表示，将严重程度分级以 20% 为单位增量来表示（即 20%、40%、60%、80%、100%），也可以选择其他的严重程度分级方法，如用 25% 作为单位增量（即 25%、50%、75%、100%）。

计算减小量的参考直径是钢丝绳的非工作区段在钢丝绳开始使用后立即测量的直径。

用公称直径百分比表示的直径等值减小，用式（4-1）计算。

$$Q=[(d_{ref}-d_m)/d]\times 100\% \tag{4-1}$$

式中　d_{ref}——参考直径。

d_m——实测直径。

d——公称直径。

示例 1：直径为 40 mm 的 6×36-JWRC 钢丝绳，参考直径为 41.2 mm，检测时的实测直径为 39.5 mm，直径减小百分比为［(41.2－39.5)/40］×100%＝4.25%。

从表 4-5 中查得，与其对应的因直径等值减小而趋于报废的严重程度分级为 20%（轻度）。

当钢丝绳从参考直径减小公称直径的 7.5% 即 3 mm 时，就达到报废基准，此时的报废直径为 38.2 mm。

示例 2：同样的钢丝绳，检测时的实测直径为 38.5 mm，直径减小百分比为［(41.2－38.5)/40］×100%＝6.75%。

从表 4-5 中查得，严重程度分级为 80%（严重）。

表 4-6　　腐蚀报废基准和严重程度分级

腐蚀类型	状态	严重程度分级
外部腐蚀①	表面存在氧化迹象，但能够擦净 钢丝表面手感粗糙 钢丝表面重度凹痕以及钢丝松弛②	浅表（0%） 重度（50%③） 报废（100%）
内部腐蚀④	内部腐蚀的明显可见迹象——腐蚀碎屑从外绳股之间的股沟溢出⑤	报废（100%） 如果主管人员认为可行，则按《起重机　钢丝绳　保养、维护、检验和报废》（GB/T 5972—2016）附录 C 所给的步骤进行内部检验
摩擦腐蚀	摩擦腐蚀过程：干燥钢丝和绳股之间的持续摩擦产生钢制微粒的移动，然后是氧化，并产生形态为干粉（类似红铁粉）状的内部腐蚀碎屑	对此类迹象特征宜进行进一步检查，若仍对其严重性存在怀疑，宜将钢丝绳报废（100%）

注：①实例参见图 4-2 中 k）和 l），钢丝绳外部腐蚀程度评价指南见表 4-7。

②对其他中间状态，宜对其严重程度分级进行评估（即在综合影响中所起的作用）。

③镀锌钢丝的氧化也会导致钢丝表面手感粗糙，但是总体状况可能不如非镀锌钢丝严重。在这种情况下，检验人员可以考虑将表中所给严重程度分级降低一级作为其在综合影响中所起的作用。

④实例参见图 4-2 中 r）。

⑤虽然对内部腐蚀的评估是主观的，但如果对内部腐蚀的严重程度有怀疑，就宜将钢丝绳报废。

表 4-7　　钢丝绳外部腐蚀程度评价指南

腐蚀程度及其评价	图示实例
表面氧化的开始，呈浅表性，能够擦干净——趋于报废的严重程度级别 0%	
钢丝表面手感粗糙，普通的表面氧化——趋于报废的严重程度级别 20%	
氧化严重影响了钢丝表面——趋于报废的严重程度级别 60%	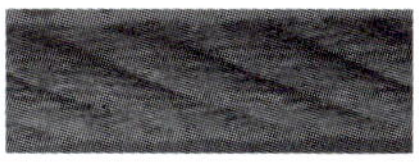
表面有严重凹坑，钢丝非常松弛，钢丝之间出现间隙——立即报废	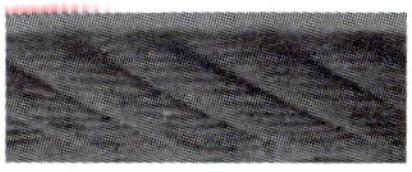

2. 钢丝绳状态和劣化程度的综合影响评价

虽然断丝是钢丝绳报废的常见原因，但劣化通常是多种因素综合影响的结果。例如，钢丝绳可能在遭受断丝和反复经过滑轮均匀磨损的同时，还会由于在海洋环境下工作而受到腐蚀。

因此，主管人员需要做如下工作：

（1）考虑不同的劣化模式，特别是当它们发生在钢丝绳的同一位置时。

（2）对不同劣化模式的综合影响进行总体评价。

（3）确定钢丝绳是否可以继续安全使用，如果能够继续使用，是否需要修改检验和报废规则的相关条款。

三、起重机用钢丝绳在不利条件下的使用限制

1. 温度

（1）碳素钢丝制造的钢丝绳使用限制。

1）应考虑钢丝绳使用中可能达到的最高温度，如果过低地估计使用中钢丝绳所处的环境温度则可能造成险情。

2）纤维股芯或纤维绳芯多股钢丝绳系使用中能够承受的最高温度为 100 ℃。一般当温度超过 60 ℃时，会加速钢丝绳油脂的流失，降低钢丝绳的使用寿命。

3）钢芯多股钢丝绳系和单捻钢丝绳系（如单股绳和密封钢丝绳）使用中能够承受的最高温度可以达到 200 ℃。在此状态下应减少额定工作载荷，但是该值的确定主要还是取决于钢丝绳在高温中暴露时间的长短和钢丝直径的大小。钢丝绳在 100 ～ 200 ℃温度范围内工作时，据估计其强度损失可达 10%。

4）如果钢丝绳的工作温度超过 200 ℃，则需要使用特殊的润滑剂，并且需要考虑比上述强度损失更大的强度损失，用户应征询钢丝绳或设备制造商的建议。

5）在 −40 ℃环境温度下工作时，钢丝绳的强度不会受到不利影响，因此可以不考虑减少钢丝绳的额定工作载荷。但是，钢丝绳的其他性能可能降低，这主要取决于钢丝绳润滑剂在低温条件下的有效性。

6）当钢丝绳装配有终端固接装置时，温度限制参考下述规定。

（2）终端固接装置使用限制。

除上述所列限制，以及钢丝绳制造商或者机器、设备或装置制造商另有规定之外，钢丝绳终端固接装置的工作温度不得超过下列数值：

1）铝合金套管压制索具：150 ℃。

2）钢制套管压制索具：200 ℃。

3）铅基合金浇灌固接索具：80 ℃。

4）锌或锌基合金浇铸固接索具：120 ℃。

5）树脂浇灌固接索具：参考树脂浇灌固接设计者的作业指导书。

2. 特别危险工况下使用

如果钢丝绳在特别危险工况，如海上作业、载人电梯以及诸如熔融金属、腐蚀性介质、放射性物质等潜在危险载荷下使用，则应进行风险评估并依次选择或调整相应的额定工作载荷。

第三节 钢丝绳吊索

一、一般用途钢丝绳吊索

一般用途钢丝绳吊索是由单肢或多肢钢丝绳吊索和配件组配而成，适用于多种用途的以钢丝绳为主体的提升吊索。

《一般用途钢丝绳吊索特性和技术条件》（GB/T 16762—2020）适用于单肢吊索和多肢组装吊索，以及选用钢丝绳产品标准中直径不大于 150 mm 的单层圆股纤维芯或钢芯钢丝绳制造的吊索。

钢丝绳应符合《不锈钢丝绳》（GB/T 9944—2015）、《钢丝绳通用技术条件》（GB/T 20118—2017）、《粗直径钢丝绳》（GB/T 20067—2017）、《重要用途钢丝绳》（GB/T 8918—2006）、《起重机用钢丝绳》（GB/T 34198—2017）标准中规定的单层圆股纤维芯

或钢芯钢丝绳的要求，但不包括多层股钢丝绳和异形股钢丝绳。钢丝绳公称抗拉强度应不大于 1 960 MPa。

《索具 术语及分类》(YB/T 4536—2016)界定的以下术语和定义适用于《一般用途钢丝绳吊索特性和技术条件》(GB/T 16762—2020):

(1)额定工作载荷：吊具在一般使用条件下，由特定吊挂方式允许承受的最大载荷。

(2)主吊环：吊索的上端，连接索具与起重机或其他吊装工具的环状部件。主吊环可以是长形环、圆形环或梨形环。

(3)中间环：用于三肢或三肢以上的组装吊索，将单肢或多肢吊索与主吊环连接的环状部件。中间环可以是长形环或梨形环。

(4)索扣：索具末端固结形成的环形端头。

(5)软索扣：将钢丝绳末端弯成索扣状，其索扣内为自然状态，不带套环的形式，见表 4-8。

(6)硬索扣：将钢丝绳末端弯成索扣状，其索扣内带套环的形式，见表 4-8。

(7)公称长度：钢丝绳吊索在无载荷状态下，两个实际工作承载点(含端配件)之间的距离。

1. 单肢吊索

(1)单肢吊索及末端端配件类型见表 4–8。

表 4–8　单肢吊索及末端端配件类型

单肢吊索形式				末端端配件			吊索的公称长度 *L*(从承载点到承载点)		
压制软索扣	压制硬索扣	插编软索扣	插编硬索扣	上端	下端				
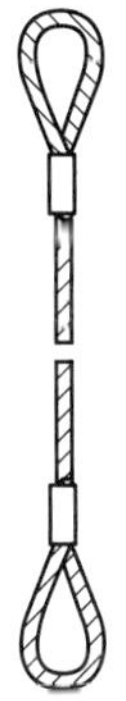	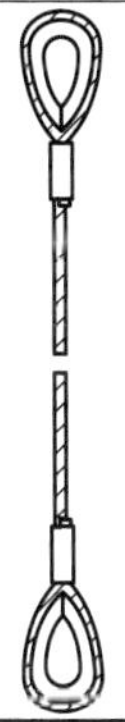	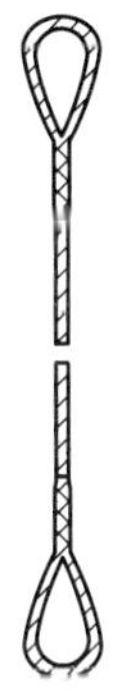	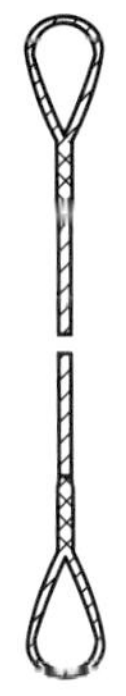		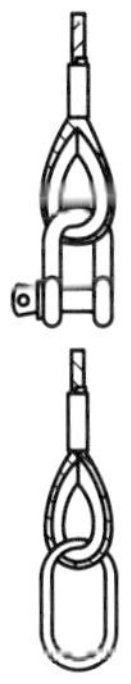		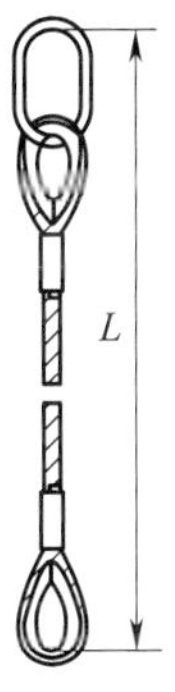 L	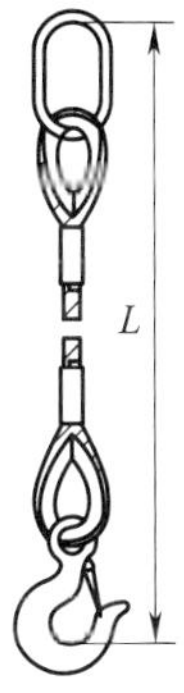 L	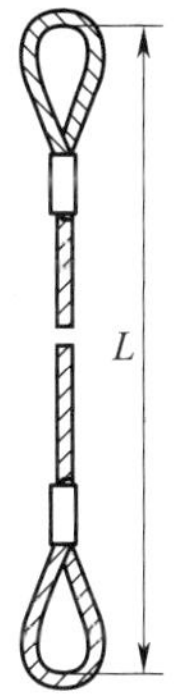 L

(2)单肢吊索额定工作载荷按式(4–2)计算。

$$\mathrm{WLL}=\frac{F_0\times K_e}{K_m\times K_u} \quad (4\text{–}2)$$

式中　WLL——吊索额定工作载荷，t。

F_0——钢丝绳最小破断拉力，kN。

K_e——接头形式效能近似系数，压制接头取 0.9，插接接头取 0.75。

K_u——安全系数，一般取 5。

K_m——吨(t)与千牛(kN)的换算系数，9.806 65 kN/t。

经供需双方协调，可选取不同的 K_e 值或 K_u 值，并应在合同中注明确切数值。

2. 多肢组装吊索

(1)多肢组装吊索的结构。多肢组装吊索由多个单肢吊索组合而成，各肢吊索的规格、结构及公称抗拉强度级应相同。

两肢组装吊索由两个单肢吊索的上端用一个主吊环连接而成；三肢组装吊索中的两肢由一个中间环与主吊环连接，另一肢应由第二个中间环连接；四肢组装吊索的其中两肢应由一个中间环与主吊环连接。多肢组装吊索结构如图 4–3 所示。

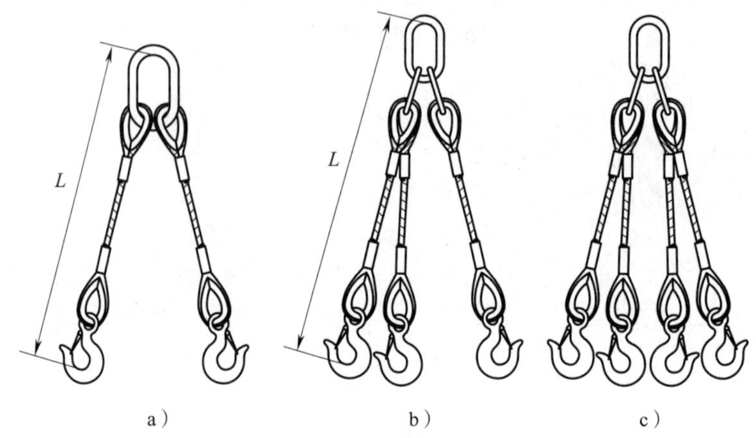

图 4–3　多肢组装吊索结构

a）两肢组装吊索　b）三肢组装吊索　c）四肢组装吊索

（2）多肢组装吊索长度允许偏差。吊索实测长度和公称长度的差值应不大于钢丝绳公称直径的 2 倍，或不大于规定长度的 0.5%，二者之中取大值。多肢组装吊索中各单肢吊索长度间的差值应不大于钢丝绳公称直径的 1.5 倍，或不大于规定长度的 0.5%，二者之中取大值。

（3）多肢组装吊索的额定工作载荷。由对称分布的与垂直方向具有相同角度的单肢吊索组成的多肢吊索的工作载荷按式（4–3）计算。

$$\mathrm{WLL}=\frac{F_0\times K_e\times K}{K_m\times K_u} \tag{4-3}$$

式中　WLL——吊索额定工作载荷，t。

F_0——钢丝绳最小破断拉力，kN。

K_e——接头形式效能近似系数，压制接头取 0.9，插接接头取 0.75。

K——肢的数量与垂直方向角度的相关系数（即额定工作载荷计算系数），见表 4–9。

K_u——安全系数，一般取 5。

K_m——吨（t）与千牛（kN）的换算系数，9.806 65 kN/t。

经供需双方协调，可选取不同的 K_e 值或 K_u 值，并应在合同中注明确切数值。

表 4–9　　额定工作载荷计算系数

两对应吊索间的夹角 α	单肢吊索与竖直方向之间的夹角 β	额定工作载荷计算系数 K		
		单肢吊索数量		
		两肢	三肢	四肢
$\alpha\leqslant 90°$	$\beta\leqslant 45°$	1.4	2.1	2.1
$90°<\alpha\leqslant 120°$	$45°<\beta\leqslant 60°$	1.0	1.5	1.5

注：K 适用于被吊物的重心与吊索的中心线基本在同一垂直线上的情况。

单肢吊索与竖直方向之间的夹角 β 应不大于 60°，两肢组装吊索相对应的吊索夹角 α 应不大于 120°，多肢组装吊索的夹角示意如图 4–4 所示。

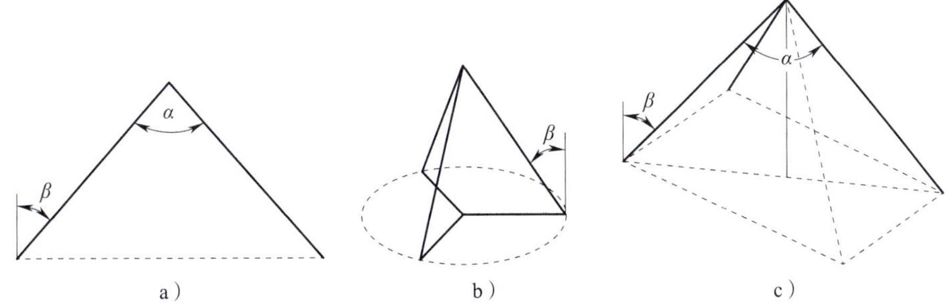

图 4–4　多肢组装吊索的夹角示意

a）两肢组装吊索　b）三肢组装吊索　c）四肢组装吊索

3. 工作环境温度对钢丝绳吊索额定工作载荷的影响

工作环境温度（T）对钢丝绳吊索额定工作载荷的影响见表 4–10。

表 4–10　　工作环境温度对钢丝绳吊索额定工作载荷的影响

终端类型	套管材料	钢丝绳芯	额定工作载荷百分比					
			−40℃≤ T ≤ 100℃	100℃ < T ≤ 150℃	150℃ < T ≤ 200℃	200℃ < T ≤ 300℃	300℃ < T ≤ 400℃	T>400℃
折返式套管压制吊索	铝	纤维芯	100%	不应使用				
		钢芯	100%	100%	不应使用			
对缠式钢套压结吊索	钢	纤维芯	100%	不应使用				
		钢芯	100%	100%	90%	75%	65%	不应使用
插编索具	—	纤维芯	100%	不应使用				
		钢芯	100%	100%	90%	75%	65%	不应使用

注：①表 4–10 适用于不含端配件的吊索。

②表 4–10 给出了钢丝绳吊索使用的允许温度范围，当吊索工作环境温度发生变化时，其额定工作载荷可不受前期工作环境温度影响。

③表中 100%、90%、75%、65% 表示额定工作载荷的 100%、90%、75%、65%。

4. 钢丝绳吊索的运输和贮存

（1）在装运卷绕包装和分组捆扎的吊索时，应使用有效的起重工具，严禁从高处摔丢及在地面上拖动，以免损伤吊索。

（2）搬运时，应使用运输工具，避免在地上拖拽。

（3）吊索贮存前，应清除表面污渍，并涂上油脂。

（4）对于沾有严重腐蚀性物品的吊索，每次使用后必须清洗干净，涂上适量油脂后存放。

（5）吊索应贮存在通风、干燥场所，避免阳光直射、热气烘烤和接触酸、碱等具有腐蚀性的物质。

（6）吊索应分类卷绕放置在垫板或悬挂在货架上，不应混杂存放。

二、钢丝绳吊索的端配件

钢丝绳吊索端配件包括吊环、卸扣、环眼吊钩，这些端配件应符合相关国家标准的规定。

1. 吊环

《港口装卸用吊环使用技术条件》（GB/T 14736—2009）适用于港口装卸用索具组合部件截面为圆形的焊接吊环，也适用于圆形截面热模锻吊环，不适用于非圆形截面的吊环和铸造吊环。

吊环是港口装卸用索具的组合部件，分主环和连接环。

吊环的连接型式如图 4-5 所示。

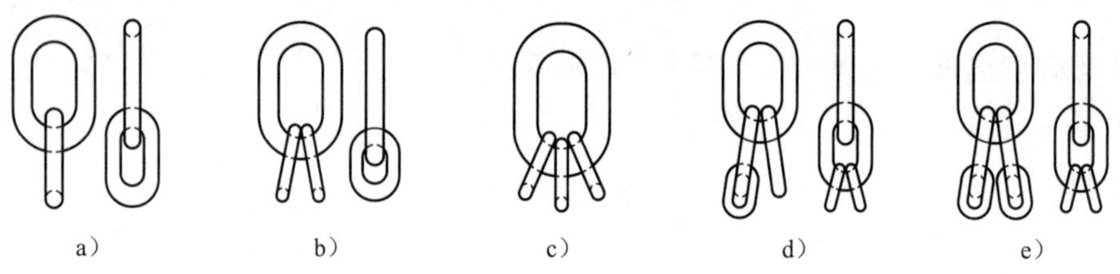

图 4-5　吊环的连接型式

a）A 型　b）B 型　c）C 型　d）D 型　e）E 型

吊环的使用要求如下：

（1）用于组成链式吊索、钢丝绳吊索、纤维绳吊索的主环宜采用长形环，连接环应采用长形环。

（2）与单只吊环直接连接的吊索数不应多于三肢，四肢吊索与主环的连接应采用连接型式中的 E 型。

（3）出现伤痕或显著锈蚀的吊环再利用，应按《港口装卸用吊环使用技术条件》（GB/T 14736—2009）中 8.2 的规定进行强度检验。

（4）不应将有缺陷的吊环焊补后重新使用。

（5）无标记的吊环未经确认，不应使用。

（6）与链条连接的连接环，其环材直径应与链材直径相匹配。

（7）不应采用锤击的方法纠正已扭曲的吊环。

（8）不应抛掷吊环。

（9）不应从重物下面拉拽吊环或让重物在吊环上滚动。

（10）不宜用卸扣代替连接环。

（11）现场更换装卸工索具中的连接环，允许使用装配式连接环，装配式连接环的形状和额定载荷应符合吊索额定载荷的要求。

（12）吊环在借用、归还、整理工具保管上架时和使用过程中应检查，发现问题立即停止使用。

（13）吊环应定期检查，并做好相应的检查记录。

（14）吊环的检查项目及报废要求见表 4-11。

表 4-11　　　　吊环的检查项目及报废要求

检查项目	报废要求
吊环的平面弯曲	吊环整体的扭曲变形超过 10°
吊环的磨损	吊环任意处的最大磨损和锈蚀量之和应不超过环材公称尺寸的 10%
吊环的变形	长形环内长（圆形环内径）变形超过公称尺寸的 5%
吊环的外观	吊环表面出现裂纹、裂痕

2. 卸扣

卸扣是由扣体和销轴两个易拆零件装配成的组合件。

《一般起重用 D 形和弓形锻造卸扣》（GB/T 25854—2010）规定了强度级别为 4 级、6 级和 8 级 D 形和弓形卸扣的一般特征、性能及与其他零件互换和配合所需的关键尺寸，适用于极限工作载荷为 0.32 ～ 100 t 的 D 形和弓形锻造卸扣。

D 形卸扣如图 4-6 所示，弓形卸扣的扣顶形状如图 4-7 所示。

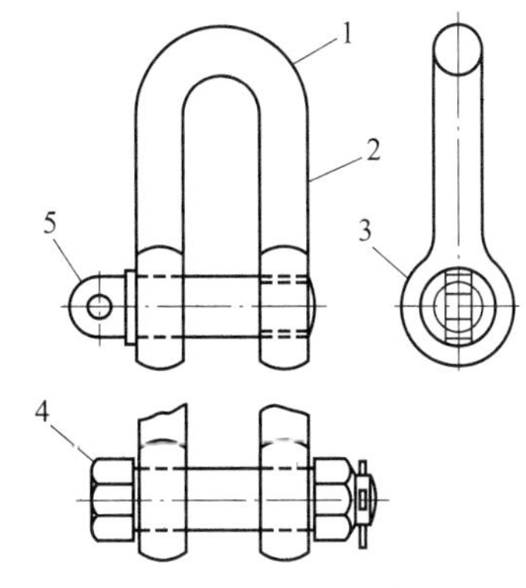

图 4-6　D 形卸扣

1—扣顶　2—扣体　3—环眼

4—X 型：六角头螺栓型销轴、六角螺母和开口销（举例）

5—W 型：带孔和台肩的螺纹销轴（举例）

图 4-7　弓形卸扣的扣顶形状

卸扣的使用与维护要求如下：

（1）卸扣横向间距不允许受拉力。为防止卸扣横向受力，在连接绳索或吊环时，应将其中一根套在横销上，另一根套在弯环上，不准分别套在卸扣的两个直段上面。

（2）安装卸扣部件时应按照正确的安装步骤和方法，避免由于安装失误造成卸扣早期磨损严重。

（3）严禁超出额定载荷作业。

（4）轴销一定要插好保险销。不准使用横销无螺纹的卸扣。如需使用，要有可靠的保障措施，以防止横销滑出。

（5）D 形卸扣与符合《4 级链条用锻造环眼吊钩》（GB/T 24812—2009）和《带安全锁闭装置的 8 级钢制锻造起重吊钩》（GB/T 24813—2018）规定的锻造吊钩一起使用时，可用一个中间件连接。

（6）作业过程中应避免让卸扣部件出现严重摩擦、疲劳损坏、变形等异常情况。

（7）起吊作业完毕后，要及时卸下卸扣，并将横销插入弯环内，上满螺纹，以保证卸扣完整无损。

（8）卸扣上的螺纹部分，要定时涂油，保证其润滑不生锈。

（9）卸扣要存放于干燥的地方，并用木板将其垫好。

3. 环眼吊钩

《4 级链条用锻造环眼吊钩》（GB/T 24812—2009）和《带安全锁闭装置的 8 级钢制锻造起重吊钩》（GB/T 24813—2018）分别规定了 4 级链条和 8 级链条用钢制锻造环眼吊钩的技

术要求。

环眼吊钩的型式不作具体规定，只规定吊钩的环眼可用于穿过销轴，但环眼可以是非圆形的。环眼吊钩（带闭锁装置）如图 4–8 所示。

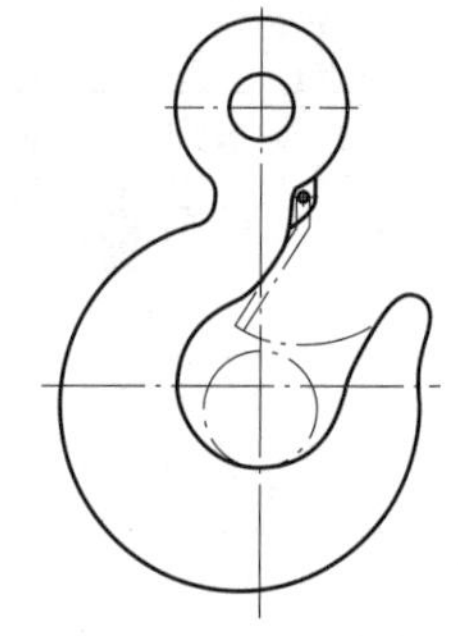

图 4–8　环眼吊钩（带闭锁装置）

环眼吊钩应采用不影响其机械性能的方法做出清晰的永久性标志，包含与吊钩配用的链条名义尺寸、代表强度级别的数字等信息。

环眼吊钩应按锻造吊钩标准的要求使用、维护保养及报废。

三、钢丝绳绳端套管压制索具

《钢丝绳绳端　套管压制索具》（GB/T 30589—2014）适用于公称直径不大于 150 mm、钢丝绳强度级别不大于 1 960 MPa 的套管压制索具。套管压制索具如图 4–9 所示。

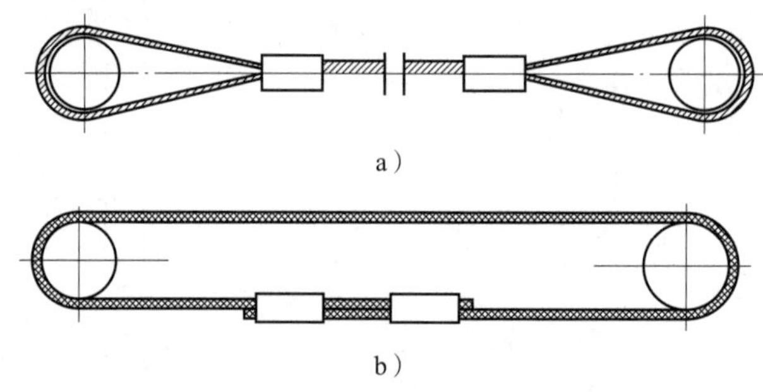

a）

b）

图 4–9　套管压制索具

a）套管压制索具（折回式柔性索扣）　b）套管压制环状索具

套管压制索具可分为环状索具和柔性索具。

钢丝绳应符合《重要用途钢丝绳》（GB 8918—2006）、《粗直径钢丝绳》（GB/T 20067—2017）、《压实钢丝绳》（YB/T 4398—2014）和《压实股钢丝绳》（YB/T 5359—2010）的规定，强度级别应不高于 1 960 MPa，基本类型为单层股钢丝绳、阻旋转钢丝绳、平行捻密实钢丝绳和单股钢丝绳。

套管材料应当是碳素钢或铝合金。碳素钢应当符合《优质碳素结构钢》（GB/T 699—2015）的规定；铝合金管采用 5 系铝—镁合金，并应当采用《铝及铝合金热挤压管　第 1 部分：无缝圆管》（GB/T 4437.1—2015）规定的无缝热挤压工艺或锻造工艺。

铝套管压制折回式索扣，当使用纤维芯钢丝绳时，温度极限为 −40 ～ 100 ℃；当使用钢芯钢丝绳时，温度极限为 −40 ～ 150 ℃。

钢套管压制对缠式索扣的钢丝绳应是 6 × 37 或 6 × 19 类，强度级别不大于 1 960 MPa，钢芯或纤维芯的钢丝绳。当使用纤维芯钢丝绳时，温度极限为 −40 ～ 100 ℃；当使用钢芯钢丝绳时，温度极限为 −40 ～ 150 ℃。

四、钢丝绳吊索插编索扣

插编索扣是将绳股末端反向插入钢丝绳主体内，在钢丝绳端部构成一个环孔或环眼。

《钢丝绳吊索　插编索扣》(GB/T 16271—2009)适用于折回式、对插式手工插编和机械插编的六股钢丝绳吊索的索扣。

插编所使用的钢丝绳类型为《重要用途钢丝绳》(GB 8918—2006)规定的交互捻纤维芯或金属芯钢丝绳，但单股钢丝绳、异形股钢丝绳和多层股钢丝绳除外。钢丝绳的钢丝公称抗拉强度应为 1 570 ～ 1 770 MPa。

手工插编的索扣按插编方法分为折回式和对插式。折回式是将绳端折成环状，需要插编的绳股分别穿过本体钢丝绳而所构成的环眼；对插式是将绳端分成两部分，每部分都朝相反方向捻在一起，构成对称于钢丝绳轴线的环眼。插编的索扣如图 4–10 所示。

插编索扣的要求如下：

(1)实际破断拉力应不小于相应钢丝绳最小破断拉力的 75%。

(2)在单根吊索中，两端索扣的插编部位末端的最小距离一般不小于钢丝绳公称直径的 15 倍，吊索之间最小净长度不得小于该吊索钢丝绳公称直径的 40 倍，索眼内侧长度至少应为钢丝绳公称直径的 10 倍。

(3)环形插接连接吊索的最小周长，应不小于该吊索钢丝绳公称直径的 96 倍。

(4)索扣插编部分的绳芯不应外露，各股要紧密，不能有松动的现象。插编后的绳股切头要平整，不应有明显的扭曲。

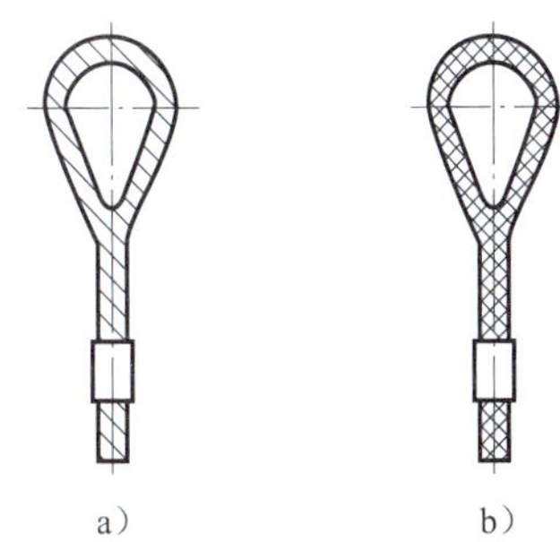

图 4–10　插编的索扣

a)无套环的索扣　b)有套环的索扣

五、钢丝绳环索

钢丝绳环索是一根连续长度的钢丝绳股围绕特定的环形芯，按照规定的捻距循环缠绕 6 圈而成的环形绳索，如图 4–11 所示。

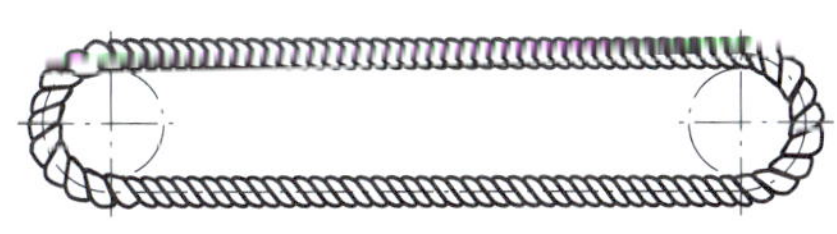
图 4–11　钢丝绳环索

《钢丝绳吊索　环索》(GB/T 30587—2014)适用于钢丝绳索体直径不大于 696 mm 的吊装用环索。

环索应选用纤维芯或金属芯、公称抗拉强度不大于 1 670 MPa 的交互捻钢丝绳(不包括单股钢丝绳、多层股钢丝绳和异形股钢丝绳)或钢丝绳的拆成股制造，并应符合《重要用途钢丝绳》(GB 8918—2006)或《粗直径钢丝绳》(GB/T 20067—2017)的规定。索体的钢丝绳股或钢丝绳不应出现钢丝挤出、外层磨损、表面断丝等缺陷。

直径大于 60 mm 的环索不用于一般提升作业，而使用在根据设计、结构、使用频率等而确定的特殊作业中。

通常计算或测定的负载质量具有较高的精确性，环索用于一次或有限次吊装。使用环索吊装操作应在指挥者的指挥下慢速起吊。

1. 环索的安全工作载荷

环索的安全工作载荷按式(4–4)计算。

$$\mathrm{SWL}=\frac{\mathrm{CGBL}\times M}{Z_{\mathrm{m}}\times Z_{\mathrm{p}}} \tag{4–4}$$

式中　SWL——环索安全工作载荷，t。

CGBL——环索最小破断拉力［计算方法见式（4–5）、式（4–6）］，kN。

M——方式系数，见表 4–12。

Z_m——吨（t）与千牛（kN）的换算系数，9.806 65 kN/t。

Z_P——安全系数，按以下情况选取：环索公称直径 $d < 60$ mm，Z_P 应不小于 5；60 mm $\leqslant d \leqslant$ 150 mm 时，$Z_P = 6.31 - 0.022d$；$d > 150$ mm 时，Z_P 应不小于 3。

表 4–12　　　　环索吊挂方式及方式系数

垂直起升	扼圈式提升	吊篮式提升			两肢吊索		四肢吊索	
		平行	β 为 0° ～ 45°	β 为 45° ～ 50°	β 为 0° ～ 45°	β 为 45° ～ 60°	β 为 0° ～ 45°	β 为 45° ～ 60°
$M = 1$	$M = 0.8$	$M = 2$	$M = 1.4$	$M = 1$	$M = 1.4$	$M = 1$	$M = 2.1$	$M = 1.5$

2. 环索的最小破断力

（1）钢丝绳环索的最小破断力按式（4–5）计算。

$$\mathrm{CGBL}_1 = 2 \times F_{\min 1} \times K_1 \tag{4–5}$$

式中　CGBL_1——钢丝绳环索最小破断拉力，kN。

$F_{\min 1}$——纤维芯钢丝绳的最小破断拉力［计算方法见《重要用途钢丝绳》（GB 8918—2006）或《粗直径钢丝绳》（GB/T 20067—2017）］，kN。

K_1——钢丝绳环索的捻制损失系数，取 0.9。

（2）缆式环索的最小破断力按式（4–6）计算。

$$\mathrm{CGBL}_2 = 12 \times F_{\min 2} \times K_2 \tag{4–6}$$

式中　CGBL_2——缆式环索最小破断拉力，kN。

$F_{\min 2}$——钢丝绳的最小破断拉力［计算方法见《重要用途钢丝绳》（GB 8918—2006）或《粗直径钢丝绳》（GB/T 20067—2017）］，kN。

K_2——缆式环索的捻制损失系数，取 0.85。

3. 环索的使用状况评估和报废

（1）环索如果断丝总数超过钢丝绳钢丝总数的 5% 时，环索应停止使用，全面检验。

（2）如果有 3 根或 3 根以上集中断丝，应进行强度评估。

（3）环索腐蚀应停止使用，进行检验和判定。

（4）出现因扭结、压扁、绳芯溃散或打结造成的变形时应报废。如果不能区分有害变形和可以接受的变形，应停止使用，进行检验和判定。

（5）如发现由电弧或过热引起的明显变色，应停止使用，进行检验和判定。

六、钢丝绳柱形压制接头

《钢丝绳柱形压制接头》（JG/T 5091—1997）适用于钢丝绳公称直径为 10 ～ 38 mm、公称抗拉强度不大于 1 770 MPa 的圆股钢芯钢丝绳的接头，不适用于单股、异型股钢丝绳以及半密封型和密封型钢丝绳。

接头型式分为 4 种：单板端柱形压制接头、叉板端柱形压制接头、螺柱端柱形压制接头和平端柱形压制接头，如图 4-12 所示。

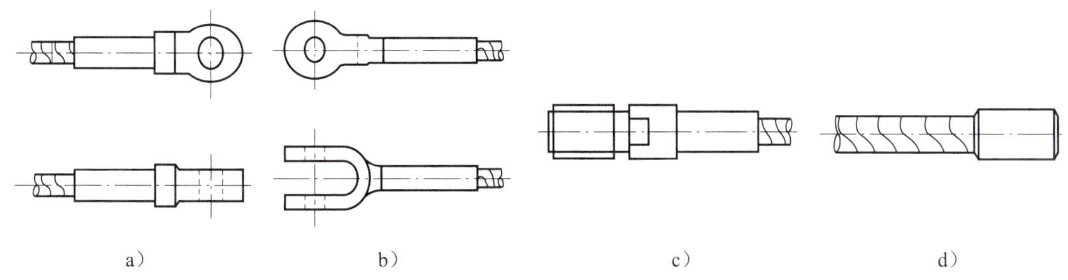

图 4-12　柱形压制接头型式

a）单板端柱形压制接头　b）叉板端柱形压制接头　c）螺柱端柱形压制接头　d）平端柱形压制接头

接头的要求如下：

（1）接头套管材料选用《优秀碳素结构钢》（GB/T 699—2015）、《低合金高强度结构钢》（GB/T 1591—2018）、《合金结构钢》（GB/T 3077—2015）中规定的抗拉强度≥ 500 MPa、收缩率≥ 40%、延伸率≥ 25% 的有关材料。

（2）接头压制后钢丝绳不得有任何损伤。接头不允许有裂纹，表面应光滑，无毛刺、飞边等缺陷。

（3）接头工作环境温度为 -20 ～ 40 ℃，在使用中不允许受弯，在腐蚀环境中使用接头应采取防腐措施。

七、钢丝绳吊索的使用和停用报废要求

1. 吊索的使用要求

（1）使用铝合金压制接头吊索时，金属套管不应受径向力或弯矩作用。

（2）提升物品时穿入软索眼的金属销轴等物体，应有足够的连接强度，且直径不得小于吊索钢丝绳公称直径的 2 倍。

（3）钢丝绳吊索不得在地面上拖拽，且不得在使用说明书规定以外的温度环境条件中使用。

（4）提升吊重时，应符合下列要求：

1）吊索分肢无任何结扣的可能性。

2）终端连接方法正确可靠。

3）吊索弯折曲率半径大于钢丝绳公称直径的 2 倍。

4）吊索使用中本身自然形成的扭结角不得受挤压，终端索眼、套管或插接连接及其配件应安全可靠。

5）多肢吊索不得绞缠。

（5）严禁超负荷使用，吊索肢间夹角应不大于 120°。

（6）吊索应贮存在通风、干燥场所，防止阳光直射、热气烘烤和接触酸、碱等具有腐蚀性的物质。

（7）吊索应分类卷绕放置在垫板或悬挂在货架上，严禁混杂存放。

2. 吊索的停止使用、维修、更换或报废要求

钢丝绳吊索出现下列情况之一时，应停止使用、维修、更换或报废：

（1）钢丝绳无规律分布损坏，在 6 倍钢丝绳直径的长度范围内，可见断丝总数超过钢丝绳中钢丝总数的 5%。

（2）钢丝绳局部可见断丝损坏，有 3 根以上的断丝聚集在一起。

（3）索眼表面出现集中断丝，或断丝集中在金属套管、插接处附近、插接连接绳股中。

（4）钢丝绳严重磨损，在任何位置实测钢丝绳直径，尺寸已不到原公称直径的 90%。

（5）钢丝绳严重锈蚀，柔性降低，表面明显粗糙，在锈蚀部位实测钢丝绳直径，尺寸已不到原公称直径的 93%。

（6）因打结、扭曲、挤压造成钢丝绳畸变、压破、芯损坏，或钢丝绳压扁超过原公称直径的 20%。

（7）钢丝绳热损坏，由于带电燃弧引起的钢丝绳烧熔、熔融金属液浸烫，或长时间暴露于高温环境中引起强度下降。

（8）插接处严重受挤压、磨损。

（9）金属套管损坏（如裂纹、严重变形、腐蚀）或直径缩小到原公称直径的 95%。

（10）绳端固定连接的金属套管或插接连接部分滑出。

（11）链环等端部配件达到报废标准。

第五章　安全标志和安全常识

本章共四节，内容包括安全标志及其使用导则、起重机安全标志和危险图形符号、包装储运图示标志、安全常识。

第一节　安全标志及其使用导则

安全标志是用以表达特定安全信息的标志，由图形符号、安全色、几何形状（边框）或文字构成。

安全标志及安全色的作用是使影响安全与健康的对象或环境能够迅速引起人们的注意，并使特定的信息获得快速理解。

安全标志在工作区域和公共场所中主要用于预防事故、防止火灾、传递危险情况信息和紧急疏散等，应仅用于与人身安全及健康相关的指令。

《安全标志及其使用导则》（GB 2894—2008）规定了传递安全信息的标志及其设置、使用的原则，适用于公共场所、工业企业、建筑工地和其他有必要提醒人们注意公共安全的场所。

一、标志类型

安全标志分禁止标志、警告标志、指令标志和提示标志四大类型。

1. 禁止标志

禁止标志是禁止人们不安全行为的图形标志。基本图形是带斜杠的圆边框，见表 5-1。

表 5-1　　禁止标志

图形标志	名称	标志种类	设置范围和地点
	禁止吸烟	H	有甲、乙、丙类火灾危险物质的场所和禁止吸烟的公共场所等，如木工车间、油漆车间、沥青车间、纺织厂、印染厂等
	禁止烟火	H	有甲、乙、丙类火灾危险物质的场所，如面粉厂、煤粉厂、焦化厂、施工工地等
	禁止带火种	H	有甲类火灾危险物质及其他禁止带火种的各种危险场所，如炼油厂、乙炔站、液化石油气站、煤矿井内、林区、草原等

续表

图形标志	名称	标志种类	设置范围和地点
	禁止用水灭火	H，J	生产、储运、使用中有不准用水灭火的物质的场所，如变压器室、乙炔站、化工药品库、各种油库等
	禁止放置易燃物	H，J	具有明火设备或高温的作业场所，如动火区及各种焊接、切割、锻造、浇注车间等场所
	禁止堆放	J	消防器材存放处、消防通道及车间主通道等
	禁止启动	J	暂停使用的设备附近，如设备检修、更换零件作业附近等
	禁止合闸	J	设备或线路检修时，相应开关附近
	禁止转动	J	检修或专人定时操作的设备附近
	禁止叉车和厂内机动车辆通行	J，H	禁止叉车和其他厂内机动车辆通行的场所
	禁止乘人	J	乘人易造成伤害的设施，如室外运输吊篮、外操作载货电梯架等
	禁止靠近	J	不允许靠近的危险区域，如高压试验区、高压线、输变电设备的附近

图形标志	名称	标志种类	设置范围和地点
	禁止入内	J	易造成事故或对人员有伤害的场所，如高压设备室、各种污染源口处
	禁止推动	J	易于倾倒的装置或设备，如车站屏蔽门等
	禁止停留	H，J	对人员具有直接危害的场所，如粉碎场地、危险路口、桥口等处
	禁止通行	H，J	有危险的作业区，如起重、爆破现场，道路施工工地等
	禁止跨越	J	禁止跨越的危险地段，如专用的运输通道、带式输送机和其他作业流水线及作业现场的沟、坎、坑等
	禁止攀登	J	不允许攀爬的危险地点，如有坍塌危险的建筑物、构筑物、设备旁
	禁止跳下	J	不允许跳下的危险地点，如深沟、深池、车站站台及盛装过有毒物质、易产生窒息气体的槽车、贮罐、地窖等处
	禁止伸出窗外	J	易于造成头、手伤害的部位或场所，如公交车车窗、火车车窗等
	禁止倚靠	J	不能倚靠的地点或部位，如列车车门、车站屏蔽门、电梯轿门等

图形标志	名称	标志种类	设置范围和地点
	禁止坐卧	J	高温、腐蚀性、塌陷、坠落、翻转、易损等易于造成人员伤害的设备设施表面
	禁止蹬踏	J	高温、腐蚀性、塌陷、坠落、翻转、易损等易于造成人员伤害的设备设施表面
	禁止触摸	J	禁止触摸的设备或物体附近，如裸露的带电体、炽热物体，以及具有毒性、腐蚀性物体等处
	禁止伸入	J	易于夹住身体部位的装置或场所，如有开口的传动机、破碎机等
	禁止饮用	J	禁止饮用水的开关处，如循环水、工业用水、污染水等
	禁止抛物	J	抛物易伤人的地点，如高处作业现场、深沟（坑）等
	禁止戴手套	J	戴手套易造成手部伤害的作业地点，如旋转的机械加工设备附近
	禁止穿化纤服装	H	有静电火花会导致灾害或有炽热物质的作业场所，如冶炼、焊接及有易燃易爆物质的场所等
	禁止穿带钉鞋	H	有静电火花会导致灾害或有触电危险的作业场所，如有易燃易爆气体或粉尘的车间及带电作业场所

续表

图形标志	名称	标志种类	设置范围和地点
	禁止开启无线移动通信设备	J	火灾、爆炸场所以及可能产生电磁干扰的场所，如加油站、飞行中的航天器、油库、化工装置区等
	禁止携带金属物或手表	J	易受到金属物品干扰的微波和电磁场所，如磁共振室等
	禁止佩戴心脏起搏器者靠近	J	安装人工起搏器者禁止靠近高压设备、大型电机、发电机、电动机、雷达和有强磁场的设备等
	禁止植入金属材料者靠近	J	易受到金属物品干扰的微波和电磁场所，如磁共振室等
	禁止游泳	H	禁止游泳的水域
	禁止滑冰	H	禁止滑冰的场所
	禁止携带武器及仿真武器	H	不能携带和托运武器、凶器和仿真武器的场所或交通工具，如飞机等
	禁止携带托运易燃及易爆物品	H	不能携带和托运易燃易爆物品及其他危险品的场所或交通工具，如火车、飞机、地铁等
	禁止携带托运有毒物品及有害液体	H	不能携带托运有毒物品及有害液体的场所或交通工具，如火车、飞机、地铁等

续表

图形标志	名称	标志种类	设置范围和地点
	禁止携带托运放射性及磁性物品	H	不能携带托运放射性及磁性物品的场所或交通工具，如火车、飞机、地铁等

2. **警告标志**

警告标志是提醒人们对周围环境引起注意，以避免可能发生危险的图形标志。基本图形是正三角形边框，见表 5–2。

表 5–2　　警告标志

图形标志	名称	标志种类	设置范围和地点
	注意安全	H，J	易造成人员伤害的场所及设备等
	当心火灾	H，J	易发生火灾危险的场所，如可燃性物质的生产、储运、使用等地点
	当心爆炸	H，J	易发生爆炸危险的场所，如易燃易爆物质的生产、储运、使用或受压容器等地点
	当心腐蚀	J	有腐蚀性物质［《危险货物品名表》（GB 12268—2012）中所规定的第 8 类物质］的作业地点
	当心中毒	H，J	剧毒品及有毒物质［《危险货物品名表》（GB 12268—2012）中所规定的第 6 类第 1 项物质］的生产、储运及使用地点
	当心感染	H，J	易发生感染的场所，如医院传染病区及有害生物制品的生产、储运、使用等地点

续表

图形标志	名称	标志种类	设置范围和地点
	当心触电	J	有可能发生触电危险的电气设备和线路，如配电室、开关等
	当心电缆	J	有暴露的电缆或地面下有电缆处施工的地点
	当心自动启动	J	配有自动启动装置的设备
	当心机械伤人	J	易发生机械卷入、轧压、碾压、剪切等机械伤害的作业地点
	当心塌方	H，J	有塌方危险的地段、地区，如堤坝及土方作业的深坑、深槽等
	当心冒顶	H，J	具有冒顶危险的作业场所，如矿井、隧道等
	当心坑洞	J	具有坑洞易造成伤害的作业地点，如构件的预留孔洞及各种深坑的上方等
	当心落物	J	易发生落物危险的地点，如高处作业、立体交叉作业的下方等
	当心吊物	J，H	有吊装设备作业的场所，如施工工地、港口、码头、仓库、车间等

续表

图形标志	名称	标志种类	设置范围和地点
	当心碰头	J	有可能碰头的场所
	当心挤压	J	有产生挤压的装置、设备或场所，如自动门、电梯门、车站屏蔽门等
	当心烫伤	J	具有热源易造成伤害的作业地点，如冶炼、锻造、铸造、热处理车间等
	当心伤手	J	易造成手部伤害的作业地点，如玻璃制品、木制加工、机械加工车间等
	当心夹手	J	有产生挤压的装置、设备或场所，如自动门、电梯门、列车车门等
	当心扎脚	J	易造成脚部伤害的作业地点，如铸造车间、木工车间、施工工地及有尖角散料等处
	当心有犬	H	有犬类作为保卫的场所
	当心弧光	H，J	由于弧光造成眼部伤害的各种焊接作业场所
	当心高温表面	J	有灼烫物体表面的场所

续表

图形标志	名称	标志种类	设置范围和地点
	当心低温	J	易于导致冻伤的场所，如冷库、气化器表面、存在液化气体的场所等
	当心磁场	J	有磁场的区域或场所，如高压变压器、电磁测量仪器附近等
	当心电离辐射	H，J	能产生电离辐射危害的作业场所，如生产、储运、使用《危险货物品名表》（GB 12268—2012）规定的第7类物质的作业区
	当心裂变物质	J	具有裂变物质的作业场所，如裂变物质使用车间、储运仓库、容器等
	当心激光	J	有激光产品和生产、使用、维修激光产品的场所
	当心微波	H	凡微波场强超过相关规定的作业场所
	当心叉车	J，H	有叉车通行的场所
	当心车辆	J	厂内车、人混合行走的路段，道路的拐角处，平交路口，车辆出入较多的厂房、车库等出入口
	当心火车	J	厂内铁路与道路平交路口、厂（矿）内铁路运输线等

续表

图形标志	名称	标志种类	设置范围和地点
	当心坠落	J	易发生坠落事故的作业地点，如脚手架、高处平台、地面的深沟（池、槽）、建筑施工及高处作业场所等
	当心障碍物	J	地面有障碍物，绊倒易造成伤害的地点
	当心跌落	J	易于跌落的地点，如楼梯、台阶等
	当心滑倒	J	地面有易造成伤害的滑跌地点，如地面有油、冰、水等物质及滑坡处
	当心落水	J	落水后有可能产生淹溺的场所或部位，如城市河流、消防水池等
	当心缝隙	J	有缝隙的装置、设备或场所，如自动门、电梯门、列车等

3. 指令标志

指令标志是强制人们必须做出某种动作或采用防范措施的图形标志。基本图形是圆形边框，见表 5-3。

表 5-3　　指令标志

图形标志	名称	标志种类	设置范围和地点
	必须戴防护眼镜	H，J	对眼睛有伤害的各种作业场所和施工场所

续表

图形标志	名称	标志种类	设置范围和地点
	必须戴遮光护目镜	H，J	存在紫外、红外、激光等光辐射的场所，如电气焊处等
	必须戴防尘口罩	H	具有粉尘的作业场所，如纺织清花车间、粉状物料拌料车间以及矿山凿岩处等
	必须戴防毒面具	H	具有对人体有害的气体、气溶胶、烟尘等的作业场所，如有毒物散发的地点或由毒物造成的事故现场
	必须戴护耳器	H	噪声超过 85 dB 的作业场所，如铆接车间、织布车间、射击场、工程爆破及风动掘进处等
	必须戴安全帽	H	头部易受外力伤害的作业场所，如矿山、建筑工地、伐木场、造船厂及起重吊装处等
	必须戴防护帽	H	易造成人体碾绕伤害或有粉尘污染头部的作业场所，如纺织、石棉、玻璃纤维以及具有旋转设备的机加工车间等
	必须系安全带	H，J	易发生坠落危险的作业场所，如高处建筑及修理、安装等地点
	必须穿救生衣	H，J	易发生溺水的作业场所，如船舶、海上工程结构物等

续表

图形标志	名称	标志种类	设置范围和地点
	必须穿防护服	H	具有放射、微波、高温及其他须穿防护服的作业场所
	必须戴防护手套	H，J	易伤害手部的作业场所，如具有腐蚀、污染、灼烫、冰冻及触电等危险的作业地点
	必须穿防护鞋	H，J	易伤害脚部的作业场所，如具有腐蚀、灼烫、触电、砸（刺）伤等危险的作业地点
	必须洗手	J	接触有毒有害物质作业后
	必须加锁	J	剧毒品、危险品库房等地点
	必须接地	J	防雷、防静电场所
	必须拔出插头	J	在设备维修、故障、长期停用、无人值守状态下

4. 提示标志

提示标志是向人们提供某种信息（如标明安全设施或场所等）的图形标志。基本图形是正方形边框，见表 5-4。

表 5-4 提示标志

图形标志	名称	标志种类	设置范围和地点
 	紧急出口	J	便于安全疏散的紧急出口处，与方向箭头结合设在通向紧急出口的通道、楼梯口等处
	避险处	J	铁路桥、公路桥、矿井及隧道内躲避危险的地点
	应急避难场所	H	在发生突发事件时用于容纳危险区域内疏散人员的场所，如公园、广场等
	可动火区	J	经有关部门划定的可使用明火的地点
	击碎板面	J	必须击开板面才能获得出口

续表

图形标志	名称	标志种类	设置范围和地点
	急救点	J	设置现场急救仪器设备及药品的地点
	应急电话	J	安装应急电话的地点
	紧急医疗站	J	有医生的医疗救助场所

图示标志的方向辅助标志：提示标志提示目标的位置时要加方向辅助标志。按实际需要提示左向时，辅助标志应放在图形标志的左方；提示右向时，则应放在图形标志的右方。方向辅助标志示例如图 5-1 所示。

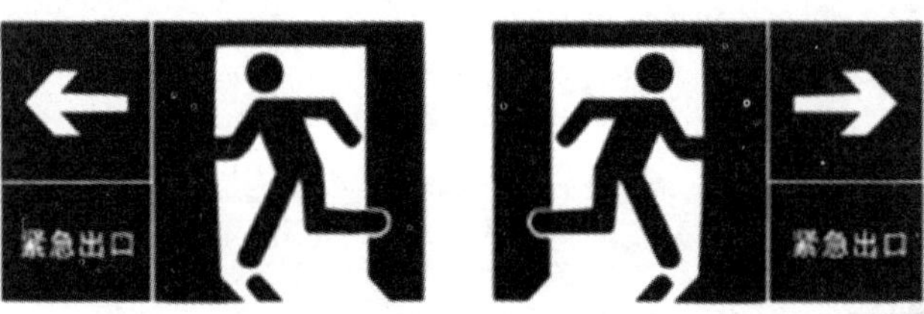

图 5-1　方向辅助标志示例

5. 文字辅助标志

文字辅助标志的基本图形是矩形边框，有横写和竖写两种形式。

（1）横写时，文字辅助标志写在标志的下方，可以和标志连在一起，也可以分开。

禁止标志、指令标志为白色字，警告标志为黑色字。禁止标志、指令标志衬底色为标志的颜色，警告标志衬底色为白色，如图 5-2 所示。

（2）竖写时，文字辅助标志写在标志杆的上部。

禁止标志、警告标志、指令标志、提示标志均为白色衬底，黑色字。标志杆下部色带的颜色应和标志的颜色相一致，如图 5-3 所示。

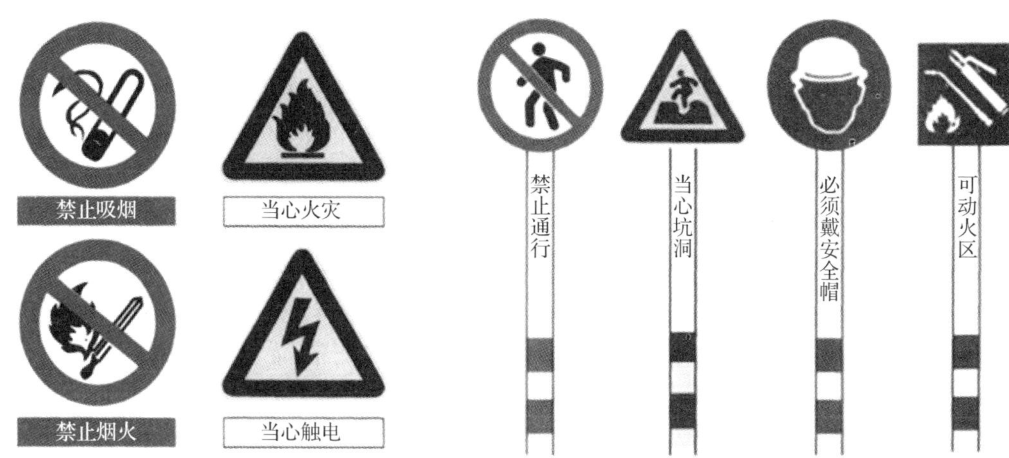

图 5-2　横写的文字辅助标志　　图 5-3　竖写在标志杆上部的文字辅助标志

（3）文字字体均为黑体字。

6. 激光辐射窗口标志和说明标志

激光辐射窗口标志和说明标志应配合“当心激光”警告标志使用，说明标志包括激光产品辐射分类说明标志和激光辐射场所安全说明标志，激光辐射窗口标志和说明标志的图形、尺寸和使用方法见《安全标志及其使用导则》（GB 2894—2008）附录 C 的规定。

7. 环境信息标志和局部信息标志

环境信息标志是所提供的信息涉及较大区域的图形标志，标志种类代号为 H。

局部信息标志是所提供的信息只涉及某地点，甚至某个设备或部件的图形标志，标志种类代号为 J。

二、标志颜色

安全标志使用的颜色包括安全色、对比色以及图形符号色。

（1）安全色是传递安全信息含义的颜色，包括红、蓝、黄、绿 4 种颜色。

1）红色传递禁止、停止、危险或提示消防设备、设施的信息。

2）蓝色传递必须遵守规定的指令性信息。

3）黄色传递注意、警告的信息。

4）绿色传递安全的提示性信息。

（2）对比色：使安全色更加醒目的反衬色，包括黑、白两种颜色。

（3）图形符号色有黑、白两种颜色。

安全色、对比色和图形符号色的应用见表 5-5。

表 5-5　　安全色、对比色和图形符号色的应用

安全色	对比色	图形符号色	应用示例
红色	白色	黑色	禁止吸烟，禁止饮用，禁止触摸，禁止放置易燃物
蓝色	白色	白色	必须戴安全帽，必须洗手，必须穿防护服，必须戴防毒面具
黄色	黑色	黑色	注意安全，当心火灾，当心跌落，当心电离辐射
绿色	白色	白色	紧急出口，避险处，应急电话，紧急医疗站

三、安全标志牌的使用要求

（1）标志牌应设在与安全有关的醒目地方，并使大家看见后，有足够的时间来注意它所表示的内容。环境信息标志宜设在有关场所的入口处和醒目处，局部信息标志应设在所涉及的相应危险地点或设备（部件）附近的醒目处。

（2）标志牌不应设在门、窗、架等可移动的物体上，以免标志牌随母体物体相应移动，影响认读。标志牌前不得放置妨碍认读的障碍物。

（3）标志牌的平面与视线夹角应接近 90°，观察者位于最大观察距离时，最小夹角不小于 75°。

（4）标志牌应设置在明亮的环境中。

（5）多个标志牌在一起设置时，应按警告、禁止、指令、提示类型的顺序，先左后右、先上后下地排列。

（6）标志牌的固定方式分附着式、悬挂式和柱式 3 种。悬挂式和附着式的固定应稳固不倾斜，柱式的标志牌和支架应牢固地连接在一起。

（7）标志牌应至少每半年检查一次，如发现有破损、变形、褪色等时，应及时修整或更换。

（8）在修整或更换激光安全标志时，应有临时的标志替换，以避免发生意外伤害。

第二节　起重机安全标志和危险图形符号

起重机应有安全标志。

《起重机　安全标志和危险图形符号　总则》（GB 15052—2010）概括了安全标志的目的，描述了安全标志的基本形式，规定了安全标志的颜色并且提供了组成安全标志各框图的设计指南。

一、起重机安全标志的目的和设置

1. 起重机安全标志的目的

安全标志的目的是提醒人们存在危险或潜在危险，识别危险，描述危险的特征，说明危险可能造成的人身伤害，指导人员如何避免危险。

2. 起重机安全标志的设置

（1）安全标志应放置在起重机上醒目易见的部位，尽量避免损坏或磨损，并且应具有相当长的预期使用寿命。

（2）安全标志和危险图形符号可以放置在起重机上或出现在使用维护说明书中。为了避免危险，应将安全标志和危险图形符号放置在靠近危险发生部位或者控制区。

（3）应避免在起重机上过多地使用安全标志和危险图形符号，因为过度使用会降低使用效果。

（4）安全标志和危险图形符号出现在使用维护说明书中，用来强调危险的区域，在说明书中的使用不受上述第（3）条的限制。

（5）应在起重机的合适位置或工作区域设置明显可见的文字安全警示标志，举例如下：

1）起升物品下方严禁站人。

2）臂架下方严禁停留。

3）作业半径内注意安全。

4）未经许可不得入内。

（6）采用高压供电的起重机，应在高压供电位置及高压控制设备处设置安全标志，如“高压危险”等。

二、起重机危险图形符号与安全标志示例

1. 起重机危险图形符号示例（见表 5-6）

表 5-6　　起重机危险图形符号示例

图形符号	含义	图形符号	含义
	有毒烟雾或有毒气体——窒息		电击 / 触电
	电击 / 触电		从高处坠落
	高压液体——注入人体		高压喷射——腐蚀肌体
	喷射或飞出物——需要保护面部		撞倒——流动式起重机前进或倒车时
	热表面——烧伤手指或手		爆炸（如使用燃油时）
	手及手臂绞入——链传动或者齿形带传动装置		腿绞入机器内

续表

图形符号	含义	图形符号	含义
	手臂绞入——旋转的齿轮		手及手臂绞入——带传动装置
	喷射或飞出物——面部暴露部分		喷射或飞出物——需要保护眼睛
	挤压全身——力来自上方		挤压手指或手——力来自侧面
	由起重机平衡重产生的挤压		切断手指或手——转子叶片
	切断手指或手——发动机风扇		手臂绞入机器内

2. 起重机安全标志示例（见表 5-7）

表 5-7　　起重机安全标志示例

安全标志	含义	安全标志	含义
	拆卸臂架时应远离		进入危险区前，确保起升油缸锁紧

续表

安全标志	含义	安全标志	含义
	进入危险区前，安装支撑		进入危险区前，锁定安全锁
	与起重机保持安全距离		避开外伸支腿
	进行维护或维修工作前，关闭发动机并且拔下钥匙		远离电源线
	与热表面保持距离		避免液体喷出，操作方法查阅技术手册

第三节　包装储运图示标志

《包装储运图示标志》（GB/T 191—2008）规定了包装储运图示标志的名称、图形符号、尺寸、颜色及应用方法，适用于各种货物的运输包装。

一、包装储运图示标志的名称及图形

包装储运图示标志由图形符号、名称及外框线组成。与起重机械作业相关的包装储运图示标志名称及图形见表 5-8。

表 5-8　　与起重机械作业相关的包装储运图示标志名称及图形

标志名称	标志	含义
易碎物品	 易碎物品	表明运输包装件内装易碎物品，搬运时应小心轻放
向上	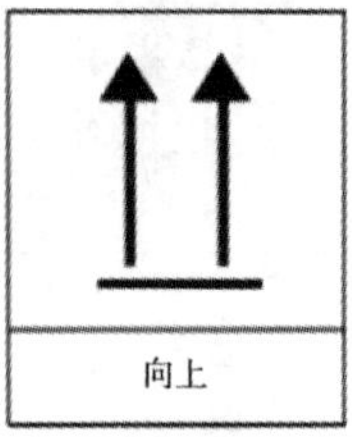 向上	表明该运输包装件在运输时应垂直向上
重心	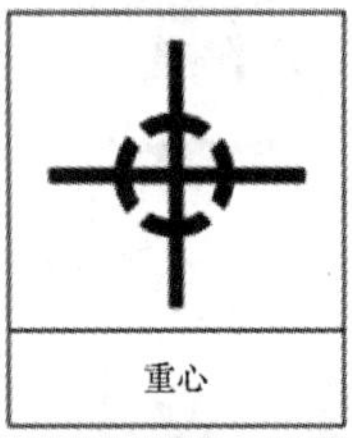 重心	表明该包装件的重心位置，便于起吊
禁止翻滚	 禁止翻滚	表明搬运时不能翻滚该运输包装件
由此夹起	 由此夹起	表明搬运货物时可夹持的面

续表

标志名称	标志	含义
此处不能卡夹	 此处不能卡夹	表明搬运货物时不能夹持的面
由此吊起	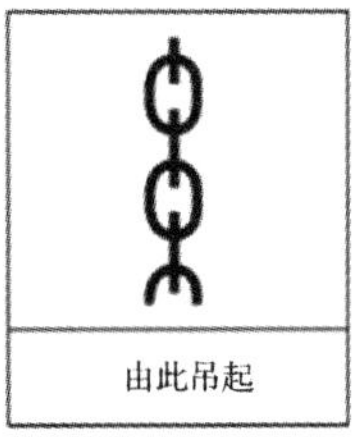 由此吊起	表明起吊货物时挂绳索的位置
堆码质量极限	 …kg max 堆码质量极限	表明该运输包装件所能承受的最大质量极限
堆码层数极限	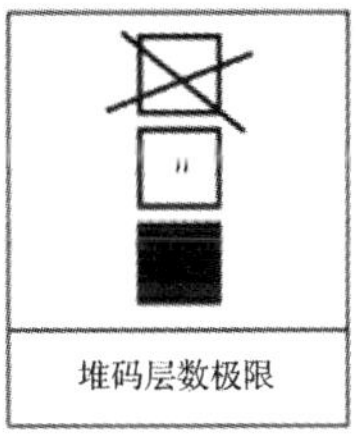 n 堆码层数极限	表明可堆码该运输包装件的最大层数
禁止堆码	 禁止堆码	表明该包装件只能单层放置

二、包装储运图示标志的外框和颜色

（1）包装储运图示标志的外框为长方形，其中图形符号外框为正方形。

（2）包装储运图示标志颜色一般为黑色。

如果包装的颜色使得标志显得不清晰，则应在印刷面上用适当的对比色，黑色标志最好以白色作为标志的底色。必要时，标志也可使用其他颜色，除非另有规定，一般应避免采用红色、橙色或黄色，以避免同危险品标志相混淆。

第四节　安全常识

一、高处作业常识

高处作业是指在距坠落高度基准面 2 m 或 2 m 以上有可能坠落的高处进行的作业。

1. 高处作业的分级与类别

（1）高处作业的分级。高处作业高度分为以下 4 个区段：

Ⅰ级：高度≥ 2 m 且≤ 5 m。

Ⅱ级：高度 >5 m 且≤ 15 m。

Ⅲ级：高度 >15 m 且≤ 30 m。

Ⅳ级：高度 >30 m。

（2）高处作业的类别。高处作业按性质和环境的不同，可分为一般高处作业和特殊高处作业两类。

1）一般高处作业：正常作业环境下进行的各项高处作业。

2）特殊高处作业：较复杂的作业环境下对操作人员具有危险性的作业，如强风高处作业、异温高处作业、雪大高处作业、雨天高处作业、夜间高处作业、带电高处作业、悬空高处作业和抢救高处作业等。

2. 高处作业的安全注意事项

（1）患有禁忌证者（恐高症、高血压、低血压、心脏病、贫血症、癫痫）以及年老体弱、疲劳过度、精神恍惚、视力不佳、饮酒等情况者，不宜进行高处作业。

（2）高处作业者必须按标准使用劳动防护用品（安全帽、安全带、保险绳）、装置及设施。

（3）高处作业的设施，不得有翘头板、空头板、断裂板、露头钉、朝天钉、空缺挡、折断等缺陷，作业中的孔洞应设置有效的安全防护。

（4）脚手板、脚手架、栈边、斜边、梯子、吊篮、挂板等高处作业设施，必须搭设稳固，材质优良。

（5）必须使用梯子斜边登高，不准从脚手架外攀登，一般不允许用起重机吊运人员。

（6）传送工具和材料应用绳索系送，禁止抛掷，禁止从高处向下抛掷料具。禁止交叉作业。

（7）作业现场、脚手架、起重设备等上空及附近空间如有高压线，应按安全距离控制。脚手架上所有的电线与电气设备应绝缘良好，以防漏电。

（8）在高处动火作业时应使用防火毯接住火星和飞溅物，不允许飞溅物落到气体软管或气瓶上。

（9）一般高处作业在 6 级强风和雨雪天及夜间，应停止作业。

二、有毒有害作业环境常识

有毒有害作业是指与有毒有害物品有关的作业。有毒害作用的原料、半成品、产品常以气体、蒸气、烟雾、粉尘等形式存在于生产环境中，随时可经呼吸道、皮肤进入人体，还会随不良的卫生习惯等经消化道进入体内，对人体有一定的危害。

1. 有毒有害作业环境的基本作业规范

（1）作业人员在从事有毒有害作业时，必须严格按照已交底的安全施工措施进行作业。

（2）作业人员在作业前应正确使用个人劳动防护用品和用具。

（3）作业后应以温水、肥皂洗脸、漱口或洗澡。

（4）换下的工作服应放在固定位置，不应与非工作服混放。

2. 有毒有害物品的装卸搬运要求

（1）应使用装卸、搬运的机械以及专用工具，如钩具、夹具等。

（2）作业前必须由施工负责人检查劳动防护用品、用具是否合格。作业后施工负责人必须安排专人及时清洗、消毒。

（3）搬运时禁止肩扛、背负、双手抱揽，应做到轻拿、轻放。严禁滚动、踏踩包装。

（4）两种性能互相抵触的物品，不得同地装卸和同车运输。

（5）对忌热、忌潮、忌倒置物品，必须采取隔热、防潮措施和防倒置措施。

（6）作业现场要备有必要的急救药品和相应的消毒药剂以及冲洗、消防器材。

3. 有毒有害物品的使用和接触要求

（1）凡是使用或有可能接触有毒有害物品的人员，在使用前必须明确告知这些物品的危害性和预防受到伤害的措施。

（2）凡是使用和接触的人员必须使用能对皮肤、眼睛、呼吸道、消化道起到防护作用的个人劳动防护用品，尽可能避免接触这些物品。

（3）有毒作业场所必须进行有毒气体定期测定，其采样点、采样频率、采样时机、采样方法必须按国家标准规定进行。

（4）现场使用的有毒有害物品，要贮存在安全可靠的容器内（一般应使用原贮存容器），每班工作结束时要送回负责人指定的贮存地点。

（5）溢出的化学物品要及时装进容器内，溢出场所要立即清除干净以防止进一步污染。

（6）凡是使用和接触的危险及有毒有害物品，其在空气中的释放量超出国家规定的容许限量值而采取的隔离操作措施或一般通风措施仍不能有效地保护作业人员时，作业人员必须戴防毒面具。

（7）佩戴防毒面具的人员，使用前要经过适应性试验和适当的训练。

（8）在容器内、室内和其他没有适当通风的场所从事喷涂、喷砂或使用危险有毒的材料时，作业人员要使用空气罩或其他等同的供呼吸用的空气净化装置。

4. 有害气体中毒急救常识

怀疑作业现场可能存在有害气体时，应立即将人员撤离现场，转移到通风良好处休息。抢救人员应在做好自身防护（如现场有害气体浓度很高，应戴防毒面具）后，才能执行抢救任务，将中毒者转移到空气新鲜处。

对已昏迷中毒者，应保持气道通畅，解开领扣、裤带等束缚，注意保温或防暑，有条件时给予氧气吸入。

对呼吸、心跳停止者，应立即进行心肺复苏，并联系医院救治。护送中毒者要取平卧位，头稍低，并偏向一侧，避免呕吐物进入气管。

三、危险货物常识

危险货物（也称危险物品或危险品）是具有爆炸、易燃、毒害、感染、腐蚀、放射性等危险特性，在运输、贮存、生产、经营、使用和处置中，容易造成人身伤亡、财产损毁或环境污染而需要特别防护的物质和物品。

危险货物按具有的危险性或最主要的危险性分为 9 个类别。

（1）第 1 类爆炸品，划分为 6 项：有整体爆炸危险的物质和物品；有迸射危险，但无整体爆炸危险的物质和物品；有燃烧危险并有局部爆炸危险或局部迸射危险或这两种危险都有，但无整体爆炸危险的物质和物品；不呈现重大危险的物质和物品；有整体爆炸危险的非常不敏感物质；无整体爆炸危险的极端不敏感物品。

第 1 类爆炸品包括黑火药、闪光粉、硝基脲、三硝基苯胺、烟火等。

（2）第 2 类气体，划分为 3 项：易燃气体、非易燃无毒气体、毒性气体。

第 2 类气体包括溶解乙炔、丁烷、丁烯、二氧化碳、氢气、环丙烷、二甲醚等。

（3）第 3 类易燃液体，未划分项。

第 3 类易燃液体包括苯、丁醇、戊醇、樟脑油、乙醇（酒精）、煤油、松香油等。

（4）第 4 类易燃固体、易于自燃的物质、遇水放出易燃气体的物质，划分为 3 项：易燃固体、自反应物质和固态退敏爆炸品，易于自燃的物质，遇水放出易燃气体的物质。

第 4 类易燃固体、易于自燃的物质、遇水放出易燃气体的物质包括冰片（龙脑）、干草、禾秆、聚乙醛、含油废棉等。

（5）第 5 类氧化性物质和有机过氧化物，划分为 2 项：氧化性物质、有机过氧化物。

第 5 类氧化性物质和有机过氧化物包括硝酸铝、高锰酸钙、高锰酸钾、高锰酸锌等。

（6）第 6 类毒性物质和感染性物质，划分为 2 项：毒性物质、感染性物质。

第 6 类毒性物质和感染性物质包括苯胺、烟碱、碘化汞、马钱子碱、固态酮基农药等。

（7）第 7 类放射性物质，未划分项。

（8）第 8 类腐蚀性物质，未划分项。

第 8 类腐蚀性物质包括氧化钠、亚硫酸、干蓄电池、碘等。

（9）第 9 类杂项危险物质和物品（包括危害环境物质），未划分项。

第 9 类杂项危险物质和物品包括固态二氧化碳（干冰）、蓖麻籽、蓖麻油片等。

四、用电安全常识

1. 电压和触电危险

交流系统及其相关设备采用三相四线或三相三线系统时，相电压为 220 V，线电压为 380 V，频率为 50 Hz 或 60 Hz；单相三线系统电压为 220 V，频率为 60 Hz。

220 V 和 380 V 都是发生触电危险的电压，高压线传输的上千伏电压更是有直接致命危险的电压。

直流和交流电压中的 36 V、24 V、12 V 和 6 V 低电压，即人们通常所说的安全电压，是人体较长时间接触而不致发生触电危险的电压。在有触电危险的场所使用的手持电动工具、在潮湿环境使用的行灯以及某些人体可能偶然触及的带电设备，应选用以上安全电压。

2. **触电的形式**

人体触及带电体，或带电体与人体之间由于距离近、电压高产生闪击放电，或电弧烧伤人体表面对人体所造成的伤害都叫触电。

触电分电击、电伤两种：电击是电流通过人体或动物躯体而引起的生理效应；电伤是电流的热效应、机械效应、化学效应对人体外部造成的伤害，如电弧烧伤、电烙印、皮肤金属化等。最危险的触电是电击，绝大多数触电死亡事故是由电击造成的。

触电的形式一般分为单相触电、两相触电、跨步电压触电和间接触电。

（1）单相触电。当人体直接碰触带电设备或带电导线其中的一相时，电流通过人体流入大地，这种触电称为单相触电。有时对于高压带电体，人体虽未直接接触，但由于高电压超过了安全距离，高压带电体对人体放电，造成单相接地而引起的触电，也属于单相触电。

（2）两相触电。当人体同时接触带电设备或带电导线其中的两相时，或在高压系统中，人体同时接近不同相的两相带电导体，而发生闪击放电，电流通过人体从某一相流入另一相，此种触电称为两相触电。人体的触电方式中，以两相触电最为危险，轻微的会引起触电烧伤或导致残疾，严重的可以导致触电死亡事故。

（3）跨步电压触电。当电气设备发生接地短路故障或电力线路断落接地时，电流经大地流走，这时接地中心附近的地面存在不同的电位，人若在接地短路点周围行走，人两脚间（按正常人 0.8 m 跨距考虑）的电位差叫跨步电压。由跨步电压引起的触电叫跨步电压触电。人与接地短路点越近，跨步电压触电越严重。一旦误入跨步电压区，应迈小步，双脚不要同时落地，最好一只脚跳走，朝接地中心相反的地区走，逐步离开跨步电压区。

（4）间接触电。事故导致在正常情况下不带电的电气设备金属外壳带电，致使人触电叫间接触电。另外，导线漏电触碰金属物（如管道、金属容器等），使金属物带电而使人触电，也称间接触电。

3. **触电的急救**

触电急救的救护原则是迅速、就地、准确、坚持。

（1）触电者脱离电源的方法。触电急救首先要使触电者迅速脱离电源，越快越好。脱离电源就是把触电者接触的那一部分带电设备的所有断路器（开关）、隔离开关（刀闸）或其他断电设备断开，或设法将触电者与带电设备脱离。

1）低压触电宜采用以下方法使触电者脱离电源：

①触电地点附近有电源开关或电源插座，可立即拉开开关或拔出插头，断开电源。但应注意到拉线开关或墙壁开关等只控制一根线的开关，有可能因安装问题只能切断中性线而没有断开电源的相线。

②触电地点附近没有电源开关或电源插座，宜用有绝缘柄的电工钳或有干燥木柄的斧头切断电线，断开电源。但应避免断开后的带电端再次危及现场人员。

③当电线搭落在触电者身上或被压在身下时，宜用干燥的衣服、手套、绳索、皮带、木板、木棒等绝缘物作为工具，拉开触电者或挑开电线，使触电者脱离电源。

④当触电者的衣服是干燥的且又没有紧缠在身上，宜用一只手抓住触电者的衣服，将触电者拉离电源。但救护人员不得接触触电者的皮肤，也不能抓触电者的鞋。

⑤触电发生在电缆沟道、隧道内，且不能立即断开电源开关时，宜采取抖动电缆的方式

使触电者脱离电源。因电缆绝缘损坏而触电时，不得采取直接切断电缆的方式断开电源，除非是单根单相电缆。

2）高压触电可采用下列方法之一使触电者脱离电源：

①立即通知有关供电单位或用户停电。

②戴上绝缘手套，穿上绝缘靴，用相应电压等级的绝缘工具按顺序拉开电源开关或熔断器及刀闸。

③极端情况下，可以抛掷裸金属线使线路短路，迫使保护装置动作，断开电源。应注意防止电弧伤人或断线危及人员安全，抛掷的短路线若被烧断应考虑线路重新合闸动作后的再次带电。

高压触电时，触电者因电击伤倒在带电区域内，虽未直接接触带电设备，救护人员也应考虑安全距离不满足要求而有触电危险。触电者触及断落在地上的带电高压导线时，救护人员应做好安全措施（如穿绝缘靴），才可以接近以断线点为中心的 8 ～ 10 m 范围内进行验电，以防止跨步电压伤人。当线路有电时，先按上述方法使触电者脱离电源；确认线路无电时，应迅速将触电者带至 8 ～ 10 m 范围以外，再开始急救。

救护人员在未穿戴绝缘防护用品的情况下不应进入以触电者中心半径 8 m（室内 4 m）的范围以内，要注意保持自身与周围带电部分必要的安全距离。即使已穿戴好绝缘防护用品，也最好用一只手操作。

（2）触电者脱离电源后的处理方法。

1）意识判断。对意识清醒的触电者，在确认环境安全后应将其就地平卧，严密观察呼吸、脉搏等生命指标，暂时不要让其站立或走动；对意识不清的触电者，应立即在其双耳旁呼叫或轻拍其肩部，以判定其是否丧失意识，禁止摇动头部呼叫，如无反应，则高声呼救，寻求他人帮助，同时拨打当地紧急救援电话。

2）脉搏和呼吸判断。非专业救护人员可不进行脉搏检查，对无呼吸或仅是濒死叹气样呼吸、无意识的触电者立即开始心肺复苏。

3）对需要进行心肺复苏的触电者，将其置于平地或硬板上，解开其领扣和裤带，去除或剪开限制呼吸的胸腹部紧身衣物，立即就地迅速进行有效心肺复苏抢救。

4）成人胸外按压。

①可用以下两种方法之一来确定正确的按压位置：

方法一：胸部正中，双乳头之间，胸骨的下半部即为正确的按压位置。

方法二：沿触电者肋弓下缘向上，找到肋骨和胸骨接合处的中点，两手指并齐，中指放在切迹中点（剑突底部），食指平放在胸骨下部，另一只手的掌根紧挨食指上缘，置于胸骨上，即为正确按压位置。

②正确的按压姿势如下：

第一步：使触电者仰面躺在平硬的地方，救护人员立或跪在其一侧胸旁，救护人员的两肩位于触电者胸骨正上方，两臂伸直，肘关节固定伸直，两手掌根相重叠，手指翘起，将下面手的掌根部置于触电者的按压位置上。

第二步：以髋关节为支点，利用上身的重力，垂直将正常成人胸骨压陷 50 ～ 60 mm。

第三步：以足够的速率和幅度进行按压，保证每次按压后胸廓充分回弹，按压间隙避免双手倚靠在触电者胸壁，尽可能减少按压中断并避免过度通气。

③按压操作频率要求如下：

胸外按压要以均匀的速度进行，每分钟 100 ～ 120 次，每次按压和放松的时间相等。

胸外按压与口对口（鼻）人工呼吸的比例：单人抢救时，每按压 30 次，吹气 2 次（30∶2），反复进行；双人抢救时，每按压 30 次后由另一人吹气 2 次（30∶2），反复进行。

④在按压时，避免发生肋骨、胸骨骨折，甚至引起气胸、血胸、肝脾损伤等并发症。

⑤双人或多人复苏应每 2 min（按压吹气 5 组循环）交换角色，以避免因胸外按压者疲劳而致胸外按压质量和频率削弱。在交换角色时，其抢救操作中断时间应不超过 10 s。

5）开放气道。用仰头抬颏的手法开放气道：一只手放在触电者前额，用手掌把额头用力向后推，另一只手的食指与中指置于颏骨下方，向上抬起下颏（对颈部损伤者不适用），两手协同将头部推向后仰，保持气道通畅。如发现触电者口内有异物，要清除其口中的异物和呕吐物，可用指套或指缠纱布清除口腔中的液体分泌物。清除固体异物时，一只手按压开下颌，迅速用另一只手的食指将固体异物钩出或用两手指交叉从口角处插入，取出异物，操作中要注意防止将异物推到咽喉深部。

6）开放气道后，立即进行 2 次人工呼吸。人工呼吸时应暂停实施胸外心脏按压。

7）口对口（鼻）人工呼吸的具体方法如下：

①在保持触电者气道通畅的同时，救护人员用放在触电者额上的手捏住触电者的鼻翼，救护人员平静吸气后，与触电者口对口紧合，在不漏气的情况下，先连续吹气 2 次。

②每 5 s 吹气一次，每次吹 2 s，方法正确，能够看见胸廓起伏。吹气时如有较大阻力，可能是头部后仰不够，应及时纠正，在吹气时应避免过快、过强。

③触电者如牙关紧闭，可口对鼻人工呼吸。口对鼻人工呼吸吹气时，要将伤员嘴唇紧闭，防止漏气。

④吹气后，应立即离开触电者的口（鼻），并松开触电者的鼻翼（或嘴唇），让其自由呼吸。

⑤如有条件，可用简易呼吸面罩、呼吸隔膜进行隔式人工呼吸，以避免直接接触引起交叉感染。

8）头部降温。经现场抢救，触电者呼吸心跳恢复后，应立即对头部进行降温，如用冰帽、冰袋等。紧急情况下也可用冰棍放在伤员头部或用冷毛巾置于额部。

9）抢救过程中的再判断。

①按压吹气 2 min 后（相当于 5 组 30∶2 按压吹气循环以上），观察伤员的意识、呼吸、肤色，在 5 ～ 10 s 内完成对伤员呼吸、心跳是否恢复的再判断。

②若判定呼吸、心跳未恢复，则继续坚持用心肺复苏技术抢救。

③在医护人员未接替抢救前，现场救护人员不要轻易放弃抢救。

10）触电者转运。

①心肺复苏应尽量在现场就地进行，不要为方便而随意移动触电者。如确实需要移动时，抢救中断应不超过 10 s。

②移动触电者或将触电者转送医院时，除使触电者平躺在硬质担架上外，条件允许继续坚持心肺复苏，注意保护颈椎，并做好保暖。

③在转送触电者去医院前，应充分利用通信手段，与有关医院取得联系，请求做好触电者接收的准备，同时应对触电者的其他合并伤（如骨折、体表出血等）做相应处理。

五、防火安全常识

1. 起重机械作业的防火要求

（1）在进行日常检查和维护保养时，禁止在司机室内使用喷灯或手提灯及其他明火和暗火的装置。

（2）禁止在司机室内进行熔焊作业。在必要情况下，应当备有完善的消防措施。

（3）司机室内绝对禁止吸烟。

（4）按规定配备的灭火器，应当保证完好有效。

（5）应当经常检查电气设备的温升情况，不得使温升超过规定标准。当发现有烧焦气味或发现有电气设备冒烟情况时，必须立即切断电源并停机检查。

（6）油料以及废棉丝等易燃物品一定要贮存在盖紧的铁皮箱里。

2. 灭火器的选择使用

干粉灭火器适用于扑救石油及其产品、可燃性气体和电气设备的初起火灾。

二氧化碳灭火器适用于扑救图书档案、珍贵设备、精密仪器、少量油类和其他一般物质的初起火灾。在狭窄的空间使用二氧化碳灭火器后应迅速撤离或戴呼吸器，室外要注意勿逆风使用，防止冻伤。

3. 电气设备火灾的预防和施救

起重机械作业的防火安全，重点是电气设备火灾的预防。

（1）电气设备火灾的成因。

1）电气设备过热引发。设备线路绝缘老化而失去绝缘能力，接线错误，接线与外壳接触，选用导线与设备不匹配，载流超过额定值，导线接头连接不牢，活动触点接触不良，变压器和电动机等设备长时间过电压，电气设备的散热或通风装置失效，都可能使电气设备过热。过热产生的热能会引燃设备四周的可燃物，引起火灾。

2）电火花和电弧引发。电火花是电极间的击穿放电，电弧是由大量的火花汇集成的。

电火花分为工作火花和事故火花：工作火花是指电气设备正常工作时或正常操纵过程中产生的火花；事故火花是线路或设备发生故障时出现的火花，以及由外来原因产生的火花，如雷电火花、静电火花、高频感应电火花等。电火花的温度一般很高，而电弧温度为 3 000 ～ 6 000 ℃。电火花和电弧不仅能引起可燃物燃烧，还可能使金属熔化、飞溅，构成危险的火源。

（2）电气设备火灾的施救。灭火有两种方式：一是断电灭火，二是带电灭火。后者是在不能切断电源情况下采取的灭火方式。灭火使用的灭火器一般选择干粉灭火器。

带电灭火人员应当穿戴绝缘手套和绝缘鞋，防止跨步电压，防止身体部位或使用的消防器材（如火钩、火斧等）直接与带电部分接触或与带电体（尤其是高压电）过分接近，避免造成触电事故。

六、劳动防护用品使用常识

作业人员在生产作业场所穿戴、配备和使用的劳动防护用品也称个体防护装备。个体防护装备是从业人员为防御物理、化学、生物等外界因素伤害所穿戴、配备和使用的各种护品的总称。

（1）劳动防护用品的使用规定如下：

1）生产经营单位应当按照《个体防护装备选用规范》（GB/T 11651—2008）和国家颁发的劳动防护用品配备标准以及有关规定，为从业人员配备劳动防护用品。

2）生产经营单位提供的劳动防护用品，必须符合国家标准或者行业标准，不得超过使用期限。

3）生产经营单位应当督促、教育从业人员正确佩戴和使用劳动防护用品。

4）从业人员在作业过程中，必须按照安全生产规章制度和劳动防护用品使用规则，正确佩戴和使用劳动防护用品；未按规定佩戴和使用劳动防护用品的，不得上岗作业。

（2）起重机械作业人员劳动防护用品的配备。一般情况下，应当符合以下规定：

1）起重机司机应配备灵便紧口的工作服、系带防滑鞋和工作手套。

2）起重机指挥应配备专用标志服装，在自然强光环境条件作业时，应配备有色防护眼镜。

3）起重机械安装维修人员从事安装维修作业时，应配备紧口工作服、保护足趾的安全鞋和手套。

特殊情况下，如在有毒有害、防爆等环境作业，必须按照环境等级等现场工作条件选用和配备劳动防护用品。

七、雷电防御常识

1. 雷电预警信号分级及其标准

（1）雷电预警信号分级。雷电预警信号分为 3 级，分别以黄色、橙色、红色表示。

（2）雷电预警信号分级标准如下：

1）黄色预警表示 6 h 内可能发生雷电活动，可能会造成雷电灾害事故。

2）橙色预警表示 2 h 内发生雷电活动的可能性很大，或者已经受雷电活动影响，且可能持续，出现雷电灾害事故的可能性较大。

3）红色预警表示 2 h 内发生雷电活动的可能性非常大，或者已经有强烈的雷电活动发生，且可能持续，出现雷电灾害事故的可能性非常大。

2. 雷电防御指南

（1）发布黄色预警信号，应做好以下事项：

1）单位应做好防雷工作。

2）人员应密切关注天气，尽量避免户外活动。

（2）发布橙色预警信号，应做好以下事项：

1）单位应落实防雷应急措施。

2）人员应当留在室内，并关好门窗。

3）户外人员应当躲入有防雷设施的建筑物或者汽车内。

4）切断危险电源，不要在树下、电杆下、塔吊下避雨。

5）在空旷场地不要打伞，不要把农具、羽毛球拍、高尔夫球杆等扛在肩上。

（3）发布红色预警信号，应做好以下事项：

1）单位应做好防雷应急抢险工作。

2）人员应当尽量躲入有防雷设施的建筑物或者汽车内，并关好门窗。

3）切勿接触天线、水管、铁丝网、金属门窗、建筑物外墙，远离电线等带电设备和其他类似金属装置。

4）尽量不要使用无雷电防护装置或者雷电防护装置不完备的电视、电话等电器。

5）应密切注意雷电预警信息的发布。

八、机械伤害现场急救常识

1. 外伤出血伤者的急救

（1）采取指压止血法：首先通过直接压迫出血部位进行止血，如压迫后仍有出血，可根据动脉的体表投影，用手指压迫伤口近心端的供血动脉，达到临时快速止血的目的。

（2）加压包扎止血法：一般小动脉和静脉出血宜用此法。将无菌或干净敷料覆盖伤口，外加敷料垫，再以绷带加压包扎，包扎后将伤肢抬高，以减少出血。

2. 骨折伤者的急救

（1）脊柱骨折或颈部骨折，无特殊情况应让伤者留在原地，等待医护人员搬动。

（2）固定是骨折急救的重要环节，可用夹板或就地取材用木板、木棍、树枝、硬纸板等。肢体骨折时，可用夹板或木棍、竹竿等将断骨上下方的两个关节一同固定。

（3）从地上抬起伤者时，要多人同时缓慢用力平托。运送伤者时，必须用木板或硬材料，木板上可垫棉被，不能垫枕头，不能用布担架或绳床运送。颈椎骨骨折伤者的头必须放正，不能让头随便晃动，可用沙袋等在头两侧夹住。

3. 断肢伤者的急救

发生肢（指）体离断时，应将离断肢（指）断面用无菌敷料包扎止血，减少污染。离断肢（指）用无菌敷料或清洁布类包裹，置放塑料袋中密封，低温（4 ℃）干燥保存，随伤员一同送至医院，切忌用任何液体浸泡。

4. 休克、昏迷伤者的急救

让休克者平卧，不用枕头。若属于心源性休克同时伴有心力衰竭、气促，不能平卧时，可采用半卧。要注意保暖，尽量不要搬动，必须搬动时动作要轻。要保持呼吸道畅通，用鼻导管或面罩给氧。

以上现场急救不能替代医生救治，除可自行处理的一般外伤外，均应立即联系医院进行专业救护。

第六章 起重机吊运操作信号与通信

本章共两节，内容包括起重机吊运操作的手势信号、旗语信号与音响信号及通信。

第一节 起重机吊运操作的手势信号

《起重机 手势信号》(GB/T 5082—2019)于2019年12月10日发布，2020年7月1日实施。新标准代替《起重吊运指挥信号》(GB/T 5082—1985)，规定了用于起重机吊运操作的手势信号。

一、术语和定义

(1)结束指令：卸载后，长久或临时性停止指令。

(2)回转：起重机基座静止，载荷绕轴水平运动。

(3)运行：起重机的整机(汽车式和轮式)移动。

二、手势信号的要求

1. 总则

手势信号应符合下列要求：

(1)手势信号应合理使用，并被起重机操作人员完全理解。

(2)手势信号应清晰、简洁，以防止误解。

(3)非特殊的单臂信号可以使用任何一只手臂表示(特殊信号可以用一只左手或右手表示)。

(4)操作人员接收的手势信号只能由一人给出，紧急停止信号除外。

(5)必要时，信号可以组合使用。

2. 通用手势信号

通用手势信号见表6-1。

表6-1 通用手势信号

信号	手势	图示
操作开始(准备)	手心打开、朝上，水平伸直双臂	

续表

信号	手势	图示
停止（正常停止）	单只手臂，手心朝下，从胸前至一侧水平摆动手臂	
紧急停止（快速停止）	两只手臂，手心朝下，从胸前至两侧水平摆动手臂	
结束指令	胸前紧扣双手	
平稳或精确地减速（这个信号发出后应配合发出其他的手势信号）	掌心对扣，环形互搓	

3. 垂直运动手势信号

垂直运动手势信号见表 6-2。

表 6-2　　垂直运动手势信号

信号	手势	图示
指示垂直距离	将伸出的双臂保持在身体正前方，手心上下相对	
匀速起升	一只手臂举过头顶，握紧拳头并向上伸出食指，连同前臂小幅地水平划圈	
慢速起升	一只手给出起升信号，另一只手的手心放在它的正上方	
匀速下降	向下伸出一只手臂，离身体一段距离，握紧拳头并向下伸出食指，连同前臂小幅地水平划圈	

4. 水平运动手势信号

水平运动手势信号见表 6-3。

表 6-3　水平运动手势信号

信号	手势	图示
指定方向的运行 / 回转	伸出手臂，指向运行方向，掌心向下	
驶离指挥人员	双臂在身体两侧，前臂水平地伸向前方，打开双手，掌心向前，在水平位置和垂直位置之间，重复地上下挥动前臂	
驶向指挥人员	双臂在身体两侧，前臂保持在垂直方向，打开双手，掌心向上，重复地上下挥动前臂	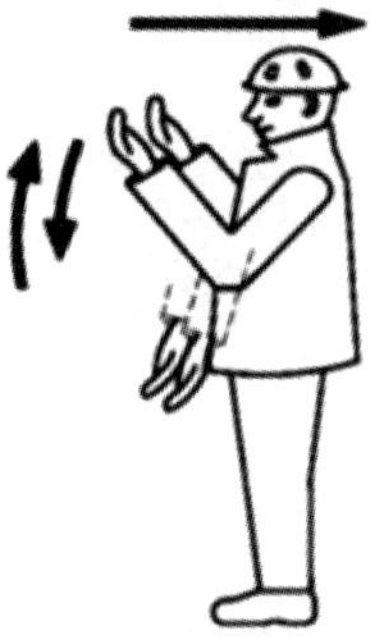
两个履带的运行	在运行方向上，两个拳头在身前相互围绕旋转 （向前如上图所示，向后如下图所示）	 

续表

信号	手势	图示
单个履带的运行	举起一个拳头，指示一侧的履带紧锁。在身体前方垂直地旋转另外一只手的拳头，指示另外一侧的履带运行	
指示水平距离	在身前水平伸出双臂，掌心相对	
翻转（通过两个起重机或两个吊钩）	水平、平行地向前伸出两只手臂，按旋转方向旋转 90°	 

注：翻转作业时，足够的安全余量是每台起重机或吊钩能够承受瞬时偏载的保证。

5. 相关部件的运行手势信号

相关部件的运行手势信号见表 6–4。

表 6–4　　相关部件的运行手势信号

信号	手势	图示
主起升机构	保持一只手在头顶，另一只手在身体一侧（在这个信号发出之后，任何其他手势信号只用于指挥主起升机构。当起重机具有两套或以上主起升机构时，指挥人员可通过手指指示的方式来明确数量）	
副起升机构	垂直地举起一只手的前臂，握紧拳头，另外一只手托于这只手臂的肘部（在这个信号发出后，任何其他手势只用于指挥副起升机构）	
臂架起升	水平地伸出手臂，并向上竖起拇指	
臂架下降	水平地伸出手臂，并向下竖起拇指	

续表

信号	手势	图示
臂架外伸或小车向外运行	伸出两只紧握拳头的双手在身前，伸出拇指，指向相背	
臂架收回或小车向内运行	伸出两只紧握拳头的双手在身前，伸出拇指，指向相对	
载荷下降时臂架起升	水平地伸出一只手臂，并向上竖起拇指。向下伸出另一只手臂，离身体一段距离，连同前臂小幅地水平划圈	
载荷起升时臂架下降	水平地伸出一只手臂，并向下竖起拇指。另一只手臂举过头顶，握紧拳头并向上伸出食指，连同前臂小幅地水平划圈	

6. **起重吊具的控制**

在《起重机　手势信号》（GB/T 5082—2019）中，起重吊具的控制作为资料性附录。起重吊具的手势信号可用于指示吊具的特殊功能。抓斗开闭的手势信号见表 6–5。

表 6–5　　抓斗开闭的手势信号

信号	手势	图示
抓斗张开	双臂与肩平齐伸直，掌心向下	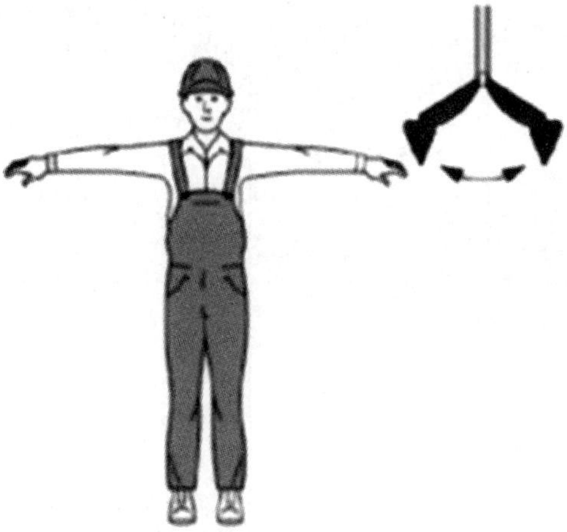
抓斗关闭	手臂在身体正前方成一环形，十指平行相对	

第二节　旗语信号与音响信号及通信

《起重机　手势信号》（GB/T 5082—2019）中无旗语信号与音响信号及通信的规定。基于实际应用等方面的考虑，本书暂引用原《起重吊运指挥信号》（GB/T 5082—1985）中旗语信号与音响信号及通信的规定。

一、旗语信号

旗语信号见表 6–6。

表 6-6 旗语信号

信号	旗语	图示
预备	单手持红、绿旗上举	
要主钩	单手持红、绿旗，旗头轻触头顶	
要副钩	一只手握拳，小臂向上不动，另一只手拢红、绿旗，旗头轻触前只手的肘关节	
吊钩上升	绿旗上举，红旗自然放下	

续表

信号	旗语	图示
吊钩下降	绿旗拢起下指，红旗自然放下	
吊钩微微上升	绿旗上举，红旗拢起横在绿旗上，互相垂直	
吊钩微微下降	绿旗拢起下指，红旗横在绿旗下，互相垂直	
升臂	红旗上举，绿旗自然放下	

续表

信号	旗语	图示
降臂	红旗拢起下指，绿旗自然放下	
转臂	红旗拢起，水平指向应转臂的方向	
微微升臂	红旗上举，绿旗拢起横在红旗上，互相垂直	
微微降臂	红旗拢起下指，绿旗横在红旗下，互相垂直	

续表

信号	旗语	图示
微微转臂	红旗拢起，横在腹前，指向应转臂的方向；绿旗拢起，竖在红旗前，互相垂直	
伸臂	两旗分别拢起，横在两侧，旗头外指	
缩臂	两旗分别拢起，横在胸前，旗头对指	
微动范围	两手分别拢旗，伸向一侧，其间距与负载所要移动的距离接近	

信号	旗语	图示
指示降落方位	单手拢绿旗，指向负载应降落的位置，旗头进行转动	
履带起重机回转	一只手拢旗，水平指向侧前方，另一只手持旗，水平重复挥动	
起重机前进	两旗分别拢起，向前上方伸出，旗头由前上方向后摆动	
起重机后退	两旗分别拢起，向前伸出，旗头由前方向下摆动	

续表

信号	旗语	图示
停止	单旗左右摆动，另一面旗自然放下	
紧急停止	双手分别持旗，同时左右摆动	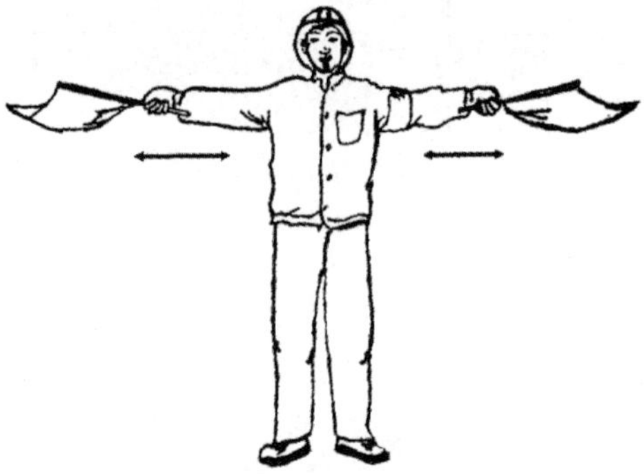
工作结束	两旗拢起，在额前交叉	

二、音响信号

音响信号见表 6−7。

表 6−7　　音响信号

信号	音响
预备、停止	一长声——
上升	二短声●●
下降	三短声●●●
微动	断续短声●○●○●○●
紧急停止	急促的长声——

注：“——”表示 >1 s 的长声符号，“●”表示 <1 s 的短声符号，“○”表示停顿的符号。

三、司机使用的音响信号

司机使用的音响信号见表 6–8。

表 6–8　　司机使用的音响信号

信号	音响
明白	一短声●
重复（请求重新发出信号）	二短声●●
注意	长声——

四、起重吊运作业的通信

1. 通信系统规定

（1）一般注意事项。

1）必须使用有限数量的通信信号。

2）每种信号必须与其他信号相区别，防止误解。

3）采用听觉或视觉系统作为通信设备或手段时，一旦发生故障，应能让司机马上察觉到并停止起重机的运行。

（2）典型示例。

1）电视监控器出现黑屏时，应立即要求司机停止起重机的一切动作。

2）使用无线电的吊装工应连续指挥司机下降载荷，如重复“下降、下降、下降……”并且在吊装工的连续指挥中断时，应要求司机停止起重机的所有动作。

3）在司机未能完全弄懂信号的情况下，不应开动起重机。司机和指挥人员可在进行起重工作之前，商定在现场使用的联络方式。

2. 对讲机的调频和使用

（1）同一品牌型号的对讲机出厂频率相同，即可通话；不同型号的对讲机只要频段相同也可通过编程软件，更改频率后获得通话。指挥人员、司机等作业人员应当使用本单位给定的固定频率接收和讲话，不应私自调整频率。

（2）讲话时按住放射键，红色指示灯亮，将对讲机处于垂直位置，离嘴边 25 ～ 50 mm，通话结束松开按键。

（3）对讲机自动接收，不用按键。

（4）监听时按下监听键，绿色指示灯亮，监听只在对讲机接收信号极弱的情况下使用，一般不用。

（5）使用中尽可能避免多次开关机，音量按个人听觉适合调整。

第七章　起重机司机与安全操作

本章共两节，内容包括起重机司机职责和职业道德规范、起重机械安全操作的基本要求。

第一节　起重机司机职责和职业道德规范

一、特种设备作业人员主要职责

《特种设备使用管理规则》（TSG 08—2017）规定了特种设备作业人员的主要职责，起重机司机应当遵守此规定。

特种设备作业人员的主要职责如下：

（1）严格执行特种设备有关安全管理制度，并且按照操作规程进行操作。

（2）按照规定填写作业、交接班等记录。

（3）参加安全教育和技能培训。

（4）进行经常性维护保养，对发现的异常情况及时处理，并且做好记录。

（5）作业过程中发现事故隐患或者其他不安全因素，应当立即采取紧急措施，并且按照规定的程序向特种设备安全管理人员和单位有关负责人报告。

（6）参加应急演练，掌握相应的应急处置技能。

二、起重机司机的职业道德规范

职业道德是所有从业人员在职业活动中应该遵循的行为准则，规范是指明文规定或约定俗成的标准。

我国《公民道德建设实施纲要》提出“要大力倡导以爱岗敬业、诚实守信、办事公道、服务群众、奉献社会为主要内容的职业道德”，这是对我国各行各业从业人员提出的应当遵循的行为准则。

（1）爱岗敬业是职业道德的基础与核心，是职业道德所倡导的首要规范。

（2）诚实守信是职业道德的根本，是最重要的职业道德规范要求。

（3）办事公道是职业道德的基本准则，是重要的职业道德规范。

（4）服务群众是职业行为的本质，是从业人员必须遵守的道德规范。

（5）奉献社会是职业道德的最高要求，是大力提倡和发扬的职业道德。

起重机械作业作为特种设备作业，直接关系人身和财产安全，影响经济社会发展，具有不可忽视的重要性和特殊性。因此，起重机司机要牢固树立道德意识、服务意识、安全意识和守法意识，牢记安全第一，认真履行工作职责，学法守法，遵章守纪，爱岗敬业。

第二节　起重机械安全操作的基本要求

《起重机械安全规程　第 1 部分：总则》（GB 6067.1—2010）规定了起重机械的设计、制造、安装、改造、维修、使用、报废、检查等方面的基本要求。本节“总则”和“载荷的吊运”均引自该标准中涉及起重机司机的要求。

一、总则[①]

1. 一般规则

（1）操作起重机械时，不允许从事分散注意力的其他操作。

（2）司机体力和精神不适时，不得操作起重机械。

（3）司机应接受起重作业人员起重作业指挥信号的指挥。当起重机的操作不需要信号员时，司机负有起重作业的责任。无论何时，司机随时都应执行来自任何人发出的停止信号。

（4）司机应对自己直接控制的操作负责。无论何时，当怀疑有不安全情况时，司机在起吊物品前应和管理人员协商。

（5）露天工作的起重机械，当有超过工作状态极限风速的大风警报或起重机械处于非工作状态时，为避免起重机械移动，应采用夹轨器和（或）其他装置使起重机械固定。

（6）如果对于电源切断装置或启动控制器有报警信号，在指定人员取消这类信号之前，司机不得接通电路或开动设备。

（7）在接通电源或开动设备之前，司机应查看所有控制器，使其处于零位或空挡位置。所有现场人员均应在安全区内。

（8）司机应熟悉设备和设备的正常维护。如果起重机械需要调试或修理，司机应把情况迅速报告给管理人员并应通知接班司机。

（9）在每一个工作班开始前，司机应试验所有控制装置。如果控制装置操作不正常，应在起重机械运行之前调试和修理。

（10）当风速超过制造商规定的最大工作风速时，不允许操作起重机械。

（11）起重机械的轨道或结构上结冰或在周围能见度下降的气候条件下操作起重机械时，应减慢速度或提供有效的通信等手段，保证起重机械的安全操作。

（12）夜班操作起重机械时，作业现场应有足够的照度。

（13）使用起重钢丝绳或起重环链应垂直进行起升操作。操作之前，应将起升重物稍微离开支撑面，停下来检查吊具和重物平衡的情况。

（14）在任何时候司机都应小心操作，防止出现振动或起重臂等结构上产生侧向载荷。应特别注意避免吊具与起重机结构接触。

（15）除特殊设计的控制机构外，运转中的电机在未停下来之前不应反转。

（16）起重机安全防护装置不应作为停止操作的常规手段。

（17）吊运的货物上禁止载人。

---

① 编者注：在现行的国家标准中，起重机械吊起的物体有“载荷”“重物”“吊物”“货物”“物品”“物件”等各种叫法，对于“连接”“连结”“联接”“联结”和“形式”“型式”等词语的使用也不尽相同，本书按照引用标准中的叫法和用法。

（18）常规情况下不允许使用起重机械提升或下降人员。特殊情况须经过国家或地方主管部门允许，且应遵守《起重机　安全使用　第1部分：总则》（GB/T 23723.1—2009）规定的程序。

（19）禁止使用起重机械进行娱乐和演出活动。

（20）起重机械在空港或飞机场附近使用时，应遵守当地规定。

2. 对司机离开无人看管的起重机械前的要求

（1）被吊载荷应下放到地面，不得悬吊。

（2）使运行机构制动器上闸或设置其他保险装置。

（3）把吊具起升到规定位置。

（4）根据情况，断开电源或脱开主离合器。

（5）将所有控制器置于零位或空挡位置。

（6）固定住起重机械，防止发生意外移动。

（7）当采用发动机提供动力时，应使发动机熄火。

3. 作业期间发生供电故障时对司机的要求

（1）在适合的情况下，使制动器上闸或设置其他保险装置。

（2）应切断所有动力电源或使离合器处于空挡位置。

（3）如果可行，可借助对制动器的控制把悬吊载荷放到地面。

4. 对在人员附近搬运载荷的要求

（1）应特别小心操作并与人员保持规定的、足够的距离。司机和指挥人员要特别注意工作视线以外的人身伤害的危险性。

（2）所有人员都应与被起升重物保持距离。从堆垛物起升重物时，所有人员都应离开垛堆，避免邻近物料或物体散落造成事故。

（3）应避免在高速公路、铁路、河边或其他公共场所进行起重作业。如不可避免，则应经过主管部门准许且在该区域避开道路和人群。

5. 对遥控起重机的使用要求

（1）遥控起重机应防止未经许可使用起重机。

（2）通过无线电信号传输控制起重机的司机应随身携带遥控器。短期离开时，拔出钥匙随身携带；长期离开或不使用起重机时，应妥善保管遥控器。

妥善保管遥控器的措施：如果遥控器固定在皮带或背带上，司机在打开遥控器之前就应穿好背带，防止起重机突然操作。遥控器只能在操作起重机时打开，并且在解开背带之前关闭遥控器。

（3）使用遥控起重机时的遥控区域应在常规范围内进行测试。在每次开始移动起重机或当司机换人时，也应检查遥控范围，确保在规定的限制区域内操作起重机。

6. 对起重机械周围障碍物的要求

（1）总则。起重机械作业应考虑其周围的障碍物，如附近的建筑、其他起重机、车辆或正在进行装卸作业的船只、堆垛的货物、公共交通区域（包括高速公路、铁路和河流）。

不应忽视通向或来自地下设施的危险，如煤气管道或电缆线。应采取措施使起重机械避开任何地下设施，如果避不开，应对地下设施实施保护措施，预防灾害事故发生。

起重机械或其吊载通过有障碍物的地方，应注意观察下列环境：

1）现场条件允许时，起重机械的运行路线应清晰地标识，使其远离障碍物。起重机械的任何部件与障碍物之间应有足够的间隙。如不能达到规定的间隙要求，应采取有效措施防止任何阻挡或被挤住的危险。

2）在起重机械附近周期性堆放货物的地方，在地面上应长期标记其边界线。

（2）界限尺寸和净距。在最不利位置和最不利装载条件下，起重机械的所有运动部分（吊具和其他取物装置除外）与建筑物的净距规定如下：

1）距固定部分不小于 0.05 m。

2）距任何栏杆或扶手不小于 0.10 m。

3）距出入区不小于 0.50 m（出入区是指允许人员进出的所有通道，但工作平台除外）。

起重机械各运动部分的下界限线与下方的一般出入区（从地面或从属于建筑物的固定或活动部分算起，工作或维修平台及类似物除外）之间的垂直距离应不小于 1.7 m，与通常不准人出入的下方的固定或活动部分（如棚顶、加热器、机械部分和运行在下方的起重机等）及与栏杆顶部的垂直距离应不小于 0.5 m。

起重机械各运动部分的上界限线与上方的固定或活动部分（如起重小车的最高处与房顶结构最低点、下垂吊灯、下敷管道或与运行在其上方的起重机的最低点）之间的垂直距离，在保养区域和维修平台等处应不小于 0.5 m。如果不会对人员产生危险，这个距离可以减小到 0.1 m。

（3）馈电裸滑线的安全距离。起重机械馈电裸滑线与周围设备的安全距离应符合表 7–1 的规定，否则应采取安全防护措施。

表 7–1　　　　起重机馈电裸滑线与周围设备的安全距离

项目	安全距离及偏差 /m
距地面高度	＞3.5
距汽车通道高度	＞6
距一般管道	＞1
距氧气管道及设备	＞1.5
距易燃气体及液体管道	＞3

（4）架空电线和电缆。起重机械在靠近架空电线和电缆作业时，指派人员、操作人员和其他现场工作人员应注意以下几点：

1）在不熟悉的地区工作时，检查是否有架空电线和电缆。

2）确认所有架空电线和电缆是否带电。

3）在可能与带电动力线接触的场合，工作开始之前，应首先考虑当地电力主管部门的意见。

4）起重机械工作时，臂架、吊具、辅具、钢丝绳、缆风绳及载荷等与输电线的最小距离应符合表 7–2 的规定。

表 7–2　　　　起重机械与输电线的最小距离

输电线路电压 /kV	＜1	1～20	35～110	154	220	330
最小距离 /m	1.5	2	4	5	6	7

当起重机械进入架空电线和电缆的预定距离之内时，安装在起重机械上的防触电安全装置可发出有效的警报，但不能因为配有这种装置而忽视起重机械的安全工作制度。

（5）起重机械与架空电线和电缆的意外触碰。如果起重机械触碰了带电电线或电缆，应采取下列措施：

1）司机室内的人员不要离开。

2）警告所有其他人员远离起重机械，不要触碰起重机械、绳索或物品的任何部分。

3）在没有任何人接近起重机械的情况下，司机应尝试独立地开动起重机械直到带电电线或电缆与起重机械脱离。

4）如果起重机械不能开动，司机应留在司机室内，设法立即通知供电部门。在未确认处于安全状态之前，不要采取任何行动。

5）如果由于触电引起火灾等，应离开司机室，要尽可能跳离起重机械，人体部位不要同时接触起重机械和地面。

6）应立刻通知对工程负有相关责任的工程师或现场有关的管理人员。在获取帮助之前，应有人留在起重机械附近，以警告危险情况。

（6）空港或飞机场附近的起重机械管理。当起重机械在空港或飞机场附近使用时，应遵守当地的规定。

二、载荷的吊运

1. 起吊载荷前的质量和重心确认要求

在吊运载荷前应通过各种方式确认起吊载荷的质量。同时，为了保证起吊的稳定性，应通过各种方式确认起吊载荷重心。确认重心后，应调整起升装置，选择合适的起升系挂位置，保证载荷起升时均匀平衡，没有倾覆的趋势。

2. 起吊载荷的质量要求

（1）除试验要求外，起重机械不得起吊超过额定载荷的物品。

（2）当不知道载荷的精确质量时，负责作业的人员要确保吊起的载荷不超过起重机械的额定载荷。

3. 对系挂物品的要求

（1）索或链条不能缠绕在物品上。

（2）物品要通过吊索或其他有足够承载能力的装置挂在吊钩上。

（3）链条不能用螺栓或钢丝绳进行连接。

（4）吊索或链条不应沿着地面拖曳。

4. 对悬停载荷的要求

（1）司机不能在载荷悬停时离开控制器。

（2）任何人不得在悬停载荷的下方停留或通过。

（3）除试验要求外，如果载荷悬停在空中的时间比正常提升操作时间长时，司机在离开控制器前，应保证禁止起重机械做回转和运行等其他方向的运动，并采取必要的预防措施。

5. 对移动载荷的要求

（1）开始起吊前的注意事项。

1）钢丝绳或起重链条不得产生扭结。

2）多根钢丝绳或链条不得缠绕在一起。

3）采用吊钩起吊时，应使载荷转动最小。

4）如果有松绳现象，应进行调整，确保排除钢丝绳在卷筒或滑轮位置上的松弛现象。

5）考虑风对载荷和起重机械的影响。

6）起吊的载荷不得与其他物体卡住或连接。

（2）起吊过程中的注意事项。

1）起吊载荷时不得突然加速和减速。

2）载荷和钢丝绳不得与任何障碍物刮碰。

3）对无反接制动性能的起重机，除特殊紧急情况外，不得利用打反车进行制动。

4）起重机械不许斜向拖拉物品（为特殊工况设计的起重机械除外）。

5）吊运载荷时，不得从人员上方通过。

6）每次起吊接近额定载荷的物品时，应慢速操作，先把物品吊离地面较小的高度，试验制动器的制动性能。

7）起重机械进行回转、变幅和运行时，要避免突然启动和停止，吊运速度应控制在使物品的摆动半径在规定的范围内。当物品的摆动有危险时，应做出标志或限定的轮廓线。

6. 多台起重机械的联合起升操作

基本要求是确保起升钢丝绳保持垂直状态。多台起重机所受的合力应不超过各台起重机单独起升操作时的额定载荷，吊点数一般应不超过 3 个，保持同步动作。

三、起重机械安全操作的其他规定和注意事项

起重机械作业人员，应当遵守本节总则，载荷的吊运规定，还应在作业前、作业中、作业后遵守以下规定和注意事项，遵守“十不吊”的要求。这些规定和注意事项是起重机械安全操作的通用要求。

1. 作业前应当遵守的规定和注意事项

（1）司机在首次动用设备前，必须认真阅读并清楚该设备使用说明书的要求，熟悉控制机构及其布置形式，熟悉所操作起重机的性能和操作安全规程。

（2）司机在开动起重机之前应检查设备或控制机构上的锁定保护装置和紧固装置的状况，并主要对制动器、吊钩、钢丝绳和各安全防护装置的可靠性进行检查，保证起重机处于良好的使用状态，不准设备带“病”作业。

（3）司机对载荷和操作区域的视线应清晰无遮挡。如果达不到，司机应在指挥人员的指挥下进行操作。指挥人员应位于司机视线不受阻挡的明显位置。司机和指挥人员应确保载荷和起重钢丝绳完全避开障碍物。

（4）使用电话、无线电或闭路电视等通信系统时，司机应确保呼叫信号畅通且口齿清楚。

（5）在使用气动或液压系统时，司机应确保压力计正常工作且系统压力处于正常工作值。

（6）参与起重作业的人员应按规定做好个人防护，确保自身安全。

（7）注意解除起重机锚定装置等设施。

2. 作业中应当遵守的规定和注意事项

（1）要鸣铃起车。当起升和落下载荷、开动大小车、起重机从视界不清处通过、起重机接近同跨的另一台起重机、吊运载荷接近人员以及遇到其他紧急情况时，司机都要发出鸣铃信号。

（2）吊运应走指定通道。在没有障碍物的线路上运行时，吊具或吊物底面应距离地面 2 m 以上。线路上有障碍物需要跨越时，吊具或吊物底面应高出障碍物顶面 0.5 m 以上。

（3）装卸集装箱类货物时应注意检查包装是否坚固和起吊符号。装卸大型钢板和有利刃的工件时要用专用的卡具，使用钢丝绳时要在钢丝绳与吊物之间加垫衬垫。

（4）要防止吊钩和其他吊具产生较大的摆动。当钢丝绳接近拉直绷紧时要一边调节大小车的位置一边起吊，落地时也要逐步进行，以保证货物的平稳。

（5）起重机正常运行时禁止利用紧急开关、限位器开关和极限位置限位器停车。

（6）吊运液态金属、有害液体、易燃易爆物品时，虽然起重量并未接近额定起重量，也应进行小高度、短行程试吊。

（7）不得在有载荷情况下调整起升机构和变幅机构制动器。起重机工作时，不得进行检查与维修。

3. 作业后应当遵守的规定和注意事项

（1）将起重机停放在指定的安全地点，所有控制器置于零位或空挡位置，关闭总电源。

（2）无交接班作业的应关闭司机室门窗，锁好司机室门，室外作业的还应做好起重机的锚定及防风防雨等工作。

（3）有交接班作业的应认真填写交接班记录，做好交接班工作。交接班记录应重点说明起重机运行情况，记录起重机故障情况和处理情况，有无不安全因素和事故隐患。

四、起重作业的“十不吊”

在起重机械作业的生产实践中，人们总结出了通俗易懂、十分适用的安全操作规范。起重作业的“十不吊”由来已久，在起重作业规范中普遍采用。“十不吊”的内容及图示见表 7–3。

“十不吊”的内容如下：

（1）超载或被吊物质量不清不吊。

（2）指挥信号不明确不吊。

（3）吊物捆绑、吊挂不牢或不平衡，可能引起滑动时不吊。

（4）被吊物上有人或浮置物时不吊。

（5）结构或零部件有影响安全工作的缺陷或损伤时不吊。

（6）遇有拉力不清的埋置物件时不吊。

（7）工作场地昏暗，无法看清场地、被吊物和指挥信号时不吊。

（8）被吊物棱角处与捆绑钢丝绳间未加衬垫时不吊。

（9）歪拉斜吊重物时不吊。

（10）容器内盛装的物品过满溢出时不吊。

表 7-3　　　　“十不吊”的内容及图示

内容	图示	内容	图示
超载或被吊物质量不清不吊	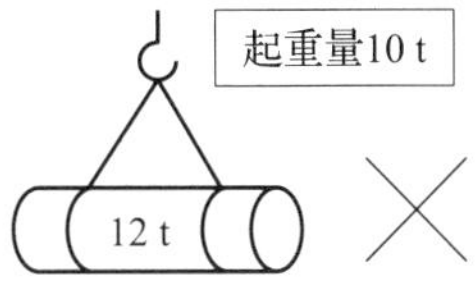	指挥信号不明确不吊	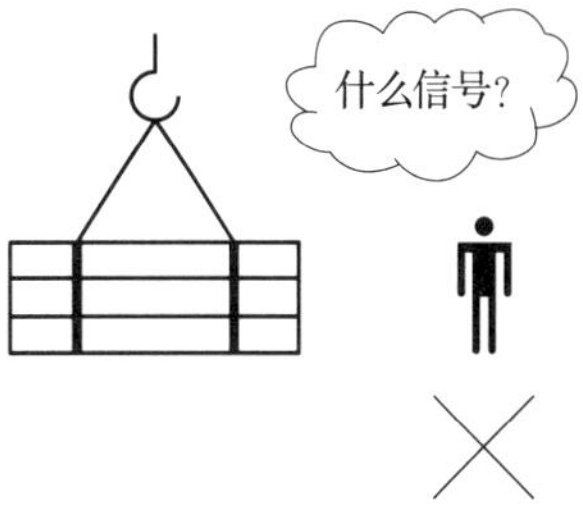
吊物捆绑、吊挂不牢或不平衡，可能引起滑动时不吊	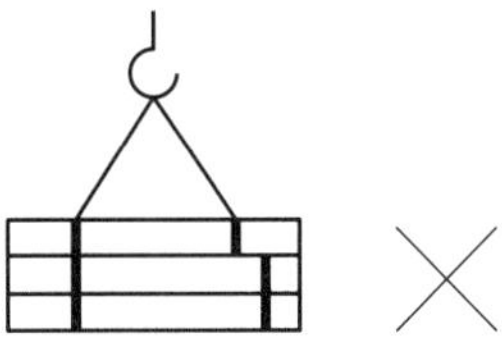	被吊物上有人或浮置物时不吊	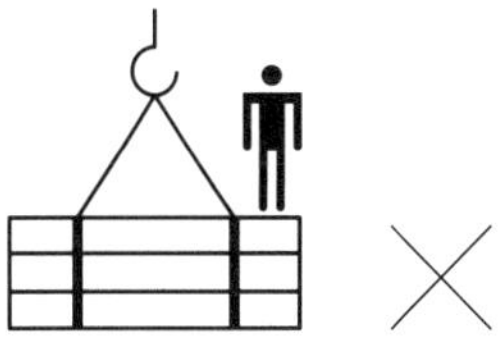
结构或零部件有影响安全工作的缺陷或损伤时不吊	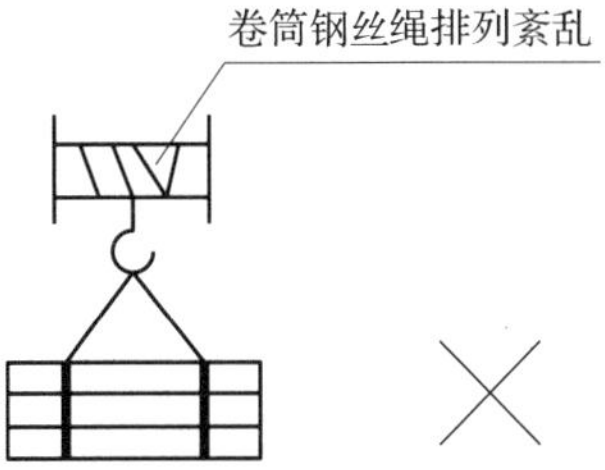	遇有拉力不清的埋置物件时不吊	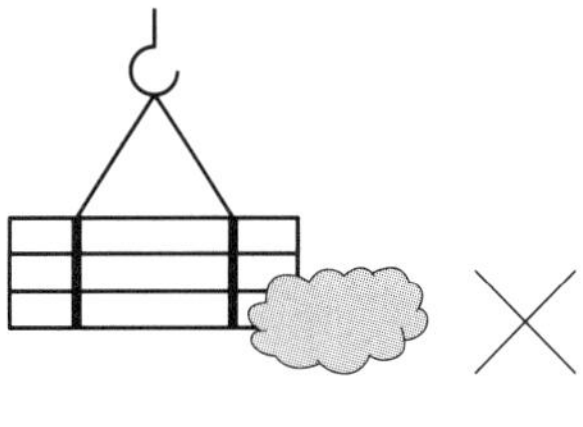
工作场地昏暗，无法看清场地、被吊物和指挥信号时不吊		被吊物棱角处与捆绑钢绳间未加衬垫时不吊	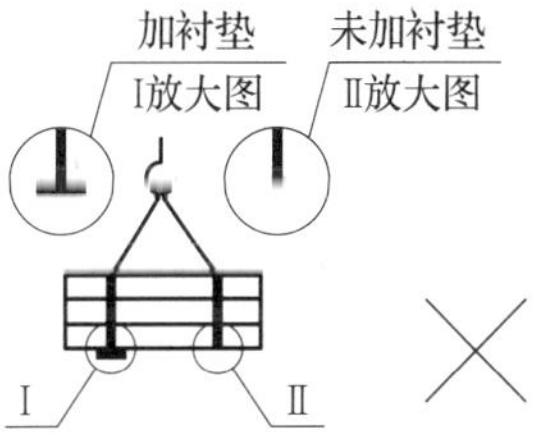
歪拉斜吊重物时不吊	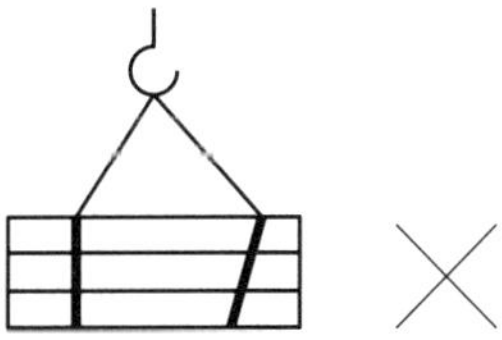	容器内盛装的物品过满溢出时不吊	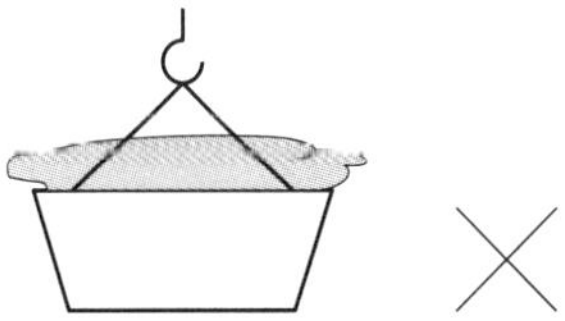

五、起重机司机应当具备的基本操作技能

起重机司机应当具备的基本操作技能可以用 7 个字来概括：稳、准、快、安全、合理。

1. 稳

主要是指吊物在运行、就位过程中保持平稳状态，避免冲击和游摆现象。

（1）起动平稳。要做到从低速挡起步，等吊钩动起来后，再从低速挡向高速挡逐渐加速，这时，吊钩和吊物就能平稳地从静止状态过渡到起动状态，再从低速运行平稳过渡到高速运行。

（2）制动平稳。吊物从高速运行到停止运行过程中有个制动阶段，司机在制动的预备

阶段就应将主令控制器从高速挡逐一返回低速挡，再回零位。如果从高速挡直接回零，会使吊钩和吊物产生强烈的晃动和冲击。起升机构的强烈制动，还将造成制动器摩擦元件超常磨损，吊物溜钩距离增大，甚至由于制动轮与闸瓦的高热而导致刹车失灵，酿成事故。

（3）稳钩操作。稳钩操作是消除吊钩游摆的技术操作。当吊钩游摆到最大幅度的瞬间，把大车或起重小车跟向吊钩游摆的方向，从而抵消作用于吊钩水平方向的力，消除游摆。

2. 准

主要是指吊钩或吊物准确地停在所需要的位置上。在以往的起重机械作业技能考核或竞赛中，题目基本都是围绕着“准”而展开的。

（1）落点准。司机应当对吊物所需通过的水平距离和垂直高度有准确的判断，并充分考虑起重机的性能和运动惯性。在操纵手柄时，要把握回零位的提前量，使吊物能平稳准确到位。

（2）到位准。类似发电设备的安装定位要求极其精确，有的只有毫米的允差，这就要求起重作业到位要准。这时吊物的起升或下降要微动，考验的是司机对起重机性能的充分掌握及丰富的操作经验。

（3）估重准。就是要求估准吊物的质量，不能超载。

3. 快

主要是指尽快协调各机构的工作，缩短工作循环时间，充分发挥起重机应有的效能，提高劳动生产率。一些起重作业本身就有快的要求。例如，吊物长距离的下降，工件翻转作业，都要求司机迅速落钩或同时配合回车。起重机运行中发生制动器失灵或控制手柄失去控制时，也需要起重机司机操作动作要快。

4. 安全

安全第一，起重作业过程必须保障人身和财产安全。司机要掌握所操作起重机使用说明书要求的操作规程，严格遵守各项规章制度，遵守安全技术规范。要注意不安全因素和事故隐患，做到提早发现，提前预防，切实保障作业安全。

5. 合理

合理操作，是要综合考虑起重机的工作级别等涉及作业能力的要素。不能因为快吊多吊超出起重机自身的设计能力，不能因为不合理的操作造成起重机结构或机构的超负荷运转，以致降低起重机的使用寿命。

综上所述，稳和准是快的前提，如果不稳不准，就不能做到快，而不能保障安全作业，再快也是没有意义的；但只注意安全而不快，也不能充分发挥起重机的工作效率；合理操作，又是安全操作的保证和前提。只有把这几个方面有机地统一起来，全面做到稳、准、快、安全、合理操作，才能够达到起重机械作业的理想状态。

六、起重机械作业的特殊操作

1. 稳钩操作

在起重作业中，司机操作不熟练、控钩技能水平不高、起重机的启动和制动过快过猛，或者吊物捆绑吊挂不当、吊钩距吊物重心太远、工作机构制动器调整不适宜等原因，都会造成吊物的游摆。稳钩操作，就是使与吊物一起游摆的吊钩保持垂直状态，随起重机平稳运行并停在指定的位置。

（1）起车稳钩。突然启动和快速推挡，吊物会由于惯性的作用滞后于起重机车体一段距离而游摆。对于具有大、小车的起重机，此时应立即将大、小车控制器手柄扳回零位制动停车，等吊物向前摆动并且越过吊钩垂直位置时，重新启动并向前跟车。在速度恰当、起车及时的情况下，可稳钩运行。

（2）运行稳钩。运行中出现吊物向前后或左右游摆，可顺着吊物游摆的去向加速跟车，向吊物游摆的回向减速跟车，如此反复加速跟车和减速跟车，可稳钩运行。

（3）停车稳钩。起重机运行到预定位置停车时，吊物如果因惯性作用出现游摆，司机应在到达预定位置前把控制器逐挡扳到零位，并在吊物向前游摆时低速挡瞬时跟车，可平稳停在预定位置。

（4）斜向或圆弧形游摆稳钩。具有大、小车的起重机在大、小车同时突然启动或制动、快速推挡时，吊物会产生斜向或圆弧形游摆，此时应同时启动大、小车向游摆方向跟车，可消除这种游摆现象。

（5）抖绳稳钩。在吊索过长、分肢长短不等或吊物重心偏移的情况下，吊物大幅度、慢速来回摆动，起升钢丝绳则以小幅度、快速抖动，应在吊物与吊钩向同一方向游摆时快速向回跟车并快速停车，如此反复几次可实现稳钩。

以上稳钩操作过程，一般都需要一次以上才能完成。

2. 翻转操作

翻转操作是起重作业中一项要求较高的操作技能。如果操作不当，容易造成事故。

（1）兜翻。兜翻也叫兜底翻，主要用于不怕碰撞的毛坯件。

操作过程：把吊索兜挂在吊物的底部或下侧，逐步提升吊钩，在吊物逐渐倾斜的同时校正运行机构或旋转机构、变幅机构的位置，确保吊钩钢丝绳始终处于垂直状态。当吊物重心超过地面支撑点、吊物自行翻转时，立即以最快的下降速度落钩。

（2）带翻。带翻适用于造好型的砂箱和已加工的物体，其作业实质是用斜拉的方法进行翻转，要求斜拉角度不能大于 5°，防止钢丝绳在滑轮或卷筒上脱槽。

操作过程：把吊物吊起后立着落下，使钢丝绳绷紧，再向翻转方向开车把吊物带倒，同时顺势落钩并保持吊钩垂直。

（3）游翻。游翻主要用于大型齿轮毛坯和空砂箱等扁体物体的翻转。

操作过程：把吊物吊起后，再开车人为摇摆，在吊物达到最大幅度的瞬间迅速落钩，使吊物下部着地后上部在惯性的作用下向倾斜方向倾倒。此时要一直顺势落钩，同时要开车校正使吊钩在翻转过程中保持垂直。

以上翻转操作应注意以下事项：

1）根据翻转吊物的特点和现场起重机条件确定翻转方案。

2）正确估计翻转吊物的质量和重心，正确选择吊点和捆绑位置，避免翻转时对起重机造成冲击和振动。

3）指挥吊物翻转时，应使吊物重心平稳变化，避免吊物发生碰撞。

4）翻转时不能危及作业人员，不能碰撞翻转作业区内的其他设备和设施。

（4）空中翻转。空中翻转有 90° 翻转和 180° 翻转两种操作方式。90° 翻转适用于钢水浇包类作业，180° 翻转适用于机件加工、工艺安装或设备检修。

1）90° 翻转操作过程：用主、副两个吊钩分别吊挂在吊物的上、下两个吊点，到达预定位置时用慢速将副钩向上提起、主钩同时向下降落，直至完成 90° 翻转。

2）180° 翻转操作过程：用两肢较长的吊索，同挂在吊物一端的一个吊点，第一肢吊索的另一端直接挂在副钩上，第二肢吊索的另一端绕过吊物的底部挂在主钩上。主、副钩同时提升使吊物离开地面 0.3 ～ 0.5 m，停止提升副钩，继续提升主钩，吊物即在空中绕吊点端逐渐向上翻转。为保持吊物与地面的距离，在主钩提升的同时应继续降落副钩，通过主、副钩的协调动作可将吊物翻转 90°；此后，副钩连续慢速下降，主钩继续上升，与吊物吊点对称的另一端绕吊点转动，完成 180° 翻转。

空中翻转操作应当注意以下事项：

1）正确估计吊物质量及其重心位置，并正确选择吊点和捆绑位置。

2）要采取措施防止吊物被钢丝绳吊索损伤，防止钢丝绳吊索被吊物割断，防止吊物在翻转中变形和脱落。

3）翻转中要防止吊物触地和自行翻转。

七、起重机司机操作过程中紧急情况的处理

1. 起升制动器机械性失效的处理

起升机构控制器手柄放到零位后，吊钩不能停止运动的情况称为制动器失效，俗称“溜钩”。

制动器突然失效会使吊钩及吊挂在吊钩上的物件迅速下降，如果司机在此时不能及时采取措施，可能导致重大的人身和设备事故。因此司机在作业中必须精力高度集中，沉着冷静，处理快捷。

起升制动器机械性失效的特征：进行一次“点车”或“反向”操作，吊物上升，再将手柄放到零位，吊物又下滑。

（1）处理的方法和步骤如下：

1）持续示警。司机应当首先持续鸣铃示警，发出警告信号，提醒地面人员躲避。

2）落下吊物。选择原地落下吊物或离开原地落下吊物，不能让吊物自由坠落。

①如果吊物接近地面，落下没有什么危险时，把控制器手柄放到下降速度最慢挡，把吊物原地落下。

②如果在原地把吊物落下去会造成事故，司机应把控制器手柄放到上升速度最慢挡，使吊物以最慢速度上升。在接近上极限位置时，再将手柄放到下降速度最慢挡，使吊物以最慢速度下降。如此反复升降，直至到达安全区域落下吊物。

（2）应当注意的事项如下：

1）发现制动器失效时，应立即将控制器手柄置于工作挡位，不能在零位停留，要延缓吊物落地时间。

2）要防止发生误动作，如把控制手柄放到“1 挡”误以为回零，造成制动器假失效感。

3）在吊物上、下升降和开动大、小车运行的过程中，司机应持续鸣铃示警。

4）要时刻注意吊物上、下极限位置，都要留有一定的操作余地。

5）不能断电，还要注意在操作控制手柄时逐步换挡，避免因速度过快使过电流继电器动作造成主接触器释放切断电源，引发吊物自由坠落事故。

“溜钩”的故障原因有以下可能：杠杆的铰链被卡住，制动轮和制动带上有油污，电磁

铁铁芯没有足够的行程，制动轮或制动带有严重磨损，主弹簧松动和损坏，锁紧螺母松动，拉杆松动等。

2. 起升制动器电气性失效的处理

起升制动器电气性失效的特征：当起升制动器失效时，采用“点车”或“反向”操作后失效现象依然存在。

处理的方法：立即扳动紧急开关，并拉下刀闸，切断电源。在切断电源后制动器动作，吊物会停止下滑。

3. 起升制动器假象失效的处理

通常把起升制动器并未实质性失效的现象，称作假象失效。这种现象的特征是，采用“点车”或“反向”操作或手柄放到零位后，失效现象自然消除。

造成制动器假象失效的原因如下：

（1）司机停车时控制手柄没有放在零位，起重机并没有停车，制动电磁铁也没有断电，因而会发生吊物迅速下降的情况。这种情况，只需进行“点车”或“反向”操作即可解决。

（2）具有两级反接制动的 PQR6402 控制系统，其下降接触器在由反接制动级转换到再生下降级时，由于制动接触器是闭合的（制动器松闸），而电动机并不通电，吊钩就会自由坠落。

遇到这种情况要立即停车，将控制器手柄放到零位后，失效问题随之解决。

4. 运行机构制动器失效的处理

起重机运行机构制动器失效，俗称“溜车”。溜车会使停车越位，发生同跨两车相撞或吊物撞击人员、设备等事故。

遇到这种情况要立即通过使用最低挡“反向”操作制动，不可挡位过高，以避免引起过流继电器动作而断电造成起重机失控。

应当说明的是，以上在制动器失效时采取的“反向”操作，是紧急情况下采取的非常措施，在起重机的正常作业中不应作为停止升降或停止运行的方式，以减少“反向”操作对起重机机械、电气以及结构造成的伤害。

5. 机构中间一个快慢装置失灵的处理

起重机在工作时，当发现往任何方向开动时，中间有一个快慢装置失灵，其原因可能是快慢控制器在该挡位接触不良，也可能是启动电阻器不起作用。

遇到这种情况应停止运行，查明原因，待故障处理后再使用。

6. 电动机或电磁铁过热起火的处理

起重机上使用的电动机或电磁铁，会因过热而起火。

遇到这种情况应立即切断电源，然后用二氧化碳灭火器灭火。严禁用水和泡沫灭火器灭火，切忌不能带电灭火，以防触电危险。

7. 连续发生烧断熔断丝情况的处理

在工作中连续发生熔断丝烧断情况，可能是在低电压下吊运重大吊物而引起的，也可能是线路有接地现象等。

遇到这种情况，不可擅自加粗熔断丝，更不能用其他金属丝代替，以免扩大故障。应查明原因，采取相应的解决措施。

第八章　事故隐患与起重机械事故及预防

本章共两节，内容包括事故隐患、起重机械事故及预防。

第一节　事故隐患

事故隐患通常是指在生产、经营过程中有可能造成人身伤亡或者经济损失的不安全因素，它包含人的不安全因素、物的不安全状态和管理上的缺陷。

事故隐患是客观存在的，存在于企业的生产全过程，而且对人身安全、财产安全和企业的生存发展都直接构成威胁。事故隐患是引发安全事故的直接原因，它的实质是有危险的、不安全的、有缺陷的状态。这种状态可在人或物上表现出来，如人走路不稳、路面太滑都是导致摔倒致伤的隐患；也可表现在管理的程序、内容或方式上，如检查不到位、制度不健全、人员培训不到位等。隐患如果不能被及时认识和发现，迟早要演变成事故，这就是事故和隐患的关系。

1. 事故隐患的特征

（1）隐蔽性。事故隐患具有隐蔽、藏匿、潜伏的特点，是不可明见的灾祸，是埋藏在生产过程中的“隐形炸弹”。它在一定的时间、一定的范围、一定的条件下，显现出好似静止、不变的状态，往往使人一时看不清楚、意识不到、感觉不出它的存在，但会逐步形成并发展成事故。

（2）危险性。小小的隐患往往引发巨大的灾害，一个小小的疏忽都有可能发生危险。

（3）突发性。任何事都存在量变到质变、渐变到突变的过程，积小患而为大患是一条基本规律。例如，在化工企业生产中，常常要与易燃易爆物质打交道，有些原辅燃材料本身的燃点、闪点很低，爆炸极限范围很宽，稍不留意，就有可能造成事故。

（4）因果性。某些事故的突然发生是会有先兆的。隐患是事故发生的先兆，而事故则是隐患存在和发展的必然结果。

（5）连续性。一种隐患可能掩盖另一种隐患，一种隐患与其他隐患可能存在联系。这种连带的、持续的、发生在生产过程的隐患，对安全生产构成的威胁很大，可能导致出现祸不单行的局面。

（6）重复性。事故隐患治理过一次或若干次后，并不等于隐患从此销声匿迹，也不会因为发生一两次事故，就不再重复发生类似事故。只要企业的生产方式、生产条件、生产工具、生产环境等因素未改变，同一隐患就会重复出现。甚至在同一区域、同一地点发生与历史惊人相似的隐患、事故，这种重复性也是事故隐患的重要特征之一。

（7）意外性。这里所指的意外性不是指天灾人祸，而是指未超出现有安全、卫生标准的要求和规定以外的事故隐患。这些隐患潜伏于人机系统中，有些隐患超出人们的认识范围，或在短期内很难为人们所辨认，但由于它具有很大的巧合性，因而容易导致一些意想不到的事故发生。这类隐患引发的事故，带有很大的偶然性、意外性，在日常安全管理中往往是始料不及的。

（8）时效性。如果从发现隐患到消除隐患的过程中，讲求时效，是可以避免隐患演变成事故的。如果不能在初期有效地治理隐患，必然会导致严重后果，拖得越久，付出的代价越大。

（9）特殊性。隐患具有普遍性，又具有特殊性。由于人、机等本质安全水平不同，其隐患属性、特征是不尽相同的。在不同的行业、不同的企业、不同的岗位，其表现形式和变化过程更是千差万别。即使同一种隐患，在使用相同的设备、相同的工具从事相同性质的作业时，其存在的隐患也会有所差异。

（10）季节性。某些隐患带有明显的季节性特征，随着季节的变化而变化。夏天会带来人员中暑、雷击事故隐患，使用、维修电气设备的人员又会因为汗水过多而产生触电等事故隐患；冬季风干物燥，而极易产生火灾、冻伤、煤气中毒等事故隐患。

正确认识隐患的特征，熟悉和掌握隐患产生的原因，掌握隐患产生和发展的规律，及时研究并落实防范对策是十分重要的。从一定意义上说，防隐患比整改隐患更具有意义。

2. 事故隐患的分级

事故隐患分为一般事故隐患和重大事故隐患。

（1）一般事故隐患是指危害和整改难度较小，发现后能够立即整改排除的隐患。

（2）重大事故隐患是指危害和整改难度较大，应当全部或者局部停产停业，并经过一定时间整改治理方能排除的隐患，或者因外部因素影响致使生产经营单位自身难以排除的隐患。

（3）重大安全事故隐患是指可能造成一次死亡10人以上（含10人）30人以下，或者直接经济损失500万元以上（含500万元）1 000万元以下事故的隐患。

（4）特大安全事故隐患是指可能造成一次死亡30人以上（含30人）或者直接经济损失1 000万元以上（含1 000万元）事故的隐患。

第二节　起重机械事故及预防

一、起重机械事故的界定、分级和预警级别

起重机械事故的界定、分级和预警级别，依据特种设备事故的界定、分级和预警级别相关规定。

1. 特种设备事故的界定

特种设备事故是指因特种设备的不安全状态或者相关人员的不安全行为，在特种设备制造、安装、改造、维修、使用（含移动式压力容器、气瓶充装）、检验检测活动中造成的人员伤亡、财产损失、特种设备严重损坏或者中断运行、人员滞留、人员转移等突发事件。

特种设备的不安全状态造成的特种设备事故，是指因特种设备本体或者安全附件、安全保护装置失效或者损坏，发生爆炸、爆燃、泄漏、倾覆、变形、断裂、损伤、坠落、碰撞、剪切、挤压、失控或者故障等特征（现象）的事故。特种设备相关人员的不安全行为造成的特种设备事故，是指与特种设备作业活动相关的行为人违章指挥、违章操作或者操作失误等直接造成人员伤害或者特种设备损坏的事故。

下述事故不属于特种设备事故，但其涉及特种设备，应当将其作为特种设备相关事故：自然灾害、战争等不可抗力引发的事故，如发生超过设计防范范围的台风、地震等；人为破坏或者利用特种设备实施违法犯罪、恐怖活动或者自杀的事故；特种设备作业、检验、检测人员因劳动保护措施不当或者缺失而发生的人员伤害事故；移动式压力容器、气瓶因交通事故且非本体原因导致撞击、倾覆及其引发的爆炸、泄漏等特征的事故；火灾引发的特种设备爆炸、爆燃、泄漏、倾覆、变形、断裂、损伤、坠落、碰撞、剪切、挤压等特征的事故；起重机械、场（厂）内专用机动车辆非作业转移过程中发生的交通事故；额定参数在《特种设备目录》规定范围之外的设备，非法作为特种设备使用而引发的事故；因市政、建筑等土建施工或者交通运输破坏以及其他外力导致压力管道破损而发生的事故；因起重机械索具原因而引发被起吊物品坠落的事故。特种设备相关事故由对其负有安全监管职责的政府部门依据有关法律、法规进行调查处理，或者由当地人民政府指定的部门进行调查处理。

房屋建筑工地和市政工程工地使用的起重机械和场（厂）内专用机动车辆，在其安装、使用过程中发生的事故，不属于特种设备安全监管部门组织调查处理的特种设备事故。

2. 特种设备事故的分级标准

特种设备事故分级，与起重机械事故相关的规定如下：

（1）特别重大事故：特种设备事故造成 30 人以上死亡，或者 100 人以上重伤（包括急性工业中毒，下同），或者 1 亿元以上直接经济损失的。

（2）重大事故：特种设备事故造成 10 人以上 30 人以下死亡，或者 50 人以上 100 人以下重伤，或者 5 000 万元以上 1 亿元以下直接经济损失的。

（3）较大事故：特种设备事故造成 3 人以上 10 人以下死亡，或者 10 人以上 50 人以下重伤，或者 1 000 万元以上 5 000 万元以下直接经济损失的；起重机械整体倾覆的。

（4）一般事故：特种设备事故造成 3 人以下死亡，或者 10 人以下重伤，或者 1 万元以上 1 000 万元以下直接经济损失的；起重机械主要受力结构件折断或者起升机构坠落的；国务院特种设备安全监管部门对一般事故的其他情形作出补充规定的。

3. 特种设备事故预警级别划分标准

特种设备事故预警级别划分标准见表 8-1。

表 8-1　特种设备事故预警级别划分标准

事件严重性（级别）	特别重大（Ⅰ级）	重大（Ⅱ级）	较大（Ⅲ级）	一般（Ⅳ级）
预警级别	Ⅰ级	Ⅱ级	Ⅲ级	Ⅳ级
预警级别标识	红色	橙色	黄色	蓝色

二、起重机械事故及其案例分析

1. 坠落事故

坠落事故是指因特种设备本身部件、相关的工件缺陷或者失控以及违章操作、操作失误、使用不当等造成物体或者人员由高势能位置非正常落下的现象。坠落事故是起重机械事故中最常见的，也较为严重的事故。

（1）常见坠落事故。

1）脱绳事故。脱绳事故是指重物从捆绑的吊装绳索中脱落溃散发生的伤亡毁坏事故。造成脱绳事故的主要原因是重物的捆绑方法与要领不当，造成重物滑脱；吊装重心选择不当，偏载起吊或吊装重心不稳，造成重物脱落；吊载遭到碰撞、冲击、振动等而摇摆不定，造成重物坠落。

2）脱钩事故。脱钩事故是指重物、吊装绳或专用吊具从吊钩钩口脱出而引起的重物坠落事故。造成脱钩事故的主要原因是吊钩缺少护钩保护装置，护钩保护装置机能失效，吊装方法不当及吊钩钩口变形引起开口过大等。

3）断绳事故。造成起升绳破断的主要原因多为超载起吊拉断钢丝绳；起升限位开关失灵造成过卷扬拉断钢丝绳；斜吊、斜拉造成乱绳挤伤切断钢丝绳；钢丝绳因长期使用又缺乏维护保养造成疲劳变形、磨损损伤等，达到或超过报废标准仍然使用等造成破断。造成吊装钢丝绳破断的主要原因多为吊装角度太大，使用钢丝绳抗拉强度超过限值而拉断钢丝绳，品种规格选择不当，使用已达到报废标准的钢丝绳捆绑、吊装重物，钢丝绳与重物之间接触无垫片等保护措施也会造成棱角割断钢丝绳而出现吊装钢丝绳破断事故。

4）吊钩破断事故。原因多为吊钩材质有缺陷，吊钩因长期磨损断面减小已达到报废极限标准却仍然使用，或经常超载使用造成疲劳破坏以致断裂破坏。

5）从机体上滑落摔伤事故。这类事故多发生在位于高处的起重机检修作业中，检修作业人员缺乏安全意识，抱着侥幸心理不使用安全带，由于脚下滑动、障碍物绊倒或起重机突然启动造成晃动，作业人员失稳从高空坠落于地面而摔伤。

6）机体撞击坠落事故。这类事故多发生在起重机检修作业中，因缺乏严格的现场安全监督制度，检修人员遭到其他作业的起重机端梁或悬臂撞击，从高空坠落摔伤。

7）维修工具零部件坠落砸伤事故。在起重机检修作业中，如果操作不慎，维修更换的零部件或维护检修工具从起重机机体上滑落，造成砸伤地面作业人员和机器设备等事故。

起重机械坠落事故主要发生在起升机构取物缠绕系统中，除了脱绳、脱钩、断绳和断钩外，每根起升钢丝绳两端的固定也十分重要，如钢丝绳在卷筒上的极限安全圈是否能保证在2圈以上，是否有下降限位保护，钢丝绳在卷筒装置上的压板固定及楔块固定结构是否安全合理。另外，钢丝绳脱槽（脱离卷筒绳槽）或脱轮（脱离滑轮）也会发生坠落事故。

（2）坠落事故案例分析。

1）案例1：某日11时40分左右，广州某单位进行粉轧机负荷试车。A某扳动手柄后吊钩上升，由于当时吊钩停留在距主梁较近的位置，在A某还来不及反应时，吊钩就已到顶并碰撞到小车横梁底部，致使钢丝绳过卷扬而拉断。吊钩脱落斜砸在下面的C某后背右侧位置，使其受伤，C某经送医院抢救无效死亡。

分析事故原因，一是该起重机的上升极限位置限位器没有调整好，当吊钩起升到极限位置时，无法自动切断起升的动力源，致使吊钩过卷扬，拉断钢丝绳，使吊钩坠落，这是事故的直接原因；二是起重机操作人员A某无证操作，在未弄清该台吊车操作方向的情况下，按自己习惯操作，造成原欲下放吊钩的操作变成上升吊钩，来不及手动制动就已冲顶拉断钢丝绳；三是该事故发生前两个月检验机构检验人员对该台双梁5 t桥式起重机进行检验，发现起重机司机室无门联锁装置等问题，出具了整改意见。该单位虽指定专人负责整改工作，但整改措施未予落实。

2）案例 2：某日，某钢铁公司炼油厂 16 号起重量 32/10 t 的桥式起重机由司机 D 某操作。7 时左右，铸锭整模工副班长 E 某在地面呼叫，要求把起重机开到连铸机西侧平车处，准备翻锭盘。D 某将起重机开到指定位置开始吊挂放在平车上的锭盘，因不用副钩作业，D 某在提升主钩的同时又提升副钩，准备将其停在适当高度。此时，主钩起升钢丝绳从滑轮槽中脱出，主钩出现晃动，D 某把注意力全部集中在主钩上，忘记了副钩还在上升。由于副钩起升高度限位器失灵，副钩超过极限位置后继续上升，将钢丝绳拉断后发生坠落，把在地面挂钢丝绳的 E 某砸伤，E 某经抢救无效死亡。

分析事故原因，一是检修电气元件时发生差错，造成副钩起升高度限位器失灵。该台起重机于事故前 3 天因副钩凸轮控制器两对触头间短路，导致控制器失灵不能使用。于是吊车工段安排维修班更换控制器，对连接在副钩控制器上的副钩起升高度限位器开关和电源保护箱之间 3 根控制线没有按线路图加以确认，致使接错线路，造成副钩起升高度限位器失灵。且在副钩凸轮控制器更换后，检修人员也没有按照安全技术要求对该起升高度限位器进行检查试验，便交付给起重机司机。二是违章作业。起重机司机没有按安全技术要求对副钩起升高度限位器进行试验验收，作业前也没有按照安全规程进行检查，未确认起重机各项安全装置是否处于正常状态，违章作业。加上主钩脱绳故障干扰，造成事故发生。

3）案例 3：某日，某矿建材厂加气车间值班电工和该车间维修电工被分配去修理桥式起重机。维修电工擅自离岗去修自行车，值班电工一人单独作业，他首先打开电闸盒，发现电源接通，就上起重机让司机把电源断开进行修理作业。修了一段时间后，值班电工让司机合闸试车，结果起重机不能启动。值班电工来到起重机北面轨道上的滑线处，不一会儿就大叫一声，从距地面 4 m 高的滑线处摔落下来，经抢救无效于次日死亡。

分析事故原因，一是值班电工高处作业未系安全带，违章带电作业，不慎触电从高处坠落；二是维修电工违反劳动纪律，擅离职守，致使值班电工单人作业，无人监护。这是一起典型的触电并坠落的事故。

4）案例 4：某住宅楼工程需要往七层楼吊装预制板，临时雇用一台 30 t 汽车起重机。司机饮酒后吊装作业，在起吊总重 650 kg 的预制板并提升到距地面 25 m 左右时，因下降速度过快使预制板落到了龙门架的缆绳上，预制板脱钩坠落砸向指挥者，致其死亡。

分析事故原因，一是起重机司机违章酒后驾驶，致使操作失控，吊重在快速下降时受阻，从吊钩中脱出；二是起重机吊钩上无防止索具意外脱出的闭锁装置；三是工程单位安全生产责任制落实不到位。

2. 挤压事故

挤压事故是指特种设备故障或者失控以及违章操作、操作失误、使用不当时，人或物体因承受外来压力被推挤压迫在运动物体或者固定物体之间的事故。造成此类事故的主要原因是起重作业现场缺少安全监督指挥管理人员，现场从事吊装作业和其他作业的人员缺乏安全意识或野蛮操作等。挤压事故伤害的多为吊装作业人员和检修作业人员。

（1）常见挤压事故。

1）吊具或吊载与地面物体之间的挤压事故。此类事故多发生在车间、仓库等室内场所，地面作业人员处于大型吊具或吊臂与机器设备、土建墙壁、牛腿立柱等障碍物之间的狭窄场所。

2）升降设备的挤压事故。升降机等的维修人员或操作人员，不遵守操作规程，被挤压在轿厢、吊笼与井壁、井架之间的事故也时有发生。

3）机体与建筑物间的挤压事故。这类事故多发生在高空从事桥式起重机检修维护的人员中，人员被挤压在起重机端梁与支承承轨梁的立柱或墙壁之间，或在高空承轨梁侧通道通过时被运行的起重机撞击击伤。

4）机体旋转挤压事故。这类事故多发生在野外作业的轮胎起重机和履带起重机等中，非司机人员被机体旋转挤压。

5）翻转作业中的挤压事故。在翻转等作业时，由于吊装方法不合理、装卡不牢、捆绑不当、吊具选择不合理、重物倾斜下坠、吊装选位不佳、指挥及操作人员站位不好、司机误操作等原因造成吊装失稳，吊载摆动冲击等均会造成翻转作业中的挤压等各种伤亡事故，这种类型事故在挤压事故中尤为突出。

（2）挤压事故案例分析。

1）案例 1：某日，上海宝山某花园工地进行打桩施工，一台履带起重机在吊运重物回转行走时，将一工人夹挤在起重机尾部与重物之间，致使该工人死亡。

分析事故原因，是工人滞留在起重作业危险区域，司机未能发现并采取警示或停止作业等安全措施。

2）案例 2：某日 17 时 15 分左右，某钢铁有限公司焦化厂备煤车间 G 某在门式起重机作业时，发现钢丝绳有断股现象应予更换。G 某将小车抓斗落在指定地点负责处理断股钢丝绳，同事 N 某过来帮忙负责清理抓斗滑轮旁的积煤。两人配合将钢丝绳更换后，G 某要 N 某到操作室将小车开到煤堆货位上，G 某去小车室顶棚将断股钢绳放下来。随后 N 某听到 G 某的开车喊话指令，按电铃表示要动小车，听到 G 某喊“可以动车”后，N 某将小车由西向东开往指定位置，降落抓斗。N 某等了一会儿没见 G 某下来调整新钢丝绳，急忙从操作室来到小车顶棚，看见 G 某倒在小车边板与走道防护栏杆之间，立即打电话通知值班室，并与工友一起将 G 某抬下，送职工医院抢救。G 某因胸部严重挤伤，经医院全力抢救无效死亡。

分析事故原因，一是 G 某下达启动小车指令前，没有及时从小车顶棚下到安全通道上，N 某动车前听到警铃后，确认不到位，开动小车由西向东运行过程中，G 某没等小车停稳就跨栏下车，结果被挤在小车铁棚门外边板与栏杆之间，是造成事故的直接原因；二是焦化厂技术操作规程、作业指导书不完善，岗位配合作业确认制度不健全，没有认真组织检审；三是门式起重机上下配合作业时，必须在司机操作室按电铃进行联系，如果小车上方作业人员采用喊话方式联系，很容易受外界环境影响。G 某和 N 某就是因为采取这种办法，导致事故的发生。

3. 碰撞事故

碰撞事故是指特种设备故障或者失控以及违章操作、操作失误、使用不当时，造成的人、运动物体或者周围固定物相互之间短暂接触发生碰撞伤害的事故，如设备与运动或者固定物体相撞、人撞固定物体、运动物体撞人、人与人互撞等。

在同一跨中的多台桥式类型起重机由于相互之间无缓冲撞保护设施，或缓冲撞保护设施毁坏失效，可能会发生起重机相互碰撞事故。室外作业的多台悬臂起重机群，在吊臂旋转作业中也可能相互撞击而出现碰撞事故。

案例：某日，上海某装卸公司的装卸工人在黄浦码头某泊位使用门座起重机往一船舱里进行吊装钢板作业时，起重机变幅系统忽然出现故障，吊装的钢板刚进船舱尚未落下时，起重臂出现后仰，钢板撞在船舱舱壁上。起重机司机T某发现这一异常情况后，立即推变幅主令操纵杆松起重臂，但起重臂没有动作。于是T某将主令操纵杆复零位后停机离开驾驶室到机房检查，并叫修理工前来修理。在修理工来到之前，T某发现变幅系统的中间继电器没有复位，但用验电笔轻轻触动，就能使其复位。随后T某回到驾驶室操纵起重机，观察起重臂变幅情况，这一次起重臂恢复了正常动作。T某向随后赶来的修理工说明了上述情况，并请其再检查一遍。修理工对照图纸检查后，认为起重机一切正常，并在观察T某继续作业一段时间后离去。接着，T某操纵起重机继续作业，当他将钢板吊入船舱后卸专用吊具钳子时，钢板靠驾驶室的一侧突然向外滑动，一名正在作业的工人避让不及，下腹遭到钢板撞击，经抢救无效死亡。

分析事故原因，该门座起重机曾于事发前进行过大修，将变幅系统中控制变幅刹车油泵马达的中间继电器进行了更换。由于该中间继电器装配质量未达到产品质量要求，铁芯触头支架在滑动槽内有时会出现机械卡死现象，导致起重机变幅系统刹车部分处于开启状态，致使起重臂会自动变幅前移，酿成事故。该起事故中，起重机带“病”作业，司机未立即停止作业，检修人员未能发现故障原因。

4. 机体毁坏事故

机体毁坏事故是指起重机因超载失稳等产生机体断裂、倾覆造成机体严重损坏及人身伤害的事故。

（1）常见机体毁坏事故。

1）断裂事故。断裂事故是指起重机械承载主体及部件因材质劣化或者受力超过强度极限而失效的事故。断裂一般分为塑性断裂、脆性断裂、疲劳断裂和蠕变断裂等。此类事故多发生在悬臂起重机。

2）倾覆事故。第一种情况是因起重机械主体或者构件的强度、刚度难以承受实际的载荷，发生局部、整体或者基础的失稳、坍塌或者倾覆事故；第二种情况是因起重机械主体或者构件因载荷等外力影响，倾覆力矩大于稳定力矩而发生设备整体或者基础失稳、坍塌的事故。倾覆事故是轮胎式起重机的常见事故，大多是起重机作业前支承不当、起重量限制器或力矩限位器等安全防护装置动作失效、超载起吊、带载回转至倾覆危险区域等因素所造成。

3）机体摔毁事故。一般是由于未设置车轮锚固装置，或者上述安全防护装置机能失效，当遇到强风时往往会造成起重机被大风吹跑、吹倒，甚至从栈桥上翻落造成严重的机体摔毁事故。

（2）机体毁坏事故案例分析。

1）案例1：某港口一台10 t门座式起重机，司机在未上紧夹轨器的情况下离机去厕所。此时，狂风突起，以46 m/s的风速吹向起重机，将起重机吹走20余米且车速逐渐加快，铁鞋被压碎，门架的两条支腿由台车上坠落至地面，行走驱动机构被甩出数米之远，部分走轮脱轨掉道。

分析事故原因，一是司机离机后未上紧夹轨器，亦未楔紧铁鞋；二是运行机构制动器制动不良。

2）案例2：某日18时左右，大连某港务公司Z某操作15 t门座起重机倒运工字钢。20时50分左右，起重工J某、Y某准备捆绑工字钢进行挂钩作业，发现此次拉来的工字钢太多，欲分两次起吊，而司机 Z 某则示意一钩起吊，J 某和 Y 某没再坚持，就将 28 根工字钢（重约 22 t）捆绑在一起，将绳扣挂到起重机的钩头。20 时 55 分左右，司机 Z 某开始在 19 m 幅度（此处最大载重量为 10 t）起吊。因吊物严重超载，加之起重机无力矩限制器，致使门座起重机发生倾倒，司机 Z 某随起重机一同摔到地面受伤，后经医院抢救无效死亡。

分析事故原因，一是该港务公司用于码头装卸货物的自制 15 t 门座起重机存在严重缺陷，无力矩限制器。当司机 Z 某超载吊运工字钢时，设备无自我保护装置，吊物将门座起重机拉倒，导致门座起重机倾斜而倒塌，司机 Z 某随倒塌的门座起重机一起摔到地面受伤致死，是造成此起事故发生的主要原因。二是起重机司机 Z 某安全意识淡薄，违反公司起重机操作规程，吊运时没有确认起重量就盲目起吊，导致超载运行将门座起重机拉倒，其本人也因此受伤致死，是造成此起事故发生的直接原因。三是该港务公司对码头装卸的安全管理存在漏洞，安全规章制度落实不够，缺乏对作业现场安全的监督检查，对起重作业缺乏必要的安全交底，对在港务公司码头从事装卸作业的劳务人员安全教育不落实，允许未经起重专业知识培训的劳务工从事起重作业，是造成此起事故发生的间接原因。四是该港务公司对在用起重设备安全管理不善，缺乏对起重设备的定期保养与检修，使 15 t 门座起重机长期在不安全状态下带“病”运行，起重机超过法定检验周期未申请检验等，是造成此起事故发生的重要原因。

5. 触电事故

触电事故是指作业人员由于触电遭到电击所发生的伤害事故。

（1）触电事故按室内外作业可分为以下两类：

1）室内作业的触电事故。发生在室内作业的触电事故，一般是起重机动力电源或电气设备造成的电击事故。

2）室外作业的触电事故。流动式起重机作业现场往往有裸露的高压输电线，由于司机不重视或者操作失误，以及现场安全指挥监督混乱等原因，常有起重机悬臂或起升钢丝绳摆动触及高压线使机体导电，进而造成操作人员或吊装司索人员间接遭到高压线高压电击伤害。吊臂起重机进入高压线路的放电区域，人体或机械与高压带电体之间小于放电距离，会造成机械带电，使操作人员触电。

（2）触电事故案例分析。

1）案例 1：某日，哈尔滨平房区某住宅楼工地，汽车起重机的起重臂跨越 6.6 kV 裸露高压电线，进行预制板吊装作业，臂架碰到高压线而带电，4 名起重工被同时击倒，1 死 3 伤。

分析事故原因，起重机司机违反安全操作规程，在高压线附近作业没有采取预防触电的措施。

2）案例 2：某日，某轧钢厂落板车间起重机司机脱掉鞋袜开车，将起重机开到退火工休息室旁的板垛上方，准备把板垛吊运走。大车停止运行后，司机操纵起重机升降控制器将吊钩下降到板垛上，在准备起吊时，由于电铃开关无盖，司机操纵时赤脚踩在电铃开关上触电死亡。

分析事故原因，一是起重机司机赤脚违章作业，踏上无盖的电铃开关触电死亡；二是由于交接班制度不落实，缺盖的电铃开关未及时修复或更换，留下事故隐患。

三、危险源与风险源及起重机械安全风险辨识

1. 危险源的概念

（1）危险源：可能导致人员伤害和（或）健康损害的根源、状态或行为，或它们的组合。

（2）特种设备重大危险源：可能导致人员伤亡、财产损失和环境破坏的特种设备辨识单元。

2. 危险源的构成

危险源由根源、行为和状态构成。根源是指具有能量或产生、释放能量的物理实体，如起重设备等；行为是指决策人员、管理人员以及作业人员的决策行为、管理行为及作业行为；状态包括物的状态和作业环境的状态两部分。

3. 风险源

风险源：可能单独或共同引发风险的内在要素。风险源可以是有形的，也可以是无形的。

4. 起重机械安全风险辨识

（1）设备检验方面的辨识内容包括是否按规定进行各项法定检验，起重机械吊具、索具是否符合安全要求并进行日常安全检查和维护保养。

（2）设备状况方面的辨识内容包括起重机明显部位是否有清晰可见的特种设备使用标志和额定起重量标志；起重机对人员构成危险的相对移动部件是否涂有黄黑相间的安全色；设置司机室的起重机是否连接牢固，具备良好的视野，配备灭火器及绝缘地板，并有警示音响信号装置；操纵按钮手柄等是否有表明用途或操纵方向的清晰标志，是否灵活有效；吊钩是否设置防脱钩装置，开口度是否增大，是否严重磨损；集装箱吊具转锁装置安全联锁、伸缩装置安全联锁、伸缩止挡及其限位是否有效；吊运熔融金属的起重机板钩销轴是否按要求每 6 个月进行一次无损探伤；钢丝绳是否存在明显损伤；电路是否可靠接地，电缆是否严重老化开裂；大车轨道是否损坏变形；起重量限制器、起升高度限位器、防风防雨防滑装置是否设置并有效；门式起重机运行时声光报警装置是否有效。

四、起重机械事故的预防

安全生产工作应当以人民为中心，坚持安全发展，坚持安全第一、预防为主、综合治理的方针。

起重机械事故的有效预防至少应当满足以下条件：

（1）使用单位必须遵守《中华人民共和国特种设备安全法》和其他有关安全生产的法律、法规，遵守有关特种设备安全技术规范及相关标准，建立、健全特种设备安全责任制度，切实履行法律、法规和安全技术规范规定的义务，加强特种设备安全管理，确保特种设备使用安全。

（2）使用单位应当保证作业人员依法获得安全生产保障的权利；应当为作业人员选用和配备规定的劳动防护用品；应当不断改善安全生产条件，以排查治理事故隐患为重心，推进安全生产标准化建设，提高安全生产水平；发现问题要及时处理，把事故消灭在萌芽状态，保证起重机械及其安全防护装置和安全保护装置始终处于完好的技术状态。

（3）使用单位的安全管理人员和作业人员必须严格遵守特种设备的法律、法规和安全技术规范规定，自觉遵守各项规章制度，认真履行工作职责和义务，遵守安全操作规程，发现事故隐患和不安全因素及时上报处理。

第九章　起重机械安全管理的法律法规及其安全技术规范

本章共三节，内容包括起重机械安全管理的法律和行政法规、起重机械安全管理的规章以及起重机械的安全技术规范。

第一节　起重机械安全管理的法律和行政法规

法律由全国人民代表大会和全国人民代表大会常务委员会根据宪法制定，行政法规由国务院根据宪法和法律制定。

本节介绍《中华人民共和国特种设备安全法》和《特种设备安全监察条例》。

一、《中华人民共和国特种设备安全法》的相关规定

起重机械安全管理的法律依据是《中华人民共和国特种设备安全法》，这是我国第一部关于特种设备的法律，是其他特种设备行政法规、规章和安全技术规范制定的依据。

《中华人民共和国特种设备安全法》于 2013 年 6 月 29 日由第十二届全国人民代表大会常务委员会第三次会议通过，自 2014 年 1 月 1 日起施行。

《中华人民共和国特种设备安全法》分总则，生产、经营、使用，检验、检测，监督管理，事故应急救援与调查处理，法律责任和附则，共 7 章 101 条。与起重机械安全管理相关的条款摘录如下：

第一条　为了加强特种设备安全工作，预防特种设备事故，保障人身和财产安全，促进经济社会发展，制定本法。

第二条　特种设备的生产（包括设计、制造、安装、改造、修理）、经营、使用、检验、检测和特种设备安全的监督管理，适用本法。

本法所称特种设备，是指对人身和财产安全有较大危险性的锅炉、压力容器（含气瓶）、压力管道、电梯、起重机械、客运索道、大型游乐设施、场（厂）内专用机动车辆，以及法律、行政法规规定适用本法的其他特种设备。

国家对特种设备实行目录管理。特种设备目录由国务院负责特种设备安全监督管理的部门制定，报国务院批准后执行。

第三条　特种设备安全工作应当坚持安全第一、预防为主、节能环保、综合治理的原则。

第五条　国务院负责特种设备安全监督管理的部门对全国特种设备安全实施监督管理。县级以上地方各级人民政府负责特种设备安全监督管理的部门对本行政区域内特种设备安全实施监督管理。

第七条　特种设备生产、经营、使用单位应当遵守本法和其他有关法律、法规，建立、健全特种设备安全和节能责任制度，加强特种设备安全和节能管理，确保特种设备生产、经营、使用安全，符合节能要求。

第八条　特种设备生产、经营、使用、检验、检测应当遵守有关特种设备安全技术规范及相关标准。

第十三条　特种设备生产、经营、使用单位及其主要负责人对其生产、经营、使用的特种设备安全负责。

特种设备生产、经营、使用单位应当按照国家有关规定配备特种设备安全管理人员、检测人员和作业人员，并对其进行必要的安全教育和技能培训。

第十四条　特种设备安全管理人员、检测人员和作业人员应当按照国家有关规定取得相应资格，方可从事相关工作。特种设备安全管理人员、检测人员和作业人员应当严格执行安全技术规范和管理制度，保证特种设备安全。

第十五条　特种设备生产、经营、使用单位对其生产、经营、使用的特种设备应当进行自行检测和维护保养，对国家规定实行检验的特种设备应当及时申报并接受检验。

第十九条　特种设备生产单位应当保证特种设备生产符合安全技术规范及相关标准的要求，对其生产的特种设备的安全性能负责。不得生产不符合安全性能要求和能效指标以及国家明令淘汰的特种设备。

第二十一条　特种设备出厂时，应当随附安全技术规范要求的设计文件、产品质量合格证明、安装及使用维护保养说明、监督检验证明等相关技术资料和文件，并在特种设备显著位置设置产品铭牌、安全警示标志及其说明。

第二十三条　特种设备安装、改造、修理的施工单位应当在施工前将拟进行的特种设备安装、改造、修理情况书面告知直辖市或者设区的市级人民政府负责特种设备安全监督管理的部门。

第二十四条　特种设备安装、改造、修理竣工后，安装、改造、修理的施工单位应当在验收后三十日内将相关技术资料和文件移交特种设备使用单位。特种设备使用单位应当将其存入该特种设备的安全技术档案。

第二十五条　……起重机械……的安装、改造、重大修理过程，应当经特种设备检验机构按照安全技术规范的要求进行监督检验；未经监督检验或者监督检验不合格的，不得出厂或者交付使用。

第三十二条　特种设备使用单位应当使用取得许可生产并经检验合格的特种设备。

禁止使用国家明令淘汰和已经报废的特种设备。

第三十三条　特种设备使用单位应当在特种设备投入使用前或者投入使用后三十日内，向负责特种设备安全监督管理的部门办理使用登记，取得使用登记证书。登记标志应当置于该特种设备的显著位置。

第三十四条　特种设备使用单位应当建立岗位责任、隐患治理、应急救援等安全管理制度，制定操作规程，保证特种设备安全运行。

第三十五条　特种设备使用单位应当建立特种设备安全技术档案。安全技术档案应当包括以下内容：

（一）特种设备的设计文件、产品质量合格证明、安装及使用维护保养说明、监督检验证明等相关技术资料和文件。

（二）特种设备的定期检验和定期自行检查记录。

（三）特种设备的日常使用状况记录。

（四）特种设备及其附属仪器仪表的维护保养记录。

（五）特种设备的运行故障和事故记录。

第三十六条　电梯……等为公众提供服务的特种设备的运营使用单位，应当对特种设备的使用安全负责，设置特种设备安全管理机构或者配备专职的特种设备安全管理人员；其他特种设备使用单位，应当根据情况设置特种设备安全管理机构或者配备专职、兼职的特种设备安全管理人员。

第三十七条　特种设备的使用应当具有规定的安全距离、安全防护措施。

与特种设备安全相关的建筑物、附属设施，应当符合有关法律、行政法规的规定。

第三十八条　特种设备属于共有的，共有人可以委托物业服务单位或者其他管理人管理特种设备，受托人履行本法规定的特种设备使用单位的义务，承担相应责任。共有人未委托的，由共有人或者实际管理人履行管理义务，承担相应责任。

第三十九条　特种设备使用单位应当对其使用的特种设备进行经常性维护保养和定期自行检查，并作出记录。

特种设备使用单位应当对其使用的特种设备的安全附件、安全保护装置进行定期校验、检修，并作出记录。

第四十条　特种设备使用单位应当按照安全技术规范的要求，在检验合格有效期届满前一个月向特种设备检验机构提出定期检验要求。

特种设备检验机构接到定期检验要求后，应当按照安全技术规范的要求及时进行安全性能检验。特种设备使用单位应当将定期检验标志置于该特种设备的显著位置。

未经定期检验或者检验不合格的特种设备，不得继续使用。

第四十一条　特种设备安全管理人员应当对特种设备使用状况进行经常性检查，发现问题应当立即处理；情况紧急时，可以决定停止使用特种设备并及时报告本单位有关负责人。

特种设备作业人员在作业过程中发现事故隐患或者其他不安全因素，应当立即向特种设备安全管理人员和单位有关负责人报告；特种设备运行不正常时，特种设备作业人员应当按照操作规程采取有效措施保证安全。

第四十二条　特种设备出现故障或者发生异常情况，特种设备使用单位应当对其进行全面检查，消除事故隐患，方可继续使用。

第四十八条　特种设备存在严重事故隐患，无改造、修理价值，或者达到安全技术规范规定的其他报废条件的，特种设备使用单位应当依法履行报废义务，采取必要措施消除该特种设备的使用功能，并向原登记的负责特种设备安全监督管理的部门办理使用登记证书注销手续。

前款规定报废条件以外的特种设备，达到设计使用年限可以继续使用的，应当按照安全技术规范的要求通过检验或者安全评估，并办理使用登记证书变更，方可继续使用。允许继续使用的，应当采取加强检验、检测和维护保养等措施，确保使用安全。

第六十九条　……

特种设备使用单位应当制定特种设备事故应急专项预案，并定期进行应急演练。

第七十条　特种设备发生事故后，事故发生单位应当按照应急预案采取措施，组织抢救，防止事故扩大，减少人员伤亡和财产损失，保护事故现场和有关证据，并及时向事故发生地县级以上人民政府负责特种设备安全监督管理的部门和有关部门报告。

…… ……

与事故相关的单位和人员不得迟报、谎报或者瞒报事故情况，不得隐匿、毁灭有关证据或者故意破坏事故现场。

第七十二条　特种设备发生特别重大事故，由国务院或者国务院授权有关部门组织事故调查组进行调查。

发生重大事故，由国务院负责特种设备安全监督管理的部门会同有关部门组织事故调查组进行调查。

发生较大事故，由省、自治区、直辖市人民政府负责特种设备安全监督管理的部门会同有关部门组织事故调查组进行调查。

发生一般事故，由设区的市级人民政府负责特种设备安全监督管理的部门会同有关部门组织事故调查组进行调查。

…… ……

第七十三条　……

事故责任单位应当依法落实整改措施，预防同类事故发生。事故造成损害的，事故责任单位应当依法承担赔偿责任。

第八十三条　违反本法规定，特种设备使用单位有下列行为之一的，责令限期改正；逾期未改正的，责令停止使用有关特种设备，处一万元以上十万元以下罚款：

（一）使用特种设备未按照规定办理使用登记的。

（二）未建立特种设备安全技术档案或者安全技术档案不符合规定要求，或者未依法设置使用登记标志、定期检验标志的。

（三）未对其使用的特种设备进行经常性维护保养和定期自行检查，或者未对其使用的特种设备的安全附件、安全保护装置进行定期校验、检修，并作出记录的。

（四）未按照安全技术规范的要求及时申报并接受检验的。

…… ……

（六）未制定特种设备事故应急专项预案的。

第八十四条　违反本法规定，特种设备使用单位有下列行为之一的，责令停止使用有关特种设备，处三万元以上三十万元以下罚款：

（一）使用未取得许可生产，未经检验或者检验不合格的特种设备，或者国家明令淘汰、已经报废的特种设备的。

（二）特种设备出现故障或者发生异常情况，未对其进行全面检查、消除事故隐患，继续使用的。

（三）特种设备存在严重事故隐患，无改造、修理价值，或者达到安全技术规范规定的其他报废条件，未依法履行报废义务，并办理使用登记证书注销手续的。

第八十六条　违反本法规定，特种设备生产、经营、使用单位有下列情形之一的，责令限期改正；逾期未改正的，责令停止使用有关特种设备或者停产停业整顿，处一万元以上五万元以下罚款：

（一）未配备具有相应资格的特种设备安全管理人员、检测人员和作业人员的。

（二）使用未取得相应资格的人员从事特种设备安全管理、检测和作业的。

（三）未对特种设备安全管理人员、检测人员和作业人员进行安全教育和技能培训的。

第八十九条　发生特种设备事故，有下列情形之一的，对单位处五万元以上二十万元以下罚款；对主要负责人处一万元以上五万元以下罚款；主要负责人属于国家工作人员的，并依法给予处分：

（一）发生特种设备事故时，不立即组织抢救或者在事故调查处理期间擅离职守或者逃匿的。

（二）对特种设备事故迟报、谎报或者瞒报的。

第九十条　发生事故，对负有责任的单位除要求其依法承担相应的赔偿等责任外，依照下列规定处以罚款：

（一）发生一般事故，处十万元以上二十万元以下罚款。

（二）发生较大事故，处二十万元以上五十万元以下罚款。

（三）发生重大事故，处五十万元以上二百万元以下罚款。

第九十一条　对事故发生负有责任的单位的主要负责人未依法履行职责或者负有领导责任的，依照下列规定处以罚款；属于国家工作人员的，并依法给予处分：

（一）发生一般事故，处上一年年收入百分之三十的罚款。

（二）发生较大事故，处上一年年收入百分之四十的罚款。

（三）发生重大事故，处上一年年收入百分之六十的罚款。

第九十二条　违反本法规定，特种设备安全管理人员、检测人员和作业人员不履行岗位职责，违反操作规程和有关安全规章制度，造成事故的，吊销相关人员的资格。

第九十五条　违反本法规定，特种设备生产、经营、使用单位或者检验、检测机构拒不接受负责特种设备安全监督管理的部门依法实施的监督检查的，责令限期改正；逾期未改正的，责令停产停业整顿，处二万元以上二十万元以下罚款。

特种设备生产、经营、使用单位擅自动用、调换、转移、损毁被查封、扣押的特种设备或者其主要部件的，责令改正，处五万元以上二十万元以下罚款；情节严重的，吊销生产许可证，注销特种设备使用登记证书。

第九十六条　违反本法规定，被依法吊销许可证的，自吊销许可证之日起三年内，负责特种设备安全监督管理的部门不予受理其新的许可申请。

第九十七条　违反本法规定，造成人身、财产损害的，依法承担民事责任。

违反本法规定，应当承担民事赔偿责任和缴纳罚款、罚金，其财产不足以同时支付时，先承担民事赔偿责任。

第九十八条　违反本法规定，构成违反治安管理行为的，依法给予治安管理处罚；构成犯罪的，依法追究刑事责任。

第一百条　军事装备、核设施、航空航天器使用的特种设备安全的监督管理不适用本法。

铁路机车、海上设施和船舶、矿山井下使用的特种设备以及民用机场专用设备安全的监督管理，房屋建筑工地、市政工程工地用起重机械和场（厂）内专用机动车辆的安装、使用的监督管理，由有关部门依照本法和其他有关法律的规定实施。

二、《特种设备安全监察条例》的相关规定

《特种设备安全监察条例》于2003年3月11日以中华人民共和国国务院令第373号公布，自2003年6月1日起施行。《特种设备安全监察条例》经过一次修订。《国务院关于修改〈特种设备安全监察条例〉的决定》经2009年1月14日国务院第46次常务会议通过，于2009年1月24日中华人民共和国国务院令第549号公布，自2009年5月1日起施行。与起重机械安全管理相关的条款摘录如下：

第十四条　……起重机械……及其安全附件、安全保护装置的制造、安装、改造单位，……应当经国务院特种设备安全监督管理部门许可，方可从事相应的活动。

…… ……

第十六条　……起重机械……的维修单位，应当有与特种设备维修相适应的专业技术人员和技术工人以及必要的检测手段，并经省、自治区、直辖市特种设备安全监督管理部门许可，方可从事相应的维修活动。

第十七条　……起重机械……的安装、改造、维修……，必须由依照本条例取得许可的单位进行。

…… ……

第二十七条　特种设备使用单位应当对在用特种设备进行经常性日常维护保养，并定期自行检查。

特种设备使用单位对在用特种设备应当至少每月进行一次自行检查，并作出记录。特种设备使用单位在对在用特种设备进行自行检查和日常维护保养时发现异常情况的，应当及时处理。

特种设备使用单位应当对在用特种设备的安全附件、安全保护装置、测量调控装置及有关附属仪器仪表进行定期校验、检修，并作出记录。

…… ……

第三十八条　……起重机械……的作业人员及其相关管理人员（以下统称特种设备作业人员），应当按照国家有关规定经特种设备安全监督管理部门考核合格，取得国家统一格式的特种作业人员证书，方可从事相应的作业或者管理工作。

第六十一条　有下列情形之一的，为特别重大事故：

（一）特种设备事故造成30人以上死亡，或者100人以上重伤（包括急性工业中毒，下同），或者1亿元以上直接经济损失的。

…… ……

第六十二条　有下列情形之一的，为重大事故：

（一）特种设备事故造成10人以上30人以下死亡，或者50人以上100人以下重伤，或者5 000万元以上1亿元以下直接经济损失的。

…… ……

第六十三条　有下列情形之一的，为较大事故：

（一）特种设备事故造成3人以上10人以下死亡，或者10人以上50人以下重伤，或者1 000万元以上5 000万元以下直接经济损失的。

…… ……

（四）起重机械整体倾覆的。

…… ……

第六十四条　有下列情形之一的，为一般事故：

（一）特种设备事故造成 3 人以下死亡，或者 10 人以下重伤，或者 1 万元以上 1 000 万元以下直接经济损失的。

…… ……

（四）起重机械主要受力结构件折断或者起升机构坠落的。

…… ……

第九十条　特种设备作业人员违反特种设备的操作规程和有关的安全规章制度操作，或者在作业过程中发现事故隐患或者其他不安全因素，未立即向现场安全管理人员和单位有关负责人报告的，由特种设备使用单位给予批评教育、处分；情节严重的，撤销特种设备作业人员资格；触犯刑律的，依照刑法关于重大责任事故罪或者其他罪的规定，依法追究刑事责任。

第二节　起重机械安全管理的规章

规章，是指国务院各部委和具有行政管理职能的直属机构根据法律和国务院的行政法规、决定、命令，在本部门的权限范围内制定的规章。

本节介绍《特种设备作业人员监督管理办法》。

《特种设备作业人员监督管理办法》于 2005 年 1 月 10 日以国家质量监督检验检疫总局令第 70 号公布，自 2005 年 7 月 1 日起施行。《特种设备作业人员监督管理办法》经过一次修订。《国家质量监督检验检疫总局关于修改〈特种设备作业人员监督管理办法〉的决定》于 2010 年 11 月 23 日国家质量监督检验检疫总局局务会议审议通过，2011 年 5 月 3 日以国家质量监督检验检疫总局令第 140 号公布，自 2011 年 7 月 1 日起施行。与起重机械安全管理相关的条款摘录如下：

第二条　……起重机械……等特种设备的作业人员及其相关管理人员统称特种设备作业人员。特种设备作业人员作业种类与项目目录由国家质量监督检验检疫总局统一发布。

从事特种设备作业的人员应当按照本办法的规定，经考核合格取得《特种设备作业人员证》，方可从事相应的作业或者管理工作。

第五条　特种设备生产、使用单位（以下统称用人单位）应当聘（雇）用取得特种设备作业人员证的人员从事相关管理和作业工作，并对作业人员进行严格管理。

特种设备作业人员应当持证上岗，按章操作，发现隐患及时处置或者报告。

第十条　申请《特种设备作业人员证》的人员应当符合下列条件：

（一）年龄在 18 周岁以上。

（二）身体健康并满足申请从事的作业种类对身体的特殊要求。

（三）有与申请作业种类相适应的文化程度。

（四）具有相应的安全技术知识与技能。

（五）符合安全技术规范规定的其他要求。

作业人员的具体条件应当按照相关安全技术规范的规定执行。

第十一条　用人单位应当对作业人员进行安全教育和培训，保证特种设备作业人员具备必要的特种设备安全作业知识、作业技能和及时进行知识更新。作业人员未能参加用人单位培训的，可以选择专业培训机构进行培训。

作业人员培训的内容按照国家质检总局制定的相关作业人员培训考核大纲等安全技术规范执行。

第十二条　符合条件的申请人员应当向考试机构提交有关证明材料，报名参加考试。

第十九条　持有《特种设备作业人员证》的人员，必须经用人单位的法定代表人（负责人）或者其授权人雇（聘）用后，方可在许可的项目范围内作业。

第二十条　用人单位应当加强对特种设备作业现场和作业人员的管理，履行下列义务：

（一）制订特种设备操作规程和有关安全管理制度。

（二）聘用持证作业人员，并建立特种设备作业人员管理档案。

（三）对作业人员进行安全教育和培训。

（四）确保持证上岗和按章操作。

（五）提供必要的安全作业条件。

（六）其他规定的义务。

用人单位可以指定一名本单位管理人员作为特种设备安全管理负责人，具体负责前款规定的相关工作。

第二十一条　特种设备作业人员应当遵守以下规定：

（一）作业时随身携带证件，并自觉接受用人单位的安全管理和质量技术监督部门的监督检查。

（二）积极参加特种设备安全教育和安全技术培训。

（三）严格执行特种设备操作规程和有关安全规章制度。

（四）拒绝违章指挥。

（五）发现事故隐患或者不安全因素应当立即向现场管理人员和单位有关负责人报告。

（六）其他有关规定。

第二十二条《特种设备作业人员证》每 4 年复审一次。持证人员应当在复审期届满 3 个月前，向发证部门提出复审申请。对持证人员在 4 年内符合有关安全技术规范规定的不间断作业要求和安全、节能教育培训要求，且无违章操作或者管理等不良记录、未造成事故的，发证部门应当按照有关安全技术规范的规定准予复审合格，并在证书正本上加盖发证部门复审合格章。

复审不合格、逾期未复审的，其《特种设备作业人员证》予以注销。

第二十三条　有下列情形之一的，应当撤销《特种设备作业人员证》：

（一）持证作业人员以考试作弊或者以其他欺骗方式取得《特种设备作业人员证》的。

（二）持证作业人员违反特种设备的操作规程和有关的安全规章制度操作，情节严重的。

（三）持证作业人员在作业过程中发现事故隐患或者其他不安全因素未立即报告，情节严重的。

（四）考试机构或者发证部门工作人员滥用职权、玩忽职守、违反法定程序或者超越发证范围考核发证的。

（五）依法可以撤销的其他情形。

违反前款第（一）项规定的，持证人 3 年内不得再次申请《特种设备作业人员证》。

第二十四条 《特种设备作业人员证》遗失或者损毁的，持证人应当及时报告发证部门，并在当地媒体予以公告。查证属实的，由发证部门补办证书。

第二十五条 任何单位和个人不得非法印制、伪造、涂改、倒卖、出租或者出借《特种设备作业人员证》。

第三十条 申请人隐瞒有关情况或者提供虚假材料申请《特种设备作业人员证》的，不予受理或者不予批准发证，并在 1 年内不得再次申请《特种设备作业人员证》。

第三十一条 有下列情形之一的，责令用人单位改正，并处 1 000 元以上 3 万元以下罚款：

（一）违章指挥特种设备作业的。

（二）作业人员违反特种设备的操作规程和有关的安全规章制度操作，或者在作业过程中发现事故隐患或者其他不安全因素未立即向现场管理人员和单位有关负责人报告，用人单位未给予批评教育或者处分的。

第三十二条 非法印制、伪造、涂改、倒卖、出租、出借《特种设备作业人员证》，或者使用非法印制、伪造、涂改、倒卖、出租、出借《特种设备作业人员证》的，处 1 000 元以下罚款；构成犯罪的，依法追究刑事责任。

第三十六条 特种设备作业人员未取得《特种设备作业人员证》上岗作业，或者用人单位未对特种设备作业人员进行安全教育和培训的，按照《特种设备安全监察条例》第八十六条的规定对用人单位予以处罚。

第三节 起重机械的安全技术规范

安全技术规范，是国务院有关部门依据特种设备法律、法规制定的各种法律规范、标准。

本节介绍《特种设备作业人员考核规则》（TSG Z6001—2019）和《特种设备使用管理规则》（TSG 08—2017）。

一、《特种设备作业人员考核规则》（TSG Z6001—2019）的相关规定

《特种设备作业人员考核规则》（TSG Z6001—2013）于 2013 年 1 月 16 日由国家质量监督检验检疫总局颁布，自 2013 年 6 月 1 日起施行；国家市场监督管理总局 2019 年第 8 号公告附件 2 进行修订。《特种设备作业人员考核规则》（TSG Z6001—2019）于 2019 年 5 月 27 日由国家市场监督管理总局颁布，自 2019 年 6 月 1 日起施行。与起重机械安全管理相关的条款摘录如下：

第二条 本规则适用于国家市场监督管理总局制定发布的《特种设备作业人员资格认定分类与项目》范围内特种设备作业人员（含安全管理人员）资格的考核工作。

…… ……

第三条 特种设备作业人员应当按照本规则的要求，取得《特种设备安全管理和作业人员证》（样式见附件 A）后，方可从事相应的作业活动。

第八条　国家市场监督管理总局负责全国特种设备作业人员考核工作的监督管理，县级以上地方市场监督管理部门负责本行政区域内特种设备作业人员考核工作的监督管理和对考试机构进行监督检查。

第十三条　特种设备作业人员考核程序包括申请、受理、考试和发证。

第十四条　申请人应当符合下列条件：

（一）年龄 18 周岁以上且不超过 60 周岁，并且具有完全民事行为能力。

（二）无妨碍从事作业的疾病和生理缺陷，并且满足申请从事的作业项目对身体条件的要求。

（三）具有初中以上学历，并且满足相应申请作业项目要求的文化程度。

（四）符合相应的考核大纲的专项要求。

第十五条　申请人应当向工作所在地或者户籍（户口或者居住证）所在地的发证机关提交下列申请资料：

（一）《特种设备作业人员资格申请表》（见附件 B，1 份）。

（二）近期 2 寸正面免冠白底彩色照片（2 张）。

（三）身份证明（复印件 1 份）。

（四）学历证明（复印件 1 份）。

（五）体检报告（1 份，相应考试大纲有要求的）。

申请人也可通过发证机关指定的网上报名系统填报申请，并且附前款要求提交的资料的扫描文件（PDF 格式或者 JPG 格式）。

第十六条　发证机关在收到申请后的 5 个工作日内，应当作出是否受理的决定。需要申请人补充材料的，应当一次性告知申请人需要补正的内容。

予以受理的，发证机关应当告知申请人受理结果。申请人持受理结果到发证机关委托的考试机构报名，并按时参加考试。

不予以受理的，发证机关应当告知申请人不予受理结果，并说明原因。

第十七条　考试机构应当于考试前 2 个月公布考试时间、地点、作业项目等事项，需要更改考试时间、地点、作业项目的，应当及时通知已报名的申请人员。

第二十条　特种设备作业人员的考试包括理论知识考试和实际操作技能考试，特种设备安全管理人员只进行理论知识考试。

考试实行百分制，单科成绩达到 70 分为合格；每科均合格，评定为考试合格。

第二十一条　考试成绩有效期 1 年。单项考试科目不合格者，1 年内可以向原考试机构申请补考 1 次。两项均不合格或者补考不合格者，应当向发证机关重新提出考核申请。

第二十二条　考试机构应当在考试结束后的 20 个工作日内公布考试合格人员名单，并将考试结果报送发证机关。申请人向考试机构查询成绩的，考试机构应当告知。

第二十四条　发证机关应当在收到考试结果后的 20 个工作日内完成审批发证工作。

第二十五条　持证人员应当在持证项目有效期届满 1 个月以前，向工作所在地或者户籍（户口或者居住证）所在地的发证机关提出复审申请，并提交下列资料：

（一）《特种设备作业人员资格复审申请表》（见附件 C，1 份）。

（二）《特种设备安全管理和作业人员证》（原件）。

第二十六条　满足下列要求的，复审合格：

（一）年龄不超过 65 周岁。

（二）持证期间，无违章作业、未发生责任事故。

（三）持证期间，《特种设备安全管理和作业人员证》的聘用记录中所从事持证项目的作业时间连续中断未超过 1 年。

第二十八条　发证机关办理复审时，能够当场办理的，应当当场办理完成；需要补正申请材料的，应当一次性告知。复审不合格的，应当说明理由。发证机关应当在 10 个工作日内完成复审工作。

第二十九条　复审不合格、证书有效期逾期未申请复审的持证人员，需要继续从事该项目作业活动的，应当重新申请取证。

第三十四条 《特种设备安全管理和作业人员证》遗失或者损毁的，持证人员应当向发证机关申请补发，并提交身份证明、遗失或者损毁的书面声明及近期 2 寸正面免冠白底彩色照片。原持证项目有效期不变。

第三十五条　申请人对考试结果有异议，可以在考试结果发布后的 1 个月以内向考试机构提出复核要求，考试机构应当在收到复核申请的 20 个工作日以内予以答复；对考试机构答复结果有异议的，申请人向发证机关提出复核要求。

附件 J

起重机械作业人员考试大纲

J1　范围

桥式起重机司机、门式起重机司机、塔式起重机司机、流动式起重机司机、门座式起重机司机、升降机司机、缆索式起重机司机及相应指挥人员需要取得《特种设备作业人员证》，并按照本大纲要求取证。

从事起重机械司索作业人员、起重机械地面操作人员和遥控操作人员、桅杆式起重机和机械式停车设备的司机不需要取得《特种设备作业人员证》，使用单位可参照本大纲的内容，对相关人员的从业能力进行培训和管理。

J2　申请人专项要求

具有相应的起重机械基础知识、安全知识、法规标准知识，具备相应的实际操作技能。

…… ……

二、《特种设备使用管理规则》（TSG 08—2017）的相关规定

《特种设备使用管理规则》（TSG 08—2017）于 2017 年 1 月 16 日以《质检总局关于发布〈特种设备使用管理规则〉等 3 个安全技术规范及 4 个修改单的公告（2017 年第 4 号）》发布，2017 年 8 月 1 日起施行。与起重机械安全管理相关的条款摘录如下：

1　总则

1.2　适用范围

本规则适用于《特种设备目录》范围内特种设备的安全与节能管理。

1.3　使用单位主体责任

特种设备使用单位应当按照本规则规定，负责特种设备安全与节能管理，承担特种设备使用安全与节能主体责任。

1.4　监督管理

1.4.1　职责分工

县级以上地方各级人民政府负责特种设备安全监督管理的部门（以下简称特种设备安全监管部门）对本行政区域内特种设备使用安全、高耗能特种设备节能实施监督管理。国家质检总局对全国特种设备使用安全、高耗能特种设备节能的监督管理工作进行监督和指导。

1.4.2　使用登记

特种设备安全监管部门依据法定职责，按照本规则的要求负责办理特种设备使用登记，本规则和其他特种设备安全技术规范（以下简称安全技术规范）明确不需要办理使用登记的特种设备除外。

2　使用单位及其人员

2.1　使用单位含义

2.1.1　一般规定

本规则所指的使用单位，是指具有特种设备使用管理权的单位（注 2-1）或者具有完全民事行为能力的自然人，一般是特种设备的产权单位（产权所有人，下同），也可以是产权单位通过符合法律规定的合同关系确立的特种设备实际使用管理者。特种设备属于共有的，共有人可以委托物业服务单位或者其他管理人管理特种设备，受托人是使用单位；共有人未委托的，实际管理人是使用单位；没有实际管理人的，共有人是使用单位。

特种设备用于出租的，出租期间，出租单位是使用单位；法律另有规定或者当事人合同约定的，从其规定或者约定。

注 2-1：单位包括公司、子公司、机关事业单位、社会团体等具有法人资格的单位和具有营业执照的分公司、个体工商户等。

2.2　使用单位主要义务

特种设备使用单位主要义务如下：

（1）建立并且有效实施特种设备安全管理制度和高耗能特种设备节能管理制度，以及操作规程。

（2）采购、使用取得许可生产（含设计、制造、安装、改造、修理，下同），并且经检验合格的特种设备，不得采购超过设计使用年限的特种设备，禁止使用国家明令淘汰和已经报废的特种设备。

（3）设置特种设备安全管理机构，配备相应的安全管理人员和作业人员，建立人员管理台账，开展安全与节能培训教育，保存人员培训记录。

（4）办理使用登记，领取《特种设备使用登记证》（格式见附件 A，以下简称使用登记证），设备注销时交回使用登记证。

（5）建立特种设备台账及技术档案。

（6）对特种设备作业人员作业情况进行检查，及时纠正违章作业行为。

（7）对在用特种设备进行经营性维护保养和定期自行检查，及时排查和消除事故隐患，对在用特种设备的安全附件、安全保护装置及其附属仪器仪表进行定期校验（检定、校准，下同）、检修，及时提出定期检验和能效测试申请，接受定期检验和能效测试，并且做好相关配合工作。

（8）制定特种设备事故应急预案，定期进行应急演练；发生事故及时上报，配合事故调查处理等。

（9）保证特种设备安全、节能必要的投入。

（10）法律、法规规定的其他义务。

使用单位应当接受特种设备安全监管部门依法实施的监督检查。

2.3　特种设备安全管理机构

2.3.1　职责

特种设备安全管理机构是指使用单位中承担特种设备安全管理职责的内设机构。高耗能特种设备使用单位可以将节能管理职责交由特种设备安全管理机构承担。

特种设备安全管理机构的职责是贯彻执行特种设备有关法律、法规和安全技术规范以及相关标准，负责落实使用单位的主要义务；承担高耗能特种设备节能管理职责的机构，还应当负责开展日常节能检查，落实节能责任制。

2.3.2　机构设置

符合下列条件之一的特种设备使用单位，应当根据本单位特种设备的类别、品种、用途、数量等情况设置特种设备安全管理机构，逐台落实安全责任人：

…… ……

（5）使用特种设备（不含气瓶）总量大于 50 台（含 50 台）的。

…… ……

2.4　管理人员和作业人员

2.4.1　主要负责人

主要负责人是指特种设备使用单位的实际最高管理者，对其单位所使用的特种设备安全节能负总责。

2.4.2　安全管理人员

2.4.2.1　安全管理负责人

特种设备使用单位应当配备安全管理负责人。特种设备安全管理负责人是指使用单位最高管理层中主管本单位特种设备使用安全管理的人员。按照本规则要求设置安全管理机构的使用单位安全管理负责人，应当取得相应的特种设备安全管理人员资格证书。

安全管理负责人职责如下：

（1）协助主要负责人履行本单位特种设备安全的领导职责，确保本单位特种设备的安全使用。

（2）宣传、贯彻《中华人民共和国特种设备安全法》以及有关法律、法规、规章和安全技术规范。

（3）组织制定本单位特种设备安全管理制度，落实特种设备安全管理机构设置、安全管理员配备。

（4）组织制定特种设备事故应急专项预案，并且定期组织演练。

（5）对本单位特种设备安全管理工作实施情况进行检查。

（6）组织进行隐患排查，并且提出处理意见。

（7）当安全管理员报告特种设备存在事故隐患应当停止使用时，立即作出停止使用特种设备的决定，并且及时报告本单位主要负责人。

2.4.2.2　安全管理员

2.4.2.2.1　安全管理员职责

特种设备安全管理员是指具体负责特种设备使用安全管理的人员。

特种设备安全管理员的主要职责如下：

（1）组织建立特种设备安全技术档案。

（2）办理特种设备使用登记。

（3）组织制定特种设备操作规程。

（4）组织开展特种设备安全教育和技能培训。

（5）组织开展特种设备定期自行检查。

（6）编制特种设备定期检验计划，督促落实定期检验和隐患治理工作。

（7）按照规定报告特种设备事故，参加特种设备事故救援，协助进行事故调查和善后处理。

（8）发现特种设备事故隐患，立即进行处理，情况紧急时，可以决定停止使用特种设备，并且及时报告本单位安全管理负责人。

（9）纠正和制止特种设备作业人员的违章行为。

2.4.2.2.2　安全管理员配备

特种设备使用单位应当根据本单位特种设备的数量、特性等配备适当数量的安全管理员。按照本规则要求设置安全管理机构的使用单位以及符合下列条件之一的特种设备使用单位，应当配备专职安全管理员，并且取得相应的特种设备安全管理人员资格证书。

…… ……

（6）使用各类特种设备（不含气瓶）总量 20 台以上（含 20 台）的。

除前款规定以外的使用单位可以配备兼职安全管理员，也可以委托具有特种设备安全管理人员资格的人员负责使用管理，但是特种设备安全使用的责任主体仍然是使用单位。

…… ……

2.4.4　作业人员

2.4.4.1　作业人员职责

特种设备作业人员应当取得相应的特种设备作业人员资格证书，其主要职责如下：

（1）严格执行特种设备有关安全管理制度，并且按照操作规程进行操作。

（2）按照规定填写作业、交接班等记录。

（3）参加安全教育和技能培训。

（4）进行经常性维护保养，对发现的异常情况及时处理，并且作出记录。

（5）作业过程中发现事故隐患或者其他不安全因素，应当立即采取紧急措施，并且按照规定的程序向特种设备安全管理人员和单位有关负责人报告。

（6）参加应急演练，掌握相应的应急处置技能。

…… ……

2.4.4.2　作业人员配备

特种设备使用单位应当根据本单位特种设备数量、特征等配备相应持证的特种设备作业人员，并且在使用特种设备时应当保证每班至少有一名持证的作业人员在岗。有关安全技术规范对特种设备作业人员有特殊规定的，从其规定。

医院病床电梯、直接用于旅游观光的额定速度大于 2.5 m/s 的乘客电梯以及需要司机操作的电梯，应当由持有特种设备作业人员证的人员操作。

2.5　特种设备安全与节能技术档案

使用单位应当逐台建立特种设备安全与节能技术档案。

安全技术档案至少包括以下内容：

（1）使用登记证。

（2）特种设备使用登记表（格式见附件 B，以下简称使用登记表）。

（3）特种设备设计、制造技术资料和文件，包括设计文件、产品质量合格证明（含合格证及其数据表、质量证明书）、安装及使用维护保养说明、监督检验证书、型式试验证书等。

（4）特种设备安装、改造和修理的方案、图样（注 2–4）、材料质量证明书和施工质量证明文件、安装改造修理监督检验报告、验收报告等技术资料。

（5）特种设备定期自行检查记录（报告）和定期检验报告。

（6）特种设备日常使用状况记录。

（7）特种设备及其附属仪器仪表维护保养记录。

（8）特种设备安全附件和安全保护装置校验、检修、更换记录和有关报告。

（9）特种设备运行故障和事故记录及事故处理报告。

…… ……

使用单位应当在设备使用地保存 2.5 中（1）（2）（5）（6）（7）（8）（9）规定的资料的原件或者复印件，以便备查。

…… ……

2.6　安全节能管理制度和操作规程

2.6.1　安全节能管理制度

特种设备使用单位应当按照特种设备相关法律、法规、规章和安全技术规范的要求，建立健全特种设备使用安全节能管理制度。

管理制度至少包括以下内容：

（1）特种设备安全管理机构（需要设置时）和相关人员的岗位职责。

（2）特种设备经常性维护保养、定期自行检查和有关记录制度。

（3）特种设备使用登记、定期检验、锅炉能效测试申请实施管理制度。

（4）特种设备隐患排查治理制度。

（5）特种设备安全管理人员与作业人员管理和培训制度。

（6）特种设备采购、安装、改造、修理、报废等管理制度。

（7）特种设备应急救援管理制度。

（8）特种设备事故报告和处理制度。

（9）高耗能特种设备节能管理制度。

2.6.2　特种设备操作规程

使用单位应当根据所使用设备运行特点等，制定操作规程。操作规程一般包括设备运行参数、操作程序和方法、维护保养要求、安全注意事项、巡回检查和异常情况处置规定，以及相应记录等。

2.7　维护保养与检查

2.7.1　经常性维护保养

使用单位应当根据设备特点和使用状况对特种设备进行经常性维护保养。维护保养应当符合有关安全技术规范和产品使用维护保养说明的要求。对发现的异常情况及时处理，并且作出记录，保证在用特种设备始终处于正常使用状态。

法律对维护保养单位有专门资质要求的，使用单位应当选择具有相应资质的单位实施维护保养。鼓励其他特种设备使用单位选择具有相应能力的专业化、社会化维护保养单位进行维护保养。

2.7.2　定期进行检查

为保证特种设备的安全运行，特种设备使用单位应当根据所使用特种设备的类别、品种和特性进行定期自行检查。

定期自行检查的时间、内容和要求应当符合有关安全技术规范的规定及产品使用维护保养说明的要求。

2.9　安全警示

电梯、客运索道、大型游乐设施的运营使用单位应当将安全使用说明、安全注意事项和安全警示标志置于易于引起乘客注意的位置。

除前款以外的其他特种设备应当根据设备特点和使用环境、场所，设置安全使用说明、安全注意事项和安全警示标志。

2.10　定期检验

（1）使用单位应当在特种设备定期检验有效期届满前的 1 个月以前，向特种设备检验机构提出定期检验申请，并且做好相关的准备工作。

（2）移动式（流动式）特种设备，如果无法返回使用登记地进行定期检验的，可以在异地（指不在使用登记地）进行，检验后，使用单位应当在收到检验报告之日起 30 日内将检验报告（复印件）报送使用登记机关。

（3）定期检验完成后，使用单位应当组织进行特种设备管路连接、密封、附件（含零部件、安全附件、安全保护装置、仪器仪表等）和内件安装、试运行等工作，并且对其安全性负责。

（4）检验结论为合格时（注 2-5），使用单位应当按照检验结论确定的参数使用特种设备。

注 2-5：有关安全技术规范中检验结论为“合格”“复检合格”“符合要求”“基本符合要求”“允许使用”统称为合格。

2.11　隐患排查与异常情况处理

2.11.1　隐患排查

使用单位应当按照隐患排查治理制度进行隐患排查，发现事故隐患应当及时消除，待隐患消除后，方可继续使用。

2.11.2　异常情况处理

特种设备在使用中发现异常情况的，作业人员或者维护保养人员应当立即采取应急措施，并且按照规定的程序向使用单位特种设备安全管理人员和单位有关负责人报告。

使用单位应当对出现故障或者发生异常情况的特种设备及时进行全面检查，查明故障和异常情况原因，并且及时采取有效措施，必要时停止运行，安排检验、检测，不得带病运行、冒险作业，待故障、异常情况消除后，方可继续使用。

2.12 应急预案与事故处置

2.12.1 应急预案

根据本规则要求设置特种设备安全管理机构和配备专职安全管理员的使用单位，应当制定特种设备事故应急专项预案，每年至少演练一次，并且作出记录；其他使用单位可以在综合应急预案中编制特种设备事故应急的内容，适时开展特种设备事故应急演练，并且作出记录。

2.12.2 事故处置

发生特种设备事故的使用单位，应当根据应急预案，立即采取应急措施，组织抢救，防止事故扩大，减少人员伤亡和财产损失，并且按照《特种设备事故报告和调查处理规定》的要求，向特种设备安全监管部门和有关部门报告，同时配合事故调查和做好善后处理工作。

发生自然灾害危及特种设备安全时，使用单位应当立即疏散、撤离有关人员，采取防止危害扩大的必要措施，同时向特种设备安全监管部门和有关部门报告。

2.13 移装

特种设备移装后，使用单位应当办理使用登记变更。整体移装的，使用单位应当进行自行检查；拆卸后移装的，使用单位应当选择取得相应许可的单位进行安装。按照有关安全技术规范要求，拆卸后移装需要进行检验的，应当向特种设备检验机构申请检验。

2.14 达到设计使用年限的特种设备

特种设备达到设计使用年限，使用单位认为可以继续使用的，应当按照安全技术规范及相关产品标准的要求，经检验或者安全评估合格，由使用单位安全管理负责人同意、主要负责人批准，办理使用登记变更后，方可继续使用。允许继续使用的，应当采取加强检验、检测和维护保养等措施，确保使用安全。

2.16 起重机使用单位特别规定

使用单位负责塔式起重机、施工升降机在使用过程中的顶升行为，并且对其安全性能负责。

3 使用登记

3.1 一般要求

（1）特种设备在投入使用前或者投入使用后30日内，使用单位应当向特种设备所在地的直辖市或者设区的市的特种设备安全监管部门申请办理使用登记。办理使用登记的直辖市或者设区的市的特种设备安全监管部门，可以委托其下一级特种设备安全监管部门（以下简称登记机关）办理使用登记；对于整机出厂的特种设备，一般应当在投入使用前办理使用登记。

（2）流动作业的特种设备，向产权单位所在地的登记机关申请办理使用登记。

…… ……

（5）国家明令淘汰或者已经报废的特种设备，不符合安全性能或者能效指标要求的特种设备，不予办理使用登记。

3.2 登记方式

3.2.1 按台（套）办理使用登记的特种设备

……电梯、起重机械……应当按台（套）向登记机关办理使用登记……

…… ……

3.4 使用登记程序

使用登记程序，包括申请、受理、审查和颁发使用登记证。

3.4.1 申请

3.4.1.1 按台（套）办理

使用单位申请办理特种设备使用登记时，应当逐台（套）填写使用登记表，向登记机关提交以下相应资料，并且对其真实性负责：

（1）使用登记表（一式两份）。

（2）含有使用单位统一社会信用代码的证明或者个人身份证明（适用于公民个人所有的特种设备）。

（3）特种设备产品合格证（含产品数据表……）。

（4）特种设备监督检验证明（安全技术规范要求进行使用前首次检验的特种设备，应当提交使用前的首次检验报告）。

…… ……

没有产品数据表的特种设备，登记机关可以参照已有特种设备产品数据表的格式，制定其特种设备产品数据表，由使用单位根据产品出厂的相应资料填写。

可以采用网上申报系统进行使用登记。

3.4.2 受理

登记机关收到使用单位提交的申请资料后，能够当场办理的，应当当场作出受理或者不予受理的书面决定；不能当场办理的，应当在 5 个工作日内作出受理或者不予受理的书面决定。申请资料不齐或者不符合规定时，应当一次性告知需要补正的全部内容。

3.4.3 审查及发证

自受理之日起 15 个工作日内，登记机关应当完成审查、发证或者出具不予登记的决定，对于一次申请登记数量超过 50 台或者按单位办理使用登记的可以延长至 20 个工作日。不予登记的，出具不予登记的决定，并且书面告知不予登记的理由。

登记机关对申请资料有疑问的，可以对特种设备进行现场核查。进行现场核查的，办理使用登记日期可以延长至 20 个工作日。

准予登记的特种设备，登记机关应当按照《特种设备使用登记证编号编制方法》（见附录 a）编制使用登记证编号，签发使用登记证，并且在使用登记表最后一栏签署意见、盖章。

3.5 资料及信息

…… ……

采用纸质申报方式进行使用登记的，登记机关应当将特种设备产品合格证及其产品数据表复印一份，与使用登记表一同存档，并且将使用单位申请登记时提交的资料交还使用单位。

3.6 定期检验日期的确定

首次定期检验的日期和实施改造、拆卸移装后的定期检验日期，由使用单位根据安全技术规范、监督检验报告和使用情况确定。

3.8 变更登记

按台（套）登记的特种设备改造、移装、变更使用单位或者使用单位更名、达到设计使用年限继续使用的，……相关单位应当向登记机关申请变更登记。登记机关按照本规则

3.8.1 至 3.8.5 的规定办理变更登记。

办理特种设备变更登记时，如果特种设备产品数据表中的有关数据发生变化，使用单位应当重新填写产品数据表。变更登记后的特种设备，其设备代码保持不变。

3.8.1　改造变更

特种设备改造完成后，使用单位应当在投入使用前或者投入使用后 30 日内向登记机关提交原使用登记证、重新填写的使用登记表（一式两份）、改造质量证明资料以及改造监督检验证书（需要监督检验的），申请变更登记，领取新的使用登记证。登记机关应当在原使用登记证和原使用登记表上作注销标记。

3.8.2　移装变更

3.8.2.1　在登记机关行政区域内移装

在登记机关行政区域内移装的特种设备，使用单位应当在投入使用前向登记机关提交原使用登记证、重新填写的使用登记表（一式两份）和移装后的检验报告（拆卸移装的），申请变更登记，领取新的使用登记证。登记机关应当在原使用登记证和原使用登记表上作注销标记。

3.8.2.2　跨登记机关行政区域移装

（1）跨登记机关行政区域移装特种设备的，使用单位应当持原使用登记证和使用登记表向原登记机关申请办理注销；原登记机关应当注销使用登记证，并且在原使用登记证和原使用登记表上作注销标记，向使用单位签发《特种设备使用登记证变更证明》（格式见附件 E）。

（2）移装完成后，使用单位应当在投入使用前，持《特种设备使用登记证变更证明》、标有注销标记的原使用登记表和移装后的检验报告（拆卸移装的），按照本规则 3.4、3.5 的规定向移装地登记机关重新申请使用登记。

3.8.3　单位变更

（1）特种设备需要变更使用单位，原使用单位应当持原使用登记证、使用登记表和有效期内的定期检验报告到登记机关办理变更；或者产权单位凭产权证明文件，持原使用登记证、使用登记表和有效期内的定期检验报告到登记机关办理变更；登记机关应当在原使用登记证和原使用登记表上作注销标记，签发《特种设备使用登记证变更证明》。

（2）新使用单位应当在投入使用前或者投入使用后 30 日内，持《特种设备使用登记证变更证明》、标有注销标记的原使用登记表和有效期内的定期检验报告，按照本规则 3.4、3.5 要求重新办理使用登记。

3.8.4　更名变更

使用单位或者产权单位名称变更时，使用单位或者产权单位应当持原使用登记证、单位名称变更的证明资料，重新填写使用登记表（一式两份），到登记机关办理更名变更，换领新的使用登记证。2 台以上批量变更的，可以简化处理。登记机关在原使用登记证和原使用登记表上作注销标记。

3.8.5　达到设计使用年限继续使用的变更

使用单位对达到设计使用年限继续使用的特种设备，使用单位应当持原使用登记证、按照本规则 2.14 的规定办理的相关证明材料，到登记机关申请变更登记。登记机关应当在原使用登记证右上方标注“超设计使用年限”字样。

3.8.6　不得申请办理移装变更、单位变更的情况

有下列情形之一的特种设备，不得申请办理移装变更、单位变更：

（1）已经报废或者国家明令淘汰的。

（2）进行过非法改造、修理的。

（3）无本规则 2.5 中（3）（4）规定的技术资料的。

（4）达到设计使用年限的。

（5）检验结论为不合格或者能效测试结果不满足法规、标准要求的。

3.9　停用

特种设备停用 1 年以上的，使用单位应当采取有效的保护措施，并且设置停用标志，在停用后 30 内填写《特种设备停用报废注销登记表》（格式见附件 F），告知登记机关。重新启用时，使用单位应当进行自行检查，到使用登记机关办理启用手续；超过定期检验有效期的，应当按照定期检验的有关要求进行检验。

3.10　报废

对存在严重事故隐患，无改造、修理价值的特种设备，或者达到安全技术规范规定的报废期限的，应当及时予以报废，产权单位应当采取必要措施消除该特种设备的使用功能。特种设备报废时，按台（套）登记的特种设备应当办理报废手续，填写《特种设备停用报废注销登记表》，向登记机关办理报废手续，并且将使用登记证交回登记机关。

非产权所有者的使用单位经产权单位授权办理特种设备报废注销手续时，需提供产权单位的书面委托或者授权文件。

使用单位和产权单位注销、倒闭、迁移或者失联，未办理特种设备注销手续的，使用登记机关可以采用公告的方式停用或者注销相关特种设备。

3.11　使用标志

（1）特种设备（车用气瓶除外）使用登记标志与定期检验标志合二为一，统一为《特种设备使用标志》（格式见附件 G 式样一、式样二）。

…… ……

4.1　其他要求

特种设备使用管理除满足本规则的要求外，还应满足有关安全技术规范的专项要求。

不涉及公共安全的个人（家庭）自用的特种设备不属于本规则管辖范围。

4.4　施行时间

本规则自 2017 年 8 月 1 日起施行，以下安全技术规范同时废止：

…… ……

（3）2009 年 5 月 8 日，国家质检总局颁布的《起重机械使用管理规则》（TSG Q5001—2009）。

…… ……

附件 G 中特种设备使用标志（式样一）说明 4：

4.……起重机械使用单位应当将《特种设备使用标志》或者使用单位盖章或者签名确认的复印件悬挂或者固定在特种设备显著位置，当无法悬挂或者固定时，可存放在使用单位的安全技术档案中，同时将使用登记证编号标注在特种设备产品铭牌上或者其他可见部位；……有驾驶室的特种设备使用单位应当将《特种设备使用标志》张贴在驾驶室的挡风玻璃的右前方，……